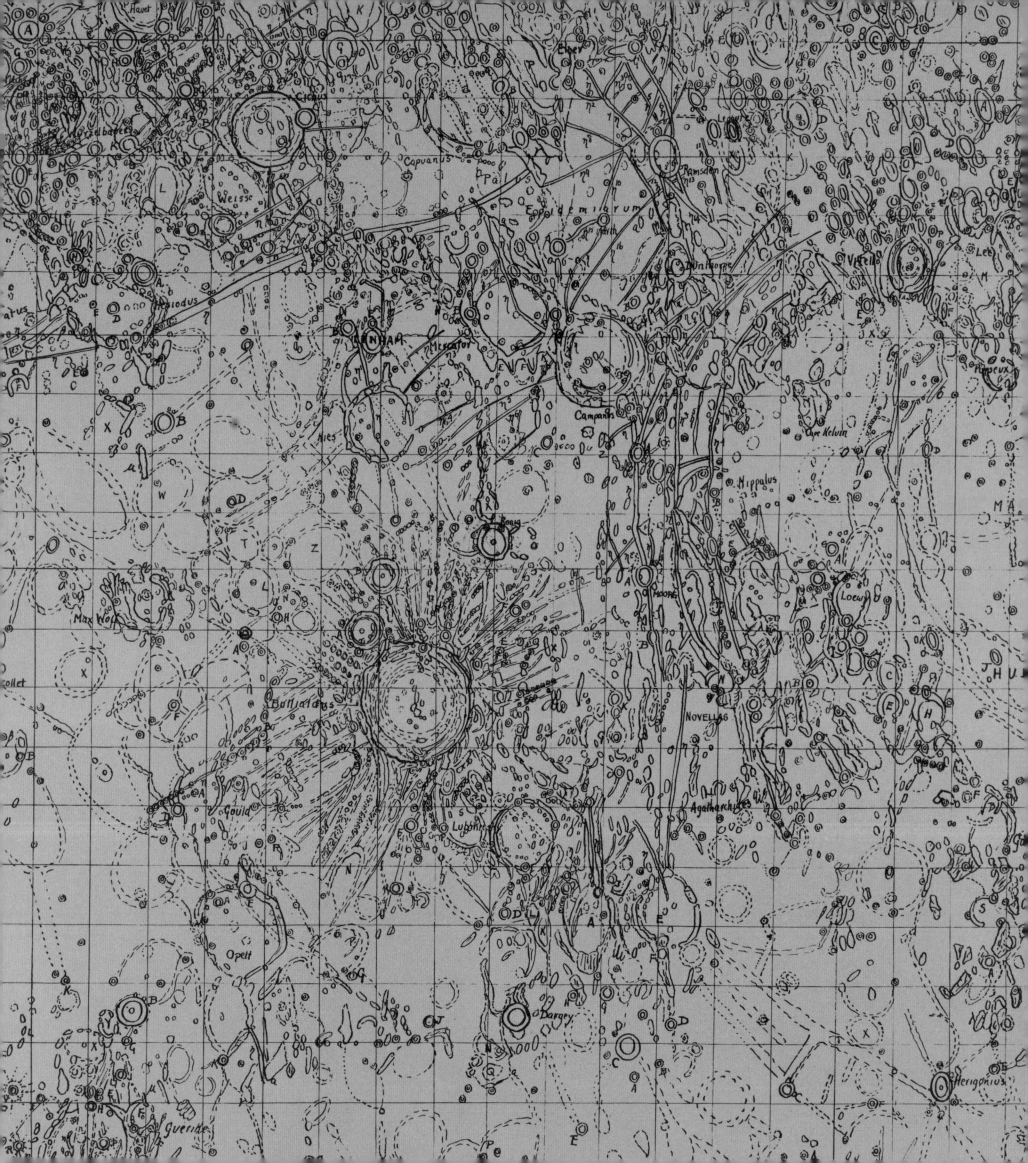

SUN
AND
MOON

太阳与月亮

人类天文探索简史

［英］马克·霍尔本（Mark Holborn）/ 著　韩凝 / 译

华中科技大学出版社
http://www.hustp.com

有书至美
BOOK & BEAUTY

中国·武汉

Adi 7 di Gennaio 1610 Giove si vedeua col cannone cō
3. stelle fisse così   delle quali se bn il cannone
niuna si uedeua   d. di mattina così   era d'ũ

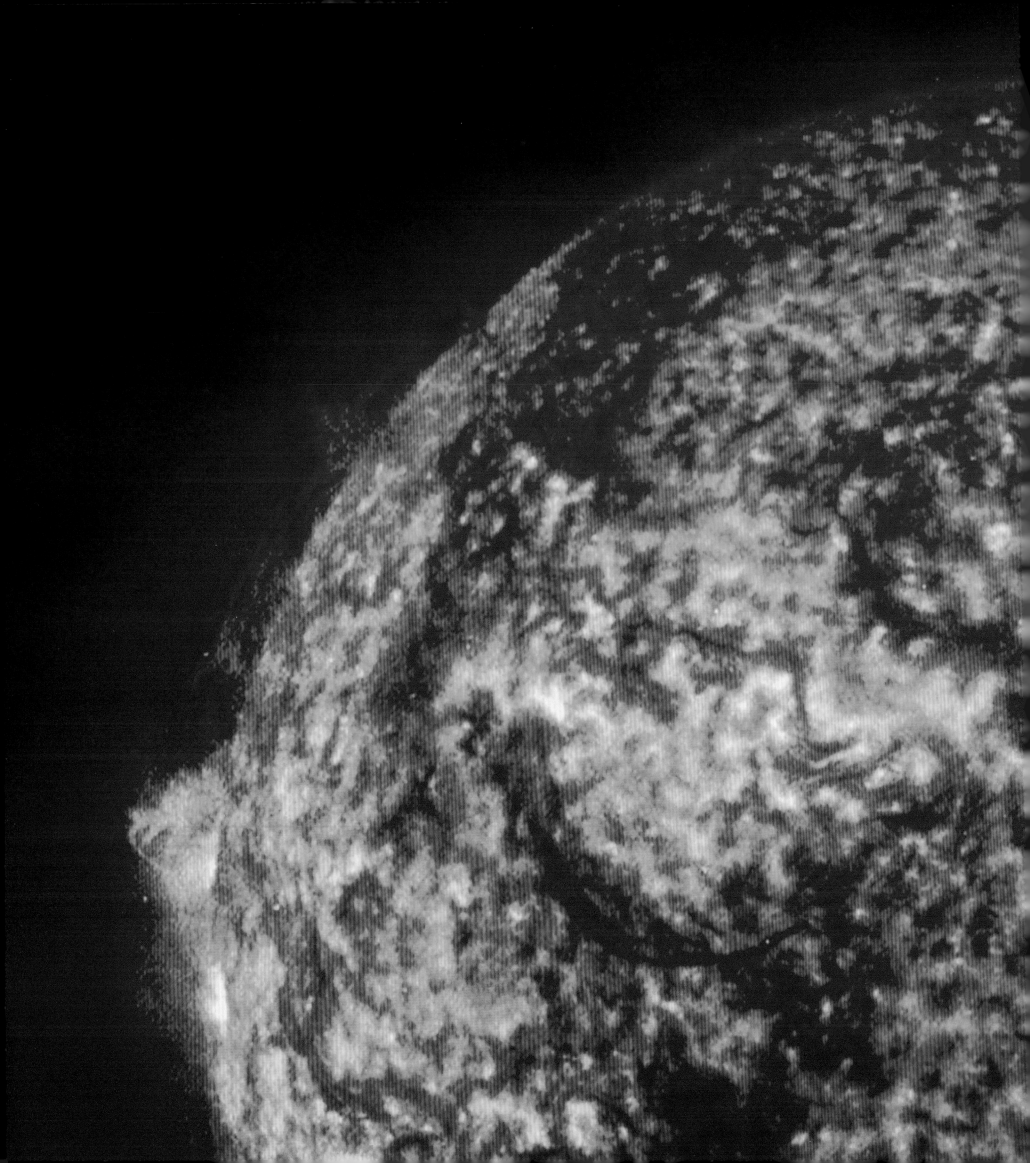

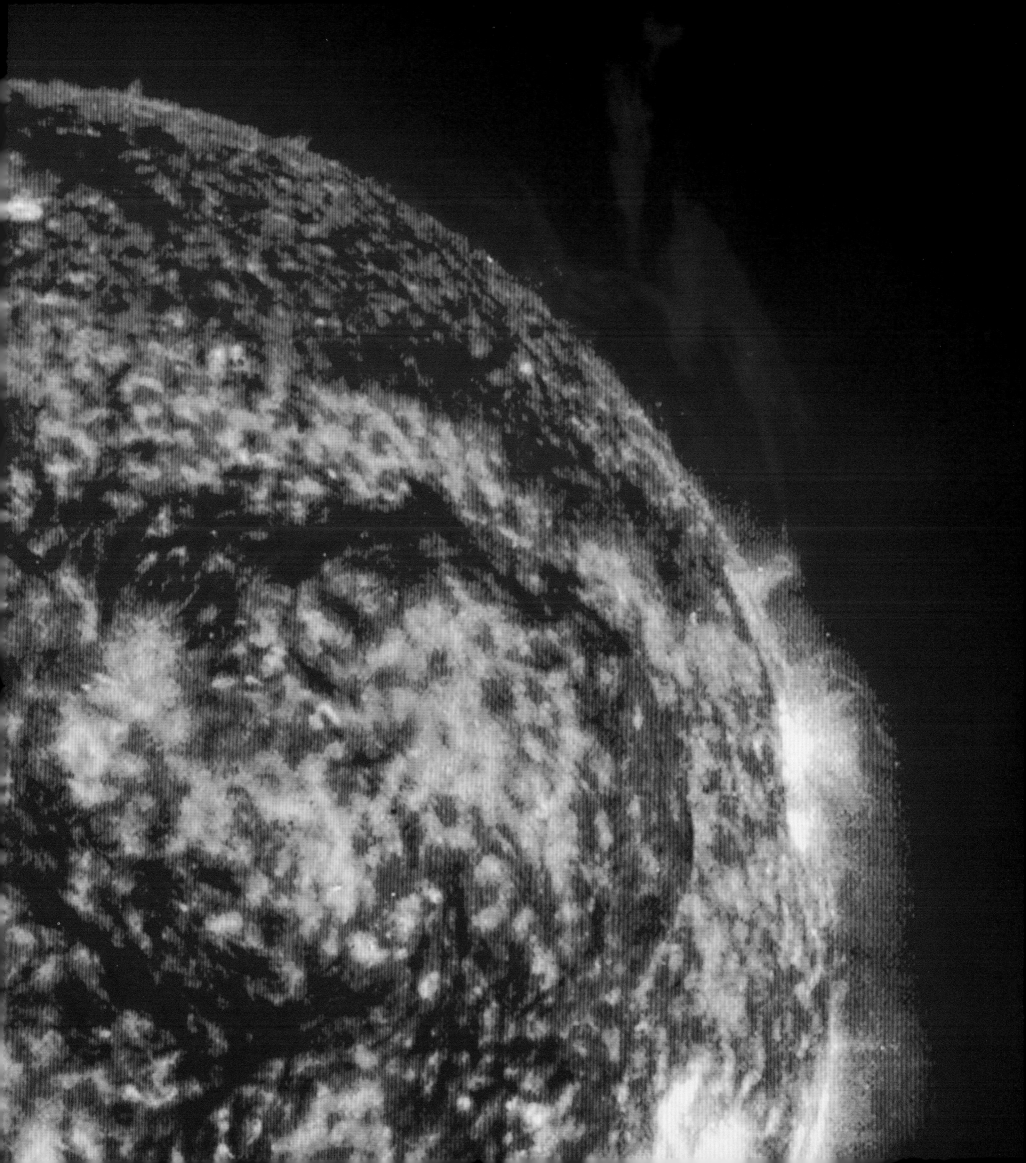

第2—3页图： 太阳和太阳圈探测器紫外线卫星图像，2002年7月1日

第5页图： 伽利略，《月球》，纸本钢笔水墨画，1609年11月/12月，MS Gal.48、f.28R，佛罗伦萨国立中央图书馆

上图： 尼古拉·哥白尼（Nicolaus Copernicus）于1543年出版的第一版《天体运行论》（De Revolutionibus Orbium Coelestium）

引言 事物的秩序

我在编写这本书时的身份并非科学家，也并非科学史学家。我是一名讲述者，站在罗列着图像的舞台上。我将这些图像按照一定的顺序排列，由此创作出一个故事。

无论何时，我们都会尽可能地关注故事的主要内容。如果没有这些内容，我们便会感到动摇而不安，就像迷失在茫茫大海上，看不到海岸，只能看到天边遥不可及的海平线。

让我们任取六幅图像，然后随机摆放，这样自然就会产生一种特定的顺序。一幅图片是起点与开端，而另一幅则是结尾，其他图片便会自动形成看似自然的序列。本书的起点是一幅钢笔水墨画，描绘的是伽利略（Galileo）在1609年通过望远镜看到的月亮。那一年，他在帕多瓦进行了多次观察，进一步佐证了日心说。因此，几年后，伽利略遭到罗马宗教裁判所的审判。审查证据的证人与面临威胁、被蒙蔽的宗教裁判所之间的对抗引发了强烈反响，布莱希特（Brecht）的历史剧《伽利略传》（*Life of Galileo*，1943年首演）便是以这一矛盾为中心。这幅简单的钢笔水墨画的意义在于它预示了一个新时代——透镜时代的到来。

即便是最抽象的艺术形式也会体现出一定的叙事性，比如在卡西米尔·马列维奇（Kazimir Malevich）的一幅作品中只有黑与白的碰撞，这种内容方面的空洞推动马列维奇的作品走向极致。《黑色方块》（*Black Square*，1915年）就是一幅极致的作品，它目前所面临的唯一问题是其表面出现了裂纹，这样的裂纹是画作开始发腐的标志。这幅画作打破常规，漆黑一片，但仍然在阐述一个故事。这幅作品在爱因斯坦（Einstein）广义相对论发表前一年绘制而成，与同大变革时代的历史和科学巨变不谋而合。

这种漆黑的语言类似于照相底片的视觉参照点，以及点缀着强光点的天文景观图。我们用望远镜捕获并在照相底片上仔细观察到的黑色背景中的一个小光点可能是一个遥远的星云，正在向着宇宙不断膨胀的边界加速前进。在看似抽象的夜空远端和那些已知天体的轨迹背后，潜藏着大量地图上未曾标明的区域，未知天体在这些区域中高速运动。但是，宇宙体系还未分崩离析，其自身累积的动量作用并没有使它土崩瓦解。宇宙受到黑暗之中蕴含的力量的制约，由此，我们接触到了被科学家称为"暗能量"的东西，它与具有穿透性的可见光是对立关系。

17世纪之初的光学革命为我们展现了以往看不到的世界，包括微观层面和天文层面，与此不同的是，本世纪的知识边界却在于黑暗。据称，已知宇宙只有4%由元素周期表上的元素原子形成的粒子构成[1]，其他部分则由暗物质和暗能量组成。同黑洞一样，暗物质和暗能量可以弯曲光线，从而实现测量并绘制在地图上，而它们的特点是不可见。本书可以说是一次发现之旅，但这一旅程的终点是"现在"，其目的是承认不可见世界的规模足以令人生畏。图像按层层递进的顺序呈现，直至结束，将我们不断发展的历程连接了起来。图像中记录的标志性事件之间的间隔可能跨越了漫长的历史或地理距离，如果说每个事件都是一个小岛，那么这一距离就是小岛之间的海洋。这种距离本身与可估算距离的极限数据相差无几，可达数十亿光年。

启蒙时代的先驱非常确定地评估世界、整理数据并使用二名法的分类体系。借助该体系，人类的知识不断增加，也满怀日益增长的信心不断前行。但我们的无知也越来越多，已经取代了此前这种确定性。摄影技术借助光线传输可以记录事物的各个方面，但并不能记录黑洞。我们只能通过黑洞周围的炙热气体来确定它的形状。这些气体可以使用X射线成像进行追踪，但X射线因其波长而无法穿透地球大气层。传统意义上的摄影技术要面对的是它无法记录的东西，这一死胡同并非某种难以接近的裂缝，更像是银河系的黑暗核心。

书名中的"太阳与月亮"体现了本书围绕的两个对立面。太阳与月亮构建了日与夜的二元性，其中蕴含着叙事。鉴于太阳与月亮作为天体直接出现在人类面前，所以它们成为摄影技术最初的主题。通过摄影技术，夜空景象可以在感光板上曝光出来。19世纪，人物肖像成为银版摄影法的最初主题，与之一同出现的还有针对太阳与月亮的研究。但是，这方面的叙事范围已超出太阳系，延伸到我们现在所说的深空的探测。"深空"这一名词帮助我们认识到，在我们所熟悉的银河系，以及我们的邻居仙女座螺旋星系以外，还存在着无数的星系。在托勒密时代或者哥白尼时代，即2世纪和16世纪，人类在思考问题时非常浅显直接。

除了构成叙事，人们也在不断寻求体系的稳定性。周期性规律使我们感到安心，夜空中某颗星再次出现预示着雨水到来、河水上涨和田地肥沃。历法强化了季节的规律性，而季节的规律性正是农业生活的重要基础。神话学是一种类型学，为人类形态赋予了神圣的意义。它所解释的事物之后将由科学家借助观察结果进行确认，并给出定义。神话构建出了基本的故事内容，与占星术、占卜术和炼金术相关的符号系统一直沿用到牛顿时代，当时的信仰和教条已被解释、测量结果和科学规律确定的事实所取代。

在日本这个科技高度发达的国家，神话信念被取代是最近才发生的。在日本，太阳的神话，以及作为太阳女神直系后裔的天皇的地位直到20世纪中期才被颠覆。据说，天照大神（Amaterasu，日本神话中的太阳女神）每年都会消失，回到她的巢穴中，留下漆黑一片的世界。当她被巧妙地引诱出巢穴后，春天的阳光便重回人间。她每年消失和重新出现的规律性与她每隔20年从一个神社搬到附近一座新的建筑物的仪式性移动是平行发生的，所以她的神殿总是全新的，不受时间影响。直到1945年原子弹爆炸后，日本投降，这一规律才被打破。广岛和长崎事件的结果导致一切归零，神话以及其中产生的太阳的形象随之瓦解，天皇也沦为凡人。具有讽刺意味的是，让太阳从优雅的神坛跌落的是具有前所未有的破坏力的武器，其创造者罗伯特·奥本海默（Robert Oppenheimer）认为人类无法描述清楚原子弹的威力。在洛斯阿拉莫斯国家实验室看到核试验时，奥本海默曾用著名的神话语言来描述这一事件，认为它释放了一种"比一千个太阳还亮"的力量。太阳的形象在这里是原型，它和与其相对应的夜间的月亮的形象都存在于意识的核心中。

我们已经发现，越来越多的证据表明，史前观测者以惊人的精度标记了月相和二分点的排布，他们历法的准确性增加了预测周期的准确性。早期的地心说模型为天体系统带来了准确性，它在古典世界中被巧妙地描绘出来，后来被哥白尼的日心说推翻。一旦一种模型被取代，另一种模型就会出现，开普勒起草的

行星运动三定律（开普勒定律）被牛顿和其他人证实，让人们对行星的运动方式更加确信不疑。天文学家可以对轨道的规律性感到安心，其椭圆状曲线是可以追踪到的。在牛顿之后，在17世纪和18世纪的交接之际，新的机械时代让我们了解到了一种像引力一样显而易见的力，并以此预示精确时代的到来。时间的测量本身就需要具有前所未有的精度的仪器，而这种精度也是世界航行的依傍。

20世纪初，随着爱因斯坦的理论出现之后，人们认识到万有引力和质量之间的关系不是绝对的，并且时间本身也不是恒定的，事物的秩序又被颠覆了。爱因斯坦凭借他天才般的数学结论为一个不稳定的、不断膨胀的宇宙提供了理论基础，且后来的天文观测也证实了这一点。即便如此，他最初也否认了自己的思想的意义。关于时间在本质上的不一致性以及质量和引力关系的不连续性的推论挑战了有限系统和基本的周期性规律的稳定性。我们不一定要回到起点，我们也并未居住在一个稳定有序的空间中。宇宙的膨胀本身正在加速。这种叙事遵循从稳定系统（即便是错误的系统）的确定性到认识到宇宙始终处于变化状态的路线。

在这一肉眼可见的层层递进的序列旁边，还有制图学的证据，使地理学和天文知识的范围逐渐明晰。不断变化的地图、地图集、天球仪和地球仪定义了一条从2世纪的阿忒拉斯大理石雕像肩上扛着的刻有黄道十二宫的巨大球体，到目前哈勃前沿场计划的数据的通路，映射出宇宙深处的暗物质。伽利略做出的重大贡献便是通过其仪器的镜头来放大裸眼的视觉。1609年的简单的钢笔水墨画并没有涵盖那些会让我们感到惊讶的月球的细节，而是让我们见证了在当时比其他人都更有远见的伽利略如何树立起权威。如今，计算机能够以前所未有的规模存储数据，其作用不仅限于数据库。使用这些数据来创建驱动研究的模型是计算机的"智能"，而并非人类的智慧。如今，墨西哥、智利和德国的望远镜能够一同形成一台视野遍布全球的巨大的射电望远镜。现在，事件视界望远镜（EHT）收集的信息可以测量黑洞口处的光畸变（即所谓的阴影），以绘制不可见区的入口。[2]这就是不可见区域边缘的制图学。光畸变是衡量存在的一种标准，它代表

着一个充满暴缩和压缩的巨大力量的区域的入口点，但另一方面其特点是不可见。

在我们的一生中，地图集发生了巨大变化。代表着王国统治的颜色色调的改变与政治边界的反复无常类似，是可以预见的。20世纪50年代末，《泰晤士世界地图集》（The Times Atlas of the World）美国卷的一则广告指出，地图上详细标注了火箭发射场和原子能设施。我回想起1967年的单卷本带来的反响，其护封上印有地球的卫星图像。这本地图集有着无与伦比的美感，甚至因此得到了当时的杰出艺术家亨利·摩尔（Henry Moore）的赞助出版。两年后，美国国家航空航天局的阿波罗计划将一名男子送上了月球。以地图集为基本参考的旅行现在不仅仅意味着横穿大陆的高速公路或铁路。我们可以从太空俯瞰自己。我们的观点可以让人亲眼看见并拍照记录下来，而不是单凭想象，而且这是第一次真正的地外之旅。到1997年，剑桥大学出版社出版了《美国国家航空航天局太阳系地图集》（The NASA Atlas of the Solar System）。该书多次提到其他书的内容，也可以说是一本书集。

曾经最令人惊心动魄的地区是那些隐蔽的荒野，那里人类侵占的痕迹最少，道路稀少，聚居地零零散散地分布。对19世纪的殖民主义者来说，代表着未知的地区是"黑暗大陆"，这些地区的领土都是未开化的。黑暗在《圣经》中的含义不是与邪恶有关，就是与无知有关。在一个多世纪后，《美国国家航空航天局太阳系地图集》中再现的前沿领域开始引人注意，这并非因为其不言而喻的空洞，而是因为图像的失真。外太空区域不仅仅是未知空间，更是那些数字摄影分辨率不完整的地方。

在短短七个世纪的时间里，社会飞速进步，从13世纪的赫里福德世界地图所划定的世界延伸到凡尔赛宫桌上帝国秩序的重新绘制。一个类似的天体制图模式，比如说从中国传统星图开始，可能会发展到16世纪丹麦的第谷·布拉赫（Tycho Brahe）的星图，到17世纪格林尼治的约翰·弗兰斯蒂德（John Flamsteed）的星图，再到18世纪乔治时代温莎市外的威廉·赫歇尔（William Herschel）的星图。从古代无透镜时代开始的几

个世纪里，哈勃望远镜为我们提供了一个来自地球大气层之外的视角。

对赫歇尔来说，为他的望远镜铸造和抛光镜片是一项巨大的体力活。在为其巨大的12米望远镜制作的两个直径为1.2米的凹面镜中，第一个镜片于1785年铸造，花了一年时间进行打磨和抛光。两百年后，哈勃望远镜上的2.5米直径的主镜在制造上出现了2.2微米的误差，造成了严重的球面像差。矫正工作是在太空中进行的。从历史的角度看，从原始的功能主义到以微米为单位的精度，其发展速度已经非常惊人了。人们已经不再需要带有灰尘和油墨气味的旧地图集，而要采用新测量出来的距离。在1920年之前，仙女座星系被认为只是一个气体漩涡。它在254万光年之外，如今被我们视为距离我们最近的星系邻居。

在我们的叙事来到镜头时代之前，必须注意的是，那些仅凭肉眼就能观测到的太阳、月亮和天体运动的人进行了意义深远的排列，移动了地景中的石头以改变地形，创造了巧妙的机械仪器，从而追踪椭圆轨道的不规则性，并为日晷架设了塔楼。随着时间的推移，我们的知识量愈发显得不足，就像我们周围那规模无穷的黑暗加深了我们的无知。

序章

无透镜

诺斯

米斯郡博恩河弯道北岸的博恩河河曲考古遗址群是爱尔兰新石器时代文化的中心。遗址群占地近2000亩（约1.3平方千米），包括石隧墓、立石和众多坟墓，其中最早的坟墓可追溯到公元前3500年；石隧墓建于公元前3200—前2900年。该遗址群的重大意义在于通过太阳和月亮的排列以及众多的石刻展现了天文知识。在三座重要的纪念碑中，纽格莱奇和道斯展示了冬至的排列，而诺斯则在其侧石上雕刻了大量的月球图案。英国的巨石阵是英国最著名的天文学遗址，在公元前2600年前后开始用立石代替木结构，比爱尔兰的遗址晚了几个世纪。同样，吉萨大金字塔的建造也是在公元前2550年前后完成的。虽然在努比亚沙漠的纳巴塔沙漠盆地发现的所谓"日历石"遗迹最早可追溯到公元前5000年，但博恩遗址的年代及其证据的大量涌现是所有天文学层面上的编年叙事基础。

纽格莱奇本质上是一个直径约80米、高12米的巨大草顶石冢，周围是一条密室通道。通道两旁陈列着石块，许多石块上雕刻着弧状或螺旋状的图案，或各种直线形的标记。巨大的入口石上有一系列漩涡状图案。我们并不了解这种装饰的象征意义。纽格莱奇和附近的道斯（一座规模相近的石隧墓）的入口处都覆盖着来自威克洛山脉的石英，这种白色给人一种醒目的印象。与纽格莱奇一样，道斯在冬至时的光照也格外精确，产生了强烈的视觉效果。

第三座主要遗址是诺斯的土墩，周围是18个较小的卫星土墩，并有一条朝东的岩石通道。通道的尽头是一个十字形墓室，里面有用来存放死者遗体的石盆。第二个通道向西延伸。周围的127块侧石上面雕刻有许多螺旋状的图案，凸显了该遗址的重要性。20世纪60年代，乔治·尤根（George Eogan）教授发现了第二个石隧墓，经过几十年的进一步发掘，他认为东西两条通道可能与春分和秋分时节的日出和日落一致。在这些时候，太阳会在海拔为0的地方东升西落。1980年的观测似乎证实了西通道中秋分点排列的准确性。[1]尽管我们确实可以观察到春分和冬至，但最近对该遗址的研究对这种排列方式提出了质疑。[2]

观察、得出结论，然后提出质疑和看似源于经验的反诉，这可能是我们熟悉的在不同学科的支持者之间进行对抗的一部分。考古实践的严谨性，以及根据像出土的碎片那样坚实的证据所进行的系统的分类，可能与宇宙学家概念上的飞跃不一致。无论宇宙学家多么理性，他们都在考虑如何解释超越人类视野之外的现象。虽然考古学传统和宇宙学理论可能互为表里，但博恩河谷为其中一门学科提供了一种由死者构成的景观，当你走近它的时候就像走过一个墓群一样。而来自另一门学科的分析家看到的不是一个墓园，而是看到一个天文台或天文台群。一种学科基于我们熟悉的死亡事实，另一种是基于对天文语言的解读。毫无疑问，一道光线在日历中的某一时刻穿透墓室的确切时间似乎是毋庸置疑的，但是这一时间的精确度以及诸如真北与磁北之间的区别或其他任何不一致性造成的差异都是一种挑战。毋庸置疑的是，诺斯的石群上刻满了图案，其目的远远超出了简单的雕刻美学。天文学的联系在这里绝非空想。

诺斯的石雕比纽格莱奇的石雕更为精致，时间也被认为比后者更晚。人们认为石头表面的弧线对应着新月，因此暗示着复杂的月历。最近对第52号侧石的分析表明，一系列改变方向的弧线与满月过程中月海（月面上的黑暗平原区域，曾经被认为是海洋）的弧线变化完全一致。更多的同心圆图案可能反映了满月在连续几个月中海拔的变化，而其他石头也与此图案相呼应。有人认为，东通道最末端的石头，即第47号石板（orthostat），无异于一幅月球图，代表了从云海（Nubium）到静海（Tranquillitatis）、湿海（Humorum）、酒海（Nectaris）、丰富海（Fecunditatis）和危海（Crisium）[3]的命名。这些形状是以落月的方位来描绘的，同时还有更简单的弧线，说明了升月的方位和地平线下看不见的月球的方位，从而完成了从直接观察到理论概念产生的过程。经过5000多年的岩石风化和手工原始雕刻，在不使用现代技术的情况下，这些图案可能需要进一步的解读，但是在太阳和月球观测的叙事中，诺斯标志着一个起点。

第17页图：诺斯石隧墓的东通道，面朝墓室，博恩河河曲考古遗址群，爱尔兰米斯郡，约公元前3000年

第18—19页图：新石器时代的土墩，诺斯，博恩河河曲考古遗址群，爱尔兰米斯郡，约公元前3000年

第20—21页图：第52号侧石，诺斯石隧墓，公元前3000年，博恩河河曲考古遗址群，爱尔兰米斯郡3D数字图像复制品，由爱尔兰3-D图标提供

内布拉星象盘

这件青铜圆盘镶嵌着黄金的部分，是北欧乌奈提西青铜时代文化中的一件工艺品。内布拉星象盘是1999年在德国莱比锡以西60千米的萨克森—安哈尔特州被非法寻宝者挖掘出来的，同时出土的还有两把青铜剑、两把斧头、一把凿子和两个螺旋手镯的碎片。该圆盘被认为是在公元前2000—前1600年锻造的。青铜的绿色是金属被腐蚀的结果，据此确定了该文物的年代并确认其为真品。

圆盘的样子大致可以理解为一个弧形的穹顶，天体悬挂在其中。中央的黄金圆盘代表太阳或满月，月牙形状代表新月，黄金圆点被确认为是恒星，我们认为的太阳和月亮之间的圆点群是昴宿星团，下方的弧线可能代表着分别承载这两个天体的天船。两侧的两道弧线中只有一道的黄金材料保存了下来，它们标志着地平线，并划定了太阳从春到秋的路线，是后来才加至圆盘中的。德国天文学家沃尔夫德·西洛瑟（Wolfhard Schlosser）从圆盘中心到右侧弧线的两端分别画线，形成了82度角，正好对应太阳在冬至时落在地平线上的位置和它在夏至时位于内布拉的精确纬度位置之间的夹角。

经特别鉴定，青铜圆盘内的铜来自青铜时代的欧洲矿山，而不是通过地中海进口的。然而，最新的分析表明，这些黄金来自英国的康沃尔郡，虽然是当地制造的工艺品，但其金属成分说明了早期欧洲文化的国际性。

第23页图：内布拉星象盘，青铜和黄金，直径30厘米，公元前2000—前1600年，德国哈勒史前史州立博物馆

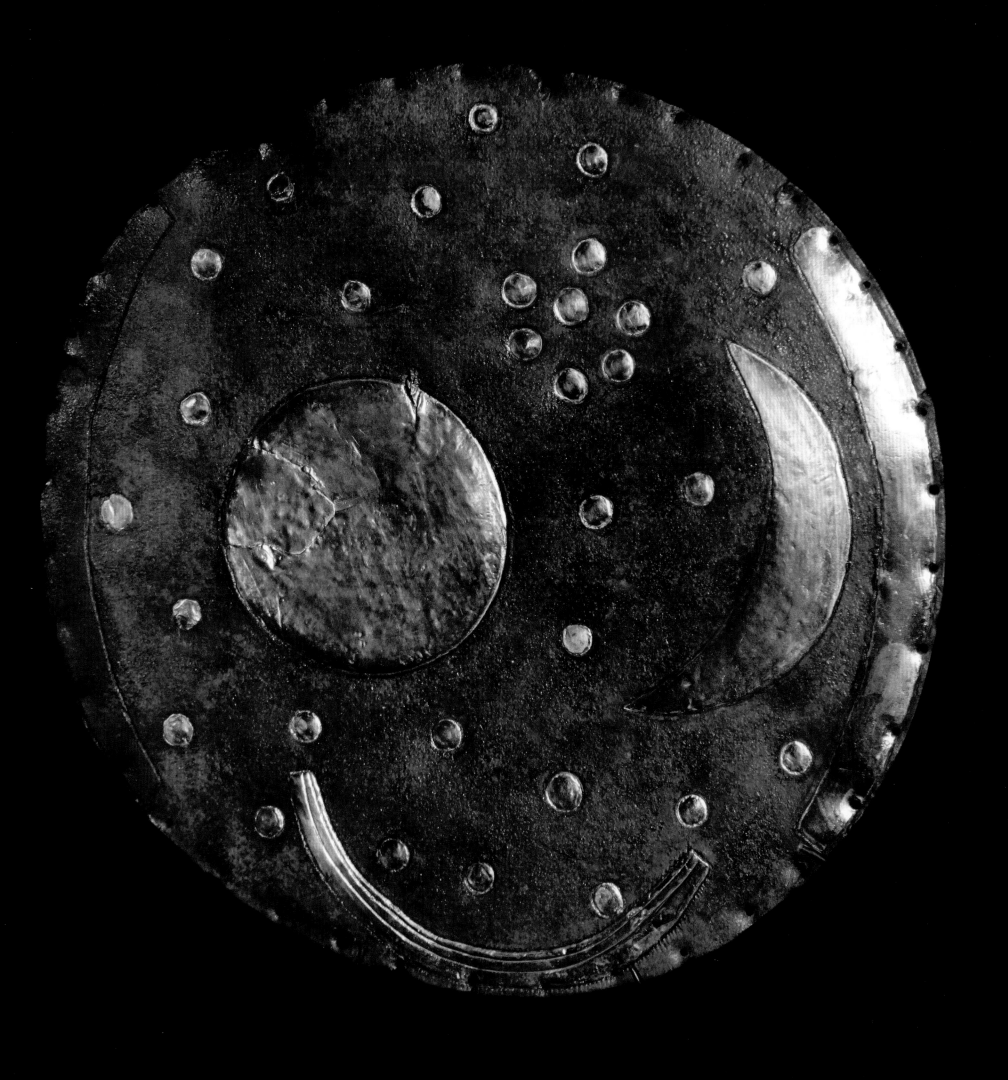

塞纳姆特墓

塞纳姆特（Senenmut）是埃及女法老哈特谢普苏特（Hatshepsut）的首席建筑师，后者于公元前1478年即位，并于公元前1458年去世。哈特谢普苏特在位期间的重大建筑工程包括为她设计的祭庙，名为圣中之圣（Djeser-Djeseru）。这是一个巨大的建筑群，靠近帝王谷的入口处，共有三层柱廊，下方是尼罗河西岸代尔埃尔巴哈里遗址中心的阶地。该祭庙供奉太阳神阿蒙，正好与太阳在冬至早晨升起的位置对应。

塞纳姆特的地位如此之高，得以在底比斯贵族墓中的纪念教堂里获得一席之地，并得到了代尔埃尔巴哈里的一座陵墓。后者的地下结构被构造成一个下降的阶梯状走廊，通向三个墓室，其中第二个墓室和第三个墓室没有建造完成，也没有装饰。墙壁上，特别是第一个墓室的天花板上，精心绘制了一幅星象图，仿佛是直接从莎草纸上按比例绘制的。这是已知最早的星象图天花板[4]。神话中的神灵与对天体观测的描绘融为一体。

天花板被几行文字分为南北两部分，其中包含了哈特谢普苏特和塞纳姆特的名字。南方部分包含了旬星列表，即埃及占星术中使用的恒星组或小星座组，源自中王国晚期（公元前2050—前1800年）写在棺材上的列表。北方部分由已知最早的北方星座描绘组成，指的是四颗行星——水星、木星、金星和土星，没有火星。这个部分通过12个圆盘表示月历，对应埃及历法的12个月。圆盘的部分代表一天中的24小时，并根据农业周期代表一年中的季节。古埃及历法是以月亮周期为基础的，但对月球的观察并不能提供尼罗河何时泛滥的基本信息，而尼罗河泛滥在农业方面具有重大意义的事件。关键的信号是由夜空中最亮的天狼星发出的，它通常在夏至和洪水到来前几天消失，过了很久后又重新出现。

塞纳姆特墓是在1925—1927年由赫伯特·温洛克（Herbert Winlock）为纽约大都会艺术博物馆进行挖掘时发现的。星象图天花板装饰的摹本后来由查尔斯·K.威尔金森（Charles K. Wilkinson）为博物馆的埃及考察队的图形部门绘制，并于1948年被博物馆收购。这幅图是威尔金森在尼罗河西岸的库尔纳绘制而成的。

第25页图：圣中之圣，法老哈特谢普苏特的祭庙，由塞纳姆特设计，代尔埃尔巴哈里，位于尼罗河西岸，在帝王谷附近，公元前1470—前1450年

上图：塞纳姆特墓（TT 353），上埃及底比斯，公元前 1479—前 1458 年

第 27 页图：查尔斯·K. 威尔金森，塞纳姆特墓中星象图天花板的摹本，纸上蛋彩画，73 厘米 × 56.5 厘米，源于公元前 1479—前 1458 年

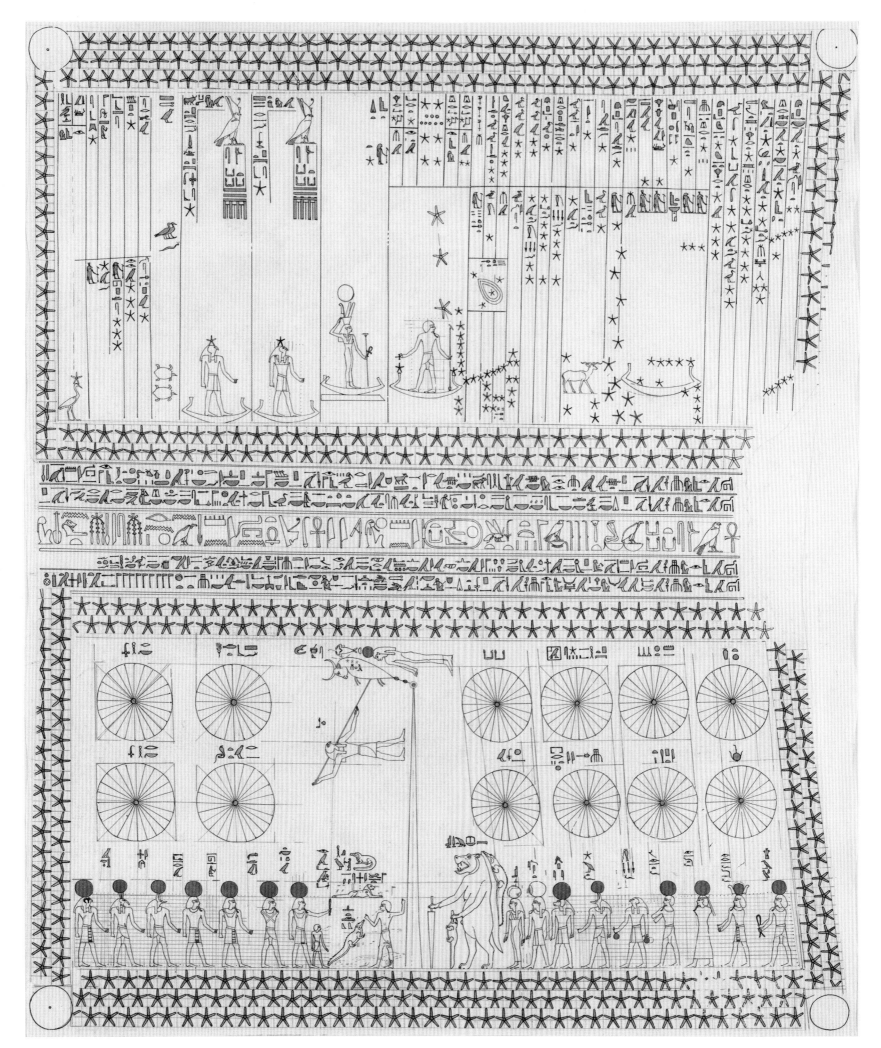

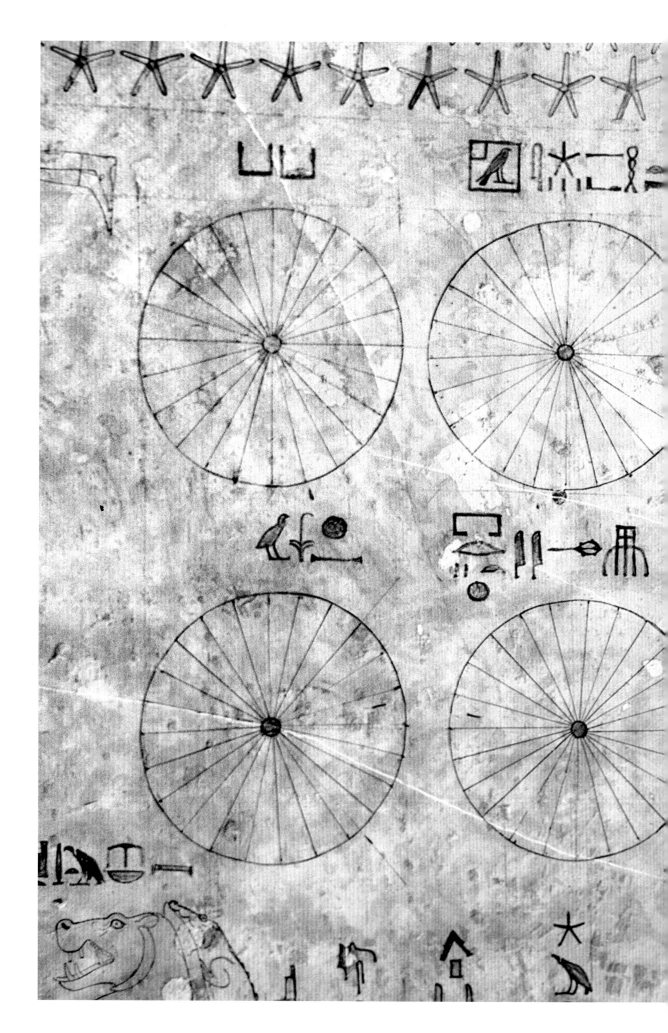

第28—29页图：星象图天花板，塞纳姆特墓（TT 353），上埃及底比斯，公元前1479—前1458年

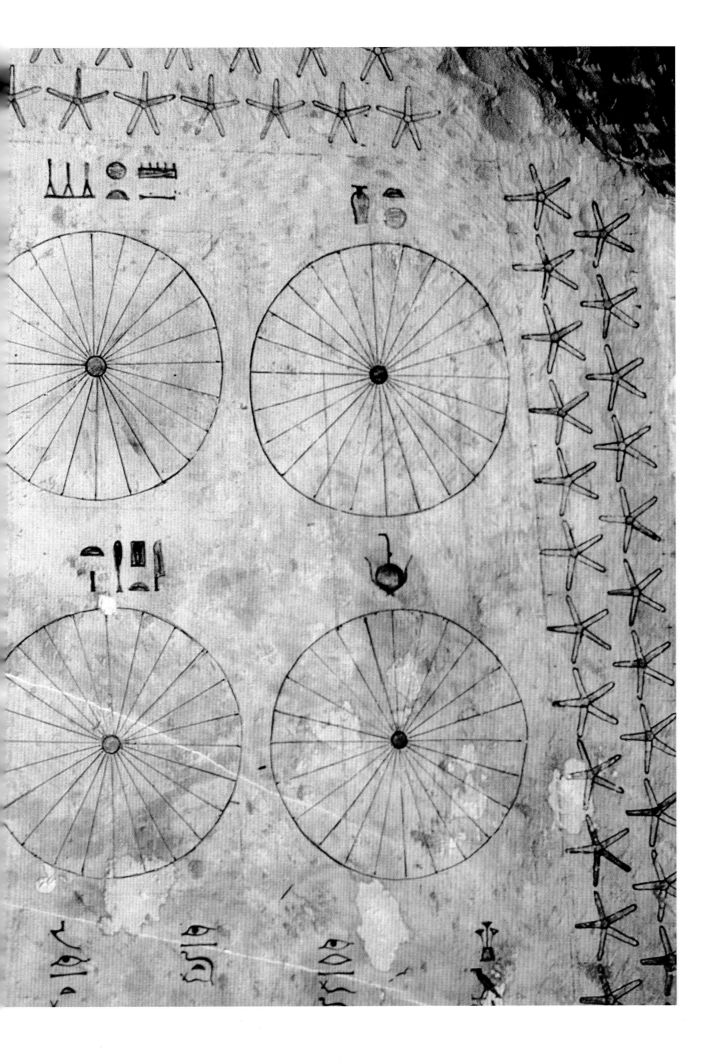

漆箱与二十八星宿

1977年，中国人民解放军在湖北省北部随州附近的擂鼓墩清山建厂时，发现了一座重要的陵墓，经鉴定，该陵墓属于一个名叫曾侯乙的人，曾国是战国时期（公元前475—前221年）的一个小国。

这座陵墓是按照宫殿的形式建造的，里面有四个墓室，有很多棺材和宝物。打开曾侯乙的外棺可以看到内棺的表面，上面装饰着精美的漆层。除了一套铜钟和其他乐器、各种兵器、一套玻璃器皿和写有汉字墨迹的竹简，还有一些漆器，其中最重要的是一个箱子，可能是用来存放衣物的。箱盖上装饰着代表西方的白虎和代表东方的青龙，即神话中阴阳的两极。这两种传说中的生物在占星学上都有重要意义。在它们中间的是被认为是中国最早的星象图，上面的日期指的是公元前433年农历三月初三，可能是曾侯乙去世的日期。

根据中国古代的传统，从接近赤道的地方观察到的天体区域被划分为二十八星宿，即"宿"或"月宿"。这些星宿是由星群组成的，形成了赤道附近的黄道星座。每一个星宿都与一个星群相关联，且每个星宿都是由一个时辰的间隔来确定的，对应着两颗重要的恒星的子午线。[5]赤道区域之外的天空被分割成各种各样的小星群。漆箱盖上的铭文提到了三月初三，指的是当时参宿移到了天空的中央，而北斗星的勺柄则指向南方。勺柄的旋转和星宿的方向反映了季节的变化。春天勺柄朝东，夏天勺柄朝南，秋天勺柄朝西，冬天勺柄朝北。这种对特定日期和月份的观察只有在黄河流域才有可能进行，它证明公元前5世纪曾侯乙墓的建造者对二十八星宿的体系有所了解。这是关于这种知识的最早证据。

第31页图：彩绘漆木箱，弧形盖上刻有"知虎"二字，并绘有星象图，出土于湖北随州曾侯乙墓（擂鼓墩1号墓），82.7厘米×53.8厘米×44.8厘米，公元前433年，湖北省博物馆

安提基特拉机械

这个复杂的青铜机械由从爱琴海的沉船中浮出的82个碎片组成，是古代世界的奥秘和奇迹之一。该机械目前有30套齿轮尚存，其复杂程度可以与模拟计算机媲美。它的设计展示了高级的天文知识和非凡的智慧。最新的分析将该机械的年代确定为公元前3世纪末或公元前2世纪下半叶，也就是说，这艘船下水时的年代为公元前70—前60年，这一日期已被沉船中发现的钱币所证实。[6]

1900年，在克里特岛北部的安提基特拉岛停留期间，一艘前往北非海岸的船上的海绵采集潜水员发现了一艘古罗马船的残骸。鉴于船上的货物非常丰富，包括许多铜像、大理石雕塑、钱币和珠宝，人们认为这艘船可能载运的是战利品，前往参加某个伟大的罗马凯旋仪式。也许它更可能是一艘往返于不同港口的商船。雅克-伊夫·库斯托（Jacques-Yves Cousteau）在1976年进行的另一次打捞考察中又发现了更多的文物，还有至少4名乘客的骨架。在2012年开始的新的挖掘行动中挖掘到了第5具骨架，以及更多的发现。这一挖掘工作还在进行中。1902年，人们注意到一块被腐蚀得几乎与岩石无异的金属，里面居然有一个机械齿轮。后来在耶鲁大学任科学史教授的德瑞克·约翰·德索拉·普莱斯（Derek de Solla Price）对这个原本被认为是一种天文钟的东西特别感兴趣。从此以后，这个机械就成了大量学术研究和分析的对象。

沉船上的花瓶属于罗得岛和爱琴海东部的佐泽卡尼索斯群岛上制造的类型，其他物品与小亚细亚西部和叙利亚—巴勒斯坦有关。罗得岛是天文学家喜帕恰斯（Hipparchus）的故乡，他活跃于公元前2世纪初，该机械装置似乎采用了他的月球运动理论。2014年发表的研究表明，该机械装置的配置采用的是巴比伦的数学原理，而不是希腊的三角学。

无论该机械有多么复杂，都因公元前3世纪—前1世纪的希腊化知识的参数而具有局限性。直到2世纪亚历山大天文学家托勒密的《天文学大成》（Almagest）和《行星假说》（Planetary Hypotheses）问世，关于这方面的知识才有实质性的进展。托勒密仍然认为宇宙是一个由球中球组成的系统，其核心是地球。这一地心概念可追溯到公元前4世纪的亚里士多德和柏拉图。

安提基特拉机械显示出高度发达的运动，而这些运动又来自细微的观察。从本质上说，这个机械就像一个发条，通过曲柄运作。外环面标示着十二星座，以360度均匀分布。外圈可以旋转，虽然用的是希腊文标示，但是按照埃及历法划分的。前面表盘上的两个圆形刻度代表黄道（太阳在一年中似乎遵循的圆形路径）。两个指针表示黄道带的位置，而单独的指针则表示太阳和月亮的位置。日期是由太阳的位置决定的。通过使用椭圆齿轮这项了不起的创新，月球的椭圆轨道得以记录下来，也实现了分别跟踪行星的相位，还证明了太阳明显的椭圆形通道（实际上是地球围绕太阳的轨道）。

安提基特拉机械虽然已经建立了一个标度模型，但其功能还尚未全部实现。虽然从我们目前的发现来看，该机械是独一无二的，但其他类似的机械可能也曾经存在过。

第33页图：安提基特拉机械，青铜，发现时在一个木盒内，34厘米×18厘米×9厘米，公元前3世纪晚期或公元前2世纪下半叶，希腊国立考古博物馆，雅典

第34—35页图：2017年，安提基特拉机械的分解模型

1a： 黄道十二宫表盘，代表黄道带12星座

1b： 埃及历法表盘，代表一年365天

1c： 太阳指针

1d： 日期指针

1e： 行星指针

1f： 月球指针

1g： 铭文罗列了重要星体的升落时间

2a： 齿轮系统，通过曲柄旋转启动一系列齿轮，从而追踪月球的运动并计算出
默冬章中235个朔望月，并计算出月食反复出现的周期中的朔望月

3a： 默冬章表盘

3b： 指针沿着默冬章表盘的螺旋槽向外延伸，并随着槽的长度而延伸

3c： 月食表盘

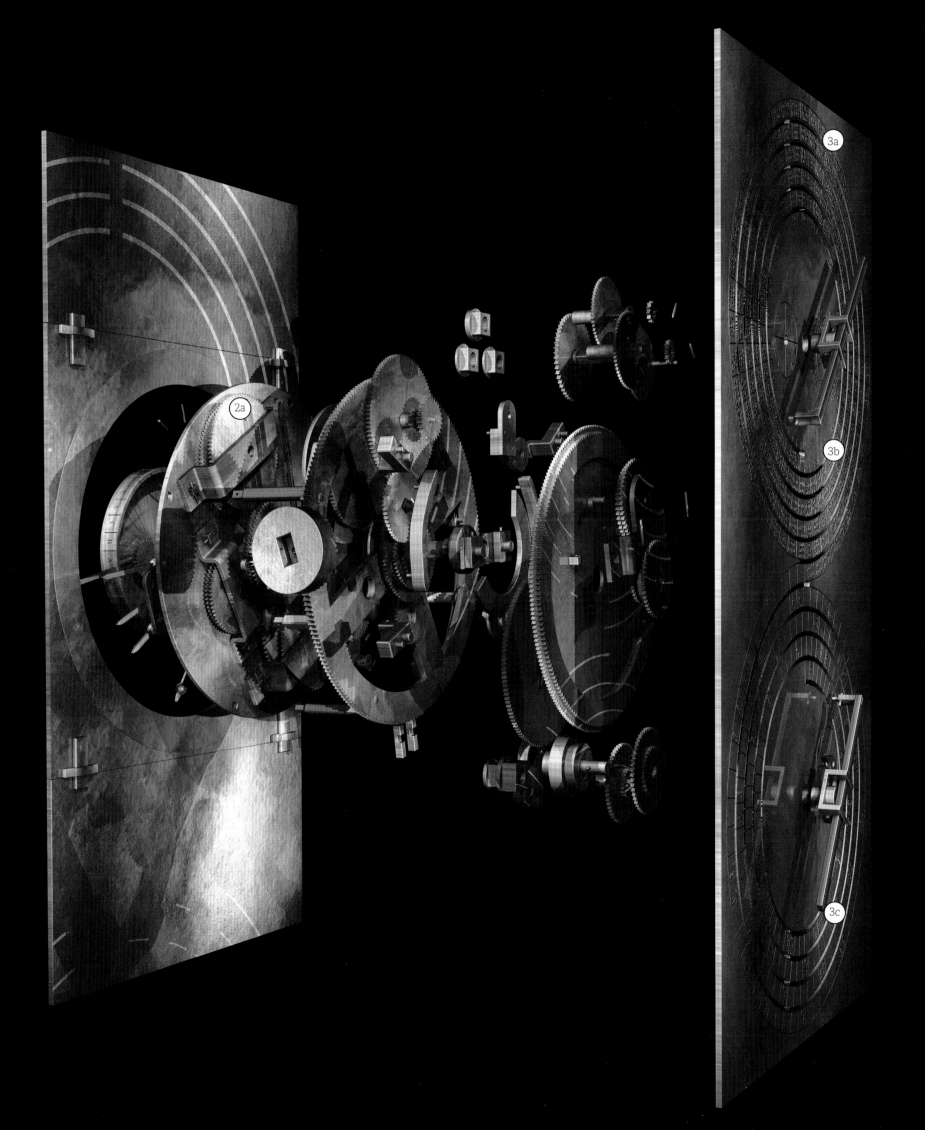

托天的阿忒拉斯

这座罗马的阿忒拉斯大理石雕像，由红衣主教亚历山德罗·法尔内塞（Alessandro Farnese）在16世纪购得，可追溯到2世纪，被认为是一个更早的希腊化作品（公元前3—前1世纪）的复制品。这是现存最古老的具有神话意味的阿忒拉斯雕像，他托着现存最古老的天球仪模型。这尊雕像展示了天球仪的最外层，仿佛从星空之外向内观测的视角展现出了夜空，因此为希腊化时期的星图绘制提供了完美的指南。它显示了2世纪希腊罗马亚历山大港的著名天文学家托勒密确定的总共48个星座中的41个或42个星座。2005年提出的一个理论是，天球仪上的星图是根据希腊天文学家喜帕恰斯的星表绘制的，该星表的历史可追溯到公元前129年。[7]

根据希腊神话，阿忒拉斯和他的兄弟墨诺提俄斯（Menoetius）与泰坦一起对抗奥林匹斯诸神。在泰坦战败后，宙斯判处阿忒拉斯到地球西边的一个地方，在那里将天以天球的形式永远地扛在肩上。阿忒拉斯扛着的是天空，而不是地球本身。根据神话学家罗伯特·格雷夫斯（Robert Graves）的说法，最早的希腊人认为这位原始巨人与泰坦、福柏（Phoebe）一起统治月球。

第37页图：托天的阿忒拉斯，大理石，高：2.1米，天球仪直径：65厘米，希腊化时期希腊雕塑的罗马副本，约150年，那不勒斯国立考古博物馆

《敦煌星图》(*The Dunhuang Star Atlas*)

《敦煌星图》是1907年在丝绸之路上的敦煌"藏经洞"(第17窟)发现的数万份手稿之一。

敦煌是丝绸之路上的重要绿洲，位于中国长城和河西走廊的最西端。丝绸之路在敦煌之后的西行路线分成了北线和南线。敦煌的位置决定了它在4—10世纪作为一个伟大的佛教中心的重要性。在敦煌外几英里处，一条狭窄的溪流上方有一座陡峭的悬崖，硬度相对较低的崖面被掏空，成为洞窟，并装饰有绘画和雕塑，这些艺术形式受到阿富汗巴米扬大佛等早期佛教遗址绘画的影响。这个洞窟被称为千佛洞。[8]

1907年3月，奥莱尔·斯坦因到达敦煌后，发现石窟里面"层层堆叠，杂乱无章，在道士的小灯的昏暗光线下，出现了一大团手稿包，高达近10英尺，根据后来的测量显示，差不多填满了500立方英尺的空间"。[9]斯坦因运走了大量的珍宝，《敦煌星图》现在是大英图书馆的奇观之一。

《敦煌星图》是一个长3.3米的卷轴，用纯桑椹纸制成，仅一面刻有文字。卷轴开头的标题、作者和任何其他书目信息都遗失了。实际的星图部分有12幅竖图，左侧有附文，之后是无文字的北拱极区星图。星图的最后一部分是一个弓箭手射箭的图。12幅星图按"星宿"排列，"星宿"是根据不同的星群划分出来的天体空间（见第30页）。恒星用彩色圆点表示，通常用黑色笔迹圈出，并用黑线线条划分星群。北半球的整个天空以与东西走向的轴线呈大约30度角的区域来表示。从钦天监看到的南面地平线以上的景物有明显的局限性。钦天监位于唐朝首都长安（西安）或洛阳，两个地点都在同一纬度，北纬34°。星图中没有表现赤道、黄道和银河。在中国的二十八星宿中，有二十七星宿都被确切地描绘了出来。

2009年，法国原子能和替代能源委员会的让-马克·博奈-比多（Jean-Marc Bonnet-Bidaud）、巴黎天文台的弗朗索瓦斯·普拉德里（Françoise Praderie）和大英图书馆的魏泓（Susan Whitfield）借助该星图的高分辨率数字副本，发表了详细分析。他们认为这是天文学史上极为壮观的文件之一，也是所有文明中最古老的星图册。[10] 2004年，《敦煌星图》在大英图书馆展出，而直到上述分析结果随着星图的展出问世后，人们才充分认识到它的重要性。1957年，翟林奈（Lionel Giles）对该星图进行了编目，但早在十年前他的工作就已经完成了。20世纪40年代末，李约瑟（Joseph Needham）正在为他的大型系列丛书《中国科学技术史》(*Science and Civilisation in China*，1954—2015年)编制天文学卷，当时他核实了《敦煌星图》，并将其年代定为10世纪。博奈-比多、普拉德里和魏泓现在证实，该文献制作于初唐时期，即649—684年。

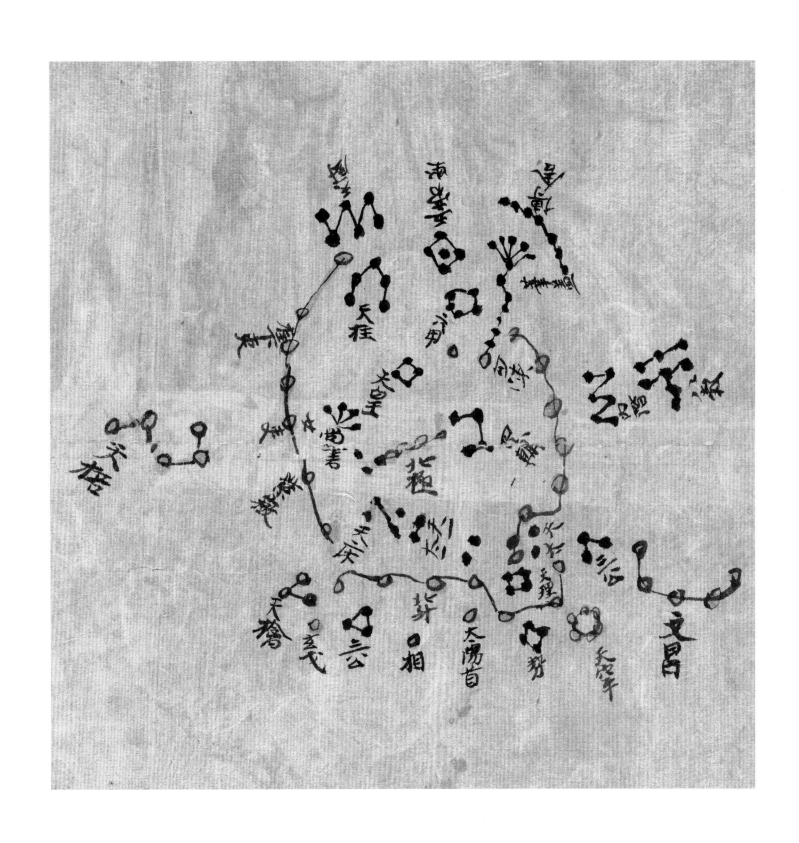

上图:《敦煌星图》展现北拱极的局部图，底部是北斗星（大熊座的一部分），桑椹纸墨迹，初唐时期，649—684年，大英图书馆，伦敦

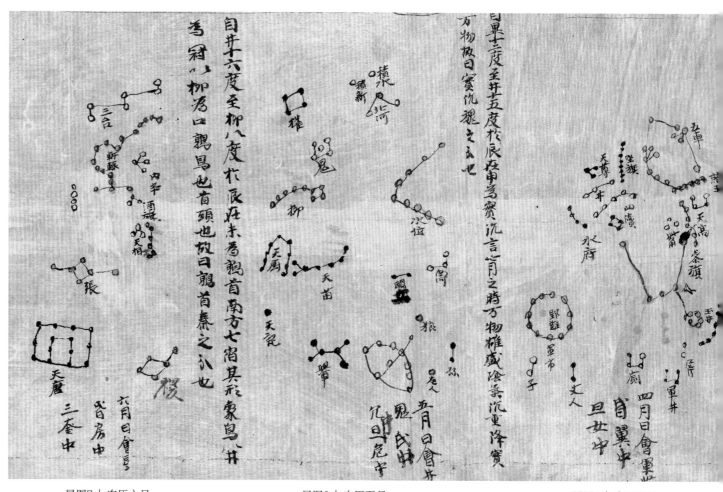

星图7 | 农历六月　　　　星图6 | 农历五月　　　　星图5 | 农历四月

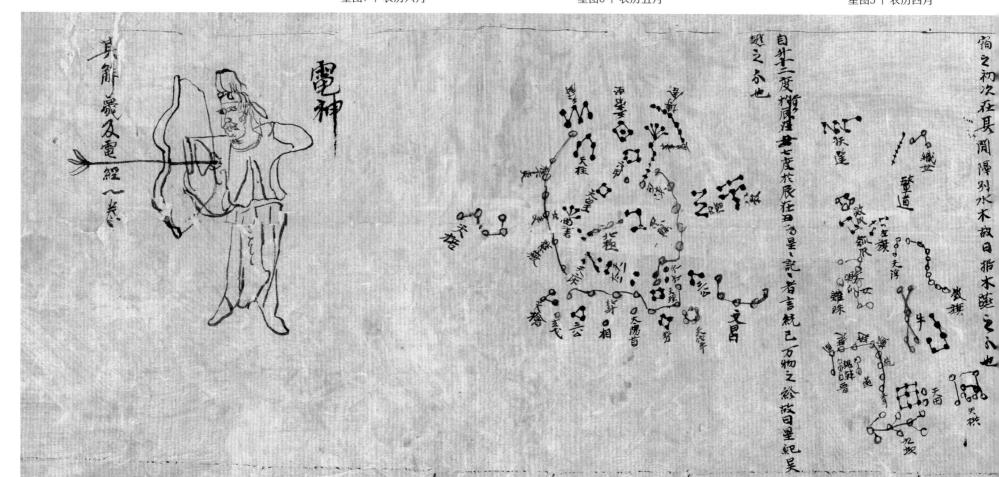

弓箭手　　　　北拱极区　　　　星图12 | 农历十一月

《敦煌星图》，桑椹纸墨迹，394厘米×24.4厘米，初唐时期，649—684年，大英图书馆，伦敦

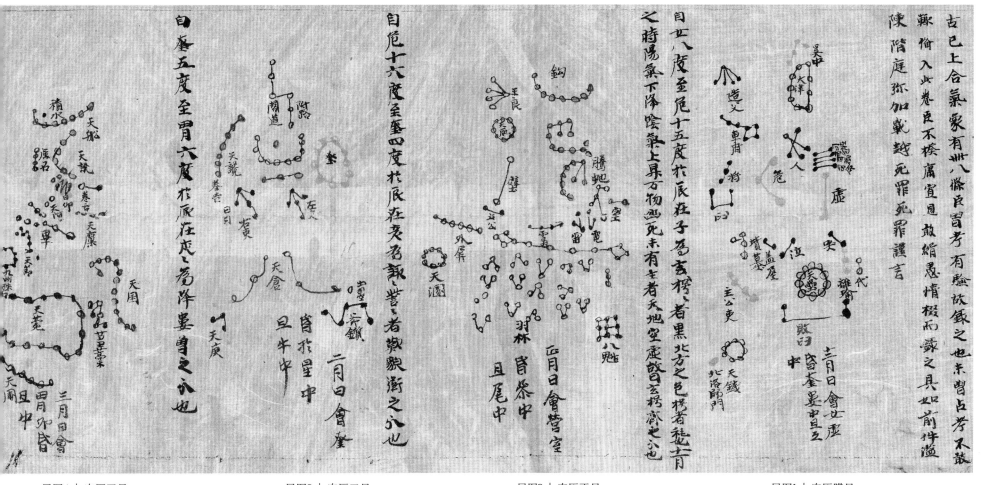

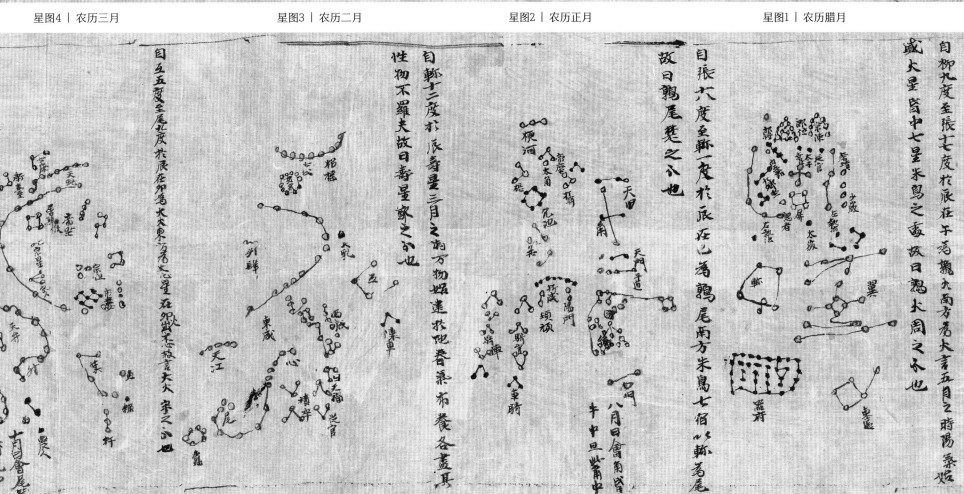

阿卜杜勒-拉赫曼·苏菲（Abd Al-Rahman Al-Sufi）和伊斯兰天文学传统

在阿拉伯世界，天文学知识是贝都因人传统的基础，因为熟悉固定的恒星以及太阳和月亮的轨迹有助于在沙漠中进行基本的导航。在伊斯兰世界里，必须了解时间和方向才能找到基卜拉（qibla），即麦加的方位。在斋月期间，确认日出和日落的时间尤为重要。仪器的发展，特别是星盘的发展，对于历法的要求和对星座或行星运动模式的理解同样重要。

伊斯兰天文学传统源于希腊的先例和西方的占星模型。在8世纪和9世纪，巴格达是学习和研究天文学的圣地；[11]在10世纪，阿杜德·道莱（Adud al-Daula）王朝为波斯苏菲派天文学家阿卜杜勒-拉赫曼·苏菲（903—986年）提供了研究的据点。阿卜杜勒-拉赫曼·苏菲通过翻译希腊文，将希腊化天文学传统从亚历山大港带到了阿拉伯世界。他的《恒星之书》(Kitab suwar al-kawakib al-thabita，964年）在托勒密2世纪的《天文学大成》之后出版，阿卜杜勒-拉赫曼·苏菲在书中描绘了48个星座（恒星），这些星座被认为涵盖了地球周围9个球体中的8个。阿卜杜勒-拉赫曼·苏菲最早记录了对仙女座星系的观测，阿佐飞陨石坑（Azophi）便是以他的名字命名的，因此他的成就得以为人所知。阿卜杜勒-拉赫曼·苏菲使用星盘的高超技巧使他列举出了该仪器的1000种用途。

阿卜杜勒-拉赫曼·苏菲在中世纪世界的重要性在一份可追溯到14世纪中期的彩色手稿中可见一斑，该手稿被称为阿卜杜勒-拉赫曼·苏菲的星图。它是在意大利北部制作的，存放在布拉格斯特拉霍夫修道院的古图书馆中。在阿卜杜勒-拉赫曼·苏菲将西方理论引入阿拉伯学术界4个世纪后，伊斯法罕王朝的原始成就在西欧得到了完美的再现。

正如在伊朗北部发现的一个碗显示，从希腊的雕像模型中衍生出来的伊斯兰占星术的特点几个世纪以来一直存在。太阳和月亮被描绘成拿着太阳盘和新月的人物。

第43页图：旧式优雅系占星图案的碗，来自伊朗北部，釉下彩和釉上彩的石头作品，带有彩绘和镀金，12世纪末或13世纪初，直径18.7厘米，纽约大都会艺术博物馆。水星描绘为拿着卷轴的书吏，金星描绘为女乐师，土星描绘为拿着十字镐的老人，木星描绘为戴着头巾的法官，火星描绘为断头的战士，太阳描绘为拿着太阳盘的人物，而月亮描绘为拿着新月的人物

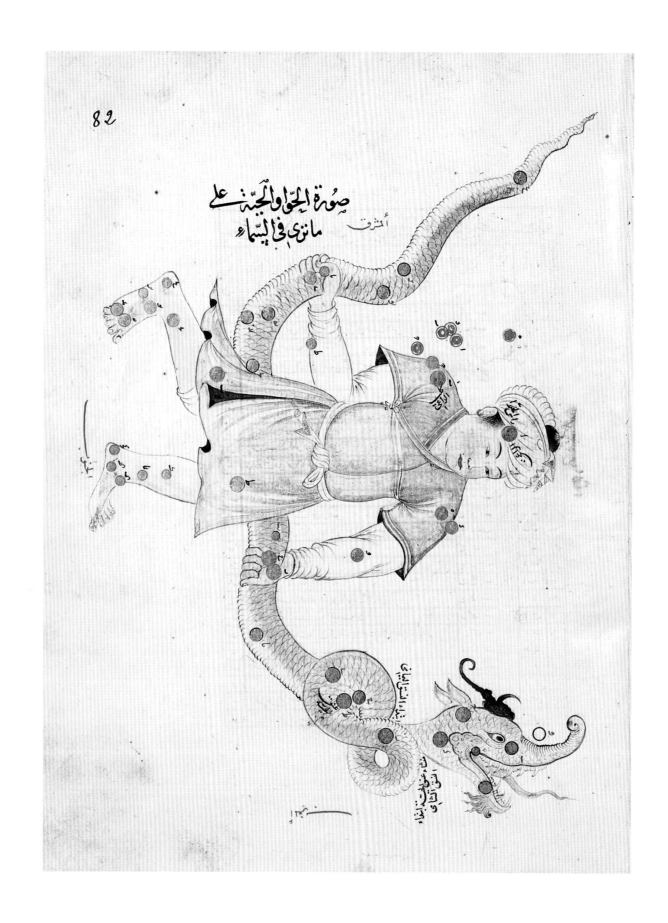

上图及第45页图：阿佐飞（阿卜杜勒-拉赫曼·苏菲）的《恒星之书》（约964年）微型画，阿拉伯手稿，11世纪

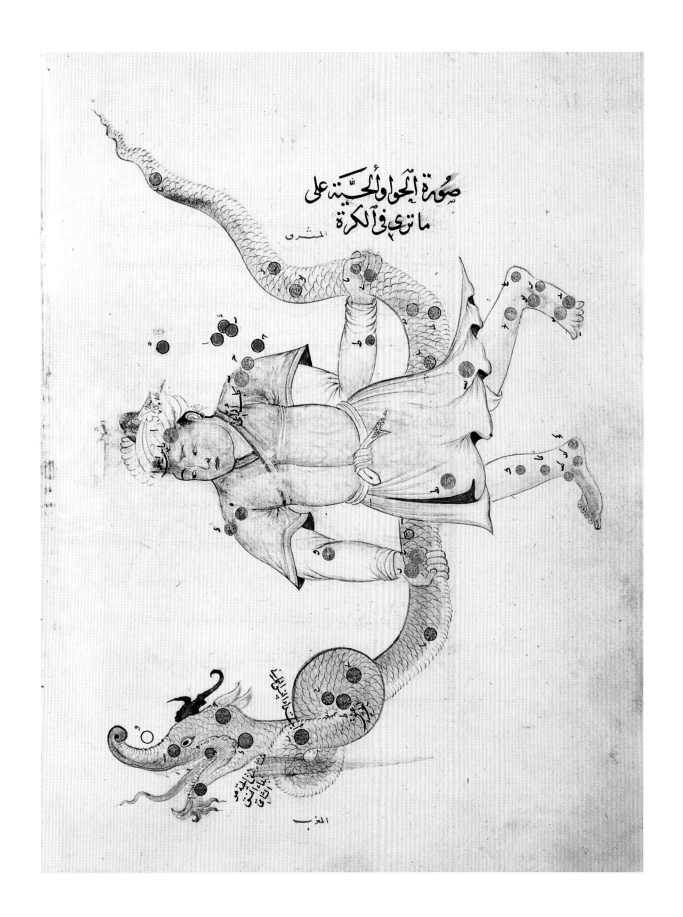

صورة الحوا والحيّة على
ما ترى فى الكرة

المشرق

المغرب

45

哥白尼

以地心说为中心的天体观可以追溯到柏拉图、亚里士多德，然后是托勒密时代。在16世纪中叶欧洲的哥白尼时代之前，它一直与后来新增的基督教的原则并行，后者认为地球是上帝的创造物。地球在环绕轨道核心的中心位置与其神圣的起源一致。如果提出相反的观点，不仅会破坏数学或天文学分析，而且会质疑精神和科学信条的基础。这种挑战带有潜在的危险。

尼古拉·哥白尼出生于1473年，父母来自维斯瓦河畔的索恩镇的西里西亚，该地当时属于普鲁士王室，现在属于波兰。10年后，马丁·路德出生在萨克森州。哥白尼的著名著作《天体运行论》于1543年出版，三年之后路德去世。宗教改革的气氛以及反对势力的热情正在破坏既有教会的首要地位，然而，广泛的探究气氛使哥白尼关于宇宙的中心实际上是太阳以及地球绕太阳转的思想得以扎根。

哥白尼接受过多方面的教育，他曾在克拉科夫的雅盖隆大学学习，后又在博洛尼亚深造，并在帕多瓦学习了医学。哥白尼从意大利回到波罗的海的沿海小镇弗龙堡居住，在那里开始使用象限仪和浑仪进行天文观测。哥白尼的日心说思想日趋发展，而他对发表这些思想的态度也保持缄默。哥白尼早在1532年就完成了《天体运行论》的手稿；在其出版之前，他的《短论》（Commentariolus）已经出版，这是一篇关于他的这些思想的论文，在朋友之间流传。在这卷书中，哥白尼指出，如果地球真的是在天上旋转，那么天与地之间的界限就会遭到一定程度的破坏，因为地球已经在天上了。哥白尼是一个虔诚的天主教徒，他曾在弗龙堡担任教士，他的叔叔是瓦尔米亚的主教。哥白尼并不想扰乱现存的天主教会的稳定。事实上，他的思想传到了罗马，并引起了教皇的兴趣。新教徒则相反，他们准备进行抵抗，路德本人谴责哥白尼是个傻瓜。

最后，《天体运行论》的手稿被带到纽伦堡印刷。该书不仅确立了太阳的中心地位，还确定了月球绕地球的轨道。地球围绕太阳的运动每年完成一次，地球以自身为轴心的自转时间就是一昼夜24小时的时间。尽管当时人们还不知道引力的存在，没有引力就无法将物质固定在旋转的地球表面，但地球自转的原理在托勒密原则的基础上发展得非常合理，并在天主教和路德宗的中心进行了公开讨论。

《天体运行论》共分为六个部分，第一部分介绍了一般理论，第二部分介绍了球面天文学的原理并提供了星图。哥白尼的理论仍然坚持认为宇宙是一个球体，但月球以球体的形式围绕地球旋转，而行星以球体的形式围绕太阳旋转。第三部分描述了春分点和太阳的运动；第四部分描述了月球的运动。最后两个部分讨论了"行星在纬度上偏离黄道"的问题。

据说哥白尼在世的时候看到了他的巨著的第一张印刷页，因为这些印刷品是在他临终前送到他面前的。布拉格现存一份带有注释的手稿，通过对纸张的分析，科学家们确认该手稿确实是在16世纪30年代的某个时间点完成的，远早于其最终出版的时间。

第47页图：尼古拉·哥白尼的签名手稿原件，《天体运行论》，16世纪30年代，雅盖隆大学图书馆，克拉科夫，波兰

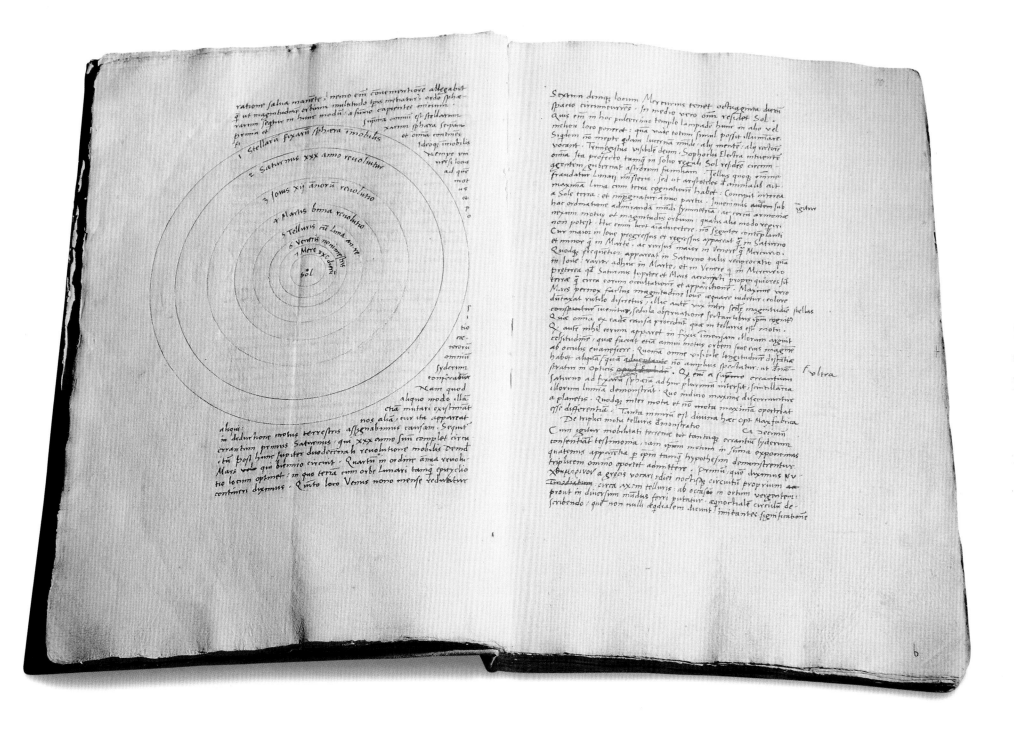

1 Stellarum fixarum sphaera immobilis
2 Saturnus XXX anno revolutur
3 Jovis XII annorum revolutio
4 Martis bima revolutio
5 Telluris cu[m] luna ann[uus]
6 Veneris nonamest[ris]
7 Mere[urii] XXC di[erum]
Sol

墨卡托

16世纪仪器制造技术和制图学与天文学的结合，在与哥白尼同时代的弗拉芒数学家、制图师和地理学家赫拉尔杜斯·墨卡托（Gerardus Mercator）的成就中显而易见。和他的同行一样，墨卡托在科学进步受到质疑的危险环境（墨卡托本人受到了宗教裁判所的审讯）中不断发展自己的科学。哥白尼不幸经历了波兰一条顿战争，当1520年弗龙堡被条顿骑士团围困时，他的天文台所在的塔楼想必是遭到了攻击，仪器也被毁坏。墨卡托也是一个充满侵略和质疑的时期的受害者。尽管墨卡托生为天主教徒，但由于他对新教的同情和他惊人的知识水平，他也受到了审查。因此，智慧是一种危险的属性。

赫拉尔杜斯·墨卡托出生于弗拉芒小城鲁佩尔蒙德。墨卡托（Mercator）是单词弗拉芒（Kremer）的拉丁语版本，意思是商人。墨卡托于1530年毕业于鲁汶大学。四年后，他师从赫马·弗里修斯（Gemma Frisius），学习数学、地理和天文学，还学会了仪器制造。墨卡托与弗里修斯和加斯帕·范·德·海登（Gaspar Van der Heyden）一起开始制作地球仪和天球仪（1536年和1537年），他们的作品的与众不同之处在于，其地图块用的是铜版画，而不是木版画。地图制作和地图册制作的进步完全依赖于印刷技术的进步。

1543年，鲁汶被克里夫斯公爵围困，战争的动荡破坏了墨卡托地图和地球仪与天球仪的商业成功。同年，也就是哥白尼的伟大著作出版的那一年（见第46页），墨卡托被宗教裁判所指控为异端。没有任何证据支持这一指控，他被释放了，名誉几乎没有受到损害，这使他后来接受了神圣罗马皇帝查理五世的命令。墨卡托在1541年制造了一个地球仪，随后在1551年制造了一个天球仪。这样的地球仪和天球仪对应该有很多，现存有22对。第二年，即1552年，墨卡托搬到了宗教信仰更宽容的城市杜伊斯堡，在那里建立了一个制图工作室。

墨卡托在制图方面的名声随着他的世界地图在1569年的出版而得到了印证，该地图被描述为适合航海使用的地球仪地图的代表。虽然这幅由墨卡托亲自雕刻的18张挂图对普通航海者来说太大了，但墨卡托投影法，即把球面地球转移到平面上的方法，构成了后来的航海图的基础。

在世界地图问世的同一年，墨卡托正在印刷他的《编年史》（Chronologia），这个项目工作量巨大，目的是涵盖自创世纪以来的世界事件的年表。在整本书中，他使用儒略历计算了日食和月食的日期。墨卡托没有被自己的雄心壮志所吓倒，他写道，他打算出版几卷书，共同构成对宇宙的更宏观描述，即《宇宙志》（Cosmographia）。除了传统的地理学，书中还包括古代地理学、城市历史、海洋地图和对天体的全面描绘。在接下来的一个世纪里，荷兰制图师约翰内斯·扬松纽斯（Johannes Jannsonius）出版了六卷地图册，其中包括关于海洋和古代世界的卷册（1636—1662年）。1660年安德烈亚斯·策拉留斯（Andreas Cellarius）的《和谐大宇宙》（Harmonia Macrocosmica）出版后，墨卡托的设想范围更加接近实现。

第49页图：赫拉尔杜斯·墨卡托的《关于世界结构与结构形状的地图集或宇宙沉思录》（*Atlas Sive Cosmographicae Meditationes de Fabrica Mundi et Fabricati Figura*）扉页，由拉图尔德·墨卡托（Raumold Mercator）在1595年出版，其父亲于1594年12月去世。这是第一次用"atlas"这个词来描述地图集：扉页上显示的是阿忒拉斯拿着一个地球仪。墨卡托在引言中概述了他的雄心壮志，希望将该作品的内容范围扩展到对天体的描述

ATLAS
SIVE
COSMOGRAPHICÆ
MEDITATIONES
DE
FABRICA MVNDI ET
FABRICATI FIGVRA.

Gerardo Mercatore Rupelmundano,
Illuſtriſsimi Ducis Juliæ Cliviæ & Mô-
tis &c.ᵃ Coſmographo Autore.
Cum Privilegio.

DVESBVRGI CLIVORVM.

上图：赫拉尔杜斯·墨卡托，地球仪和支架，1541年，位于木芯上的纸制地图印刷品，60厘米×54.5厘米，球体直径42厘米，国家航海博物馆，格林尼治，凯尔德收藏。地球仪与右页的天球仪是一对。球体内的砝码据说是用铅块制成的。球体上有32个罗经点和设想的磁极的罗盘方位线。欧洲的城市用表格中的数字编号表示

上图：赫拉尔杜斯·墨卡托，天球仪和支架，1551年，位于木芯上的纸制地图印刷品，60厘米×54.5厘米，球体直径42厘米，
国家航海博物馆，格林尼治，凯尔德收藏

开普勒

约翰内斯·开普勒（Johannes Kepler）出生于1571年，他的母亲是一个旅店老板的女儿，她在距离黑林山不远的巴登-符腾堡州斯图加特地区的旅店里将开普勒抚养长大。开普勒的父亲是一名雇佣兵，在他小时候就被杀了。开普勒是公认的数学天才，他对天文学的兴趣可能是在他目睹了1577年的大彗星后被激发出来的。16世纪90年代，在哥白尼关于太阳系的日心说发表半个世纪后（见第40页），开普勒在图宾根大学学习了数学以及托勒密和哥白尼的行星运动理论。他坚信哥白尼的分析是正确的。1594年，开普勒移居到今奥地利施蒂里亚州的首府格拉茨，教授数学和天文学。

开普勒于1596年出版的《宇宙的奥秘》（*Mysterium Cosmographicum*）为哥白尼辩护。他提出了一个几何学体系，使用三维正多面体，按照相关的比例，这些多面体可以被一系列球体所包含（内切和外接）。他将这些比例应用到日心系统中行星轨道的模型中。这些多面体包括四面体、六面体、八面体、十二面体和二十面体。开普勒和哥白尼一样相信神的意志，这种几何模型作为精确的宇宙观，反映了神的秩序。他的神灵观并没有受到路德宗的排斥，也没有受到他母亲被指控使用巫术的影响。

开普勒开始与丹麦天文学家第谷·布拉赫（1546—1601年）密切合作，后者正在布拉格郊外建造天文台。在布拉赫的指导下，开普勒研究了火星的轨道，并发现当他将火星的轨道绘制为椭圆形时，他的数学分析得到了证实。开普勒将其他行星的轨道也设为椭圆形，得出了他的第一定律，即所有行星围绕太阳公转的轨迹都是椭圆形的，且太阳位于椭圆轨道的焦点处。开普勒第二定律指出，在相同时间内，行星围绕太阳公转时，行星与太阳之间的线段划过的面积相等，因此，距离太阳越近，行星的运动就越快，而距离太阳越远，运动就越慢。伽利略在17世纪初使用望远镜后，开普勒开始使用该仪器并研究光学，包括人眼视网膜上的图像倒置。

开普勒还探讨了数学比例与音乐结构之间的关系，以进一步实现音乐宇宙的理想。1619年出版的《世界的和谐》（*Harmonices Mundi*）加强了他对神的秩序的看法，并扩展了毕达哥拉斯所认为的"以音乐和谐为基础的数学比例与更广泛的音乐宇宙（musica universalis）之间的原始联系"。他把音乐秩序、几何比例和天体秩序相关联，使天体也拥有音调值。《世界的和谐》包含了他的第三定律，即行星绕太阳的椭圆轨道的半长轴的立方和它们公转周期的平方成正比。

开普勒定律为牛顿的万有引力定律奠定了基础，牛顿在1687年的《自然哲学的数学原理》（*Principia*）中解释了这一理论。根据这一理论，粒子之间的引力与它们的质量成正比，与它们之间距离的平方成反比，这里的距离是指两物体连心线的长度，这一定律适用于整个宇宙。从16世纪的哥白尼到17世纪初的开普勒，再到18世纪初的牛顿，这是一条直线型的发展路线。开普勒的宇宙学模型，加上其定律的数学权威性，与透镜的引入和伽利略使用望远镜的时间相吻合。

第53页图：约翰内斯·开普勒，正多面体，摘自《宇宙的奥秘》，图宾根，德国，1596年

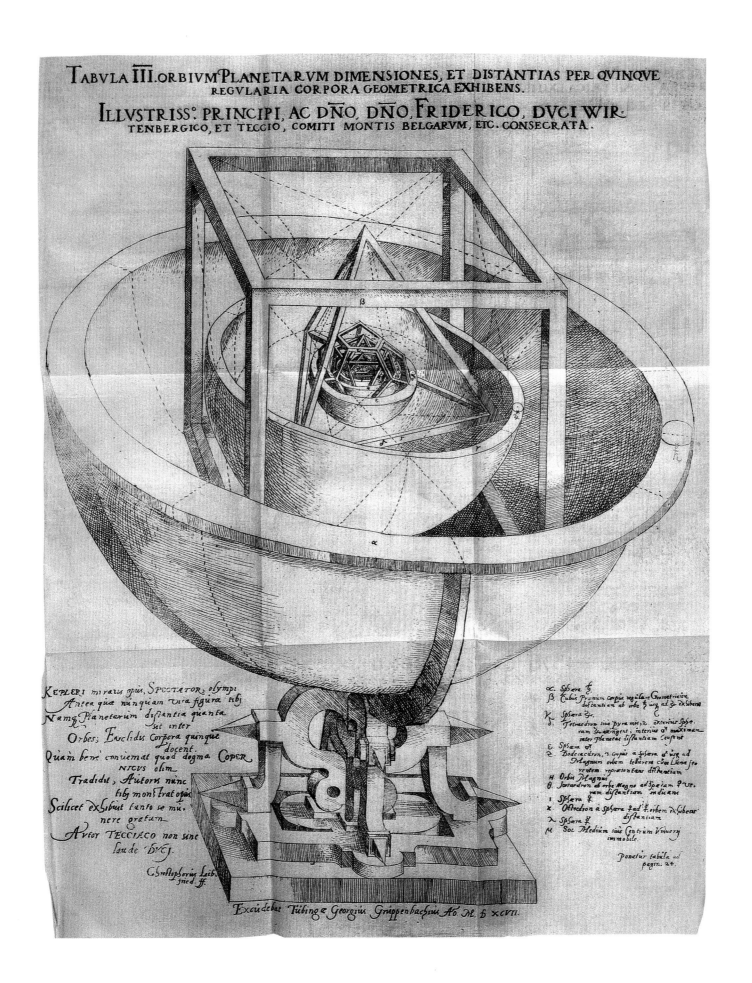

北京古观象台

中国朝廷的历法决定了宫中祭祀的进程。每年的夏至和冬至时节，皇帝及其随从都会离开北京紫禁城，南下到天坛周围的建筑群。庙宇建筑群重申了中国人秉持的平衡的二元性，即天圆地方。偌大的圆形祈年殿矗立在方形庭院的中央。大殿有4根内柱代表四季，12根中柱代表月份，还有12根外柱与中国的十二时辰相对应。大殿象征着太阳，适合作为祈祷丰收的场所。此外，还有一座与月亮相关的建筑。从斋戒中得到净化后，皇帝开始祈祷。皇帝作为天子，有资格进行这种神圣的诉求。朝廷的天文学家负责制定中国历法和年鉴，其中指定了春分、秋分、夏至和冬至的时间。任何时间上或仪式上的差错都会造成不吉利和歉收的结果。

和紫禁城一样，天坛的建筑群的历史可以追溯到15世纪初。这些建筑在16世纪时被扩建，18世纪时被重修，并被八国联军占领。1900年，八国联军在镇压义和团运动期间将这里作为总部。天文方面的精确性与农业周期的恒定一样，是朝廷统治稳定的基础。遗址的亵渎及其随后的衰败，与叛乱和清朝（1644—1911年）的社会和文化动荡相对应。

元朝（1271—1368年）的建立者忽必烈对进一步发展水利技术和天文学领域的科学很感兴趣。尽管蒙古人有游牧传统，水利和灌溉对他们所征服的中国农耕社会来说是很重要的事业；水钟（即漏壶）是中国的一大特色。天文知识对陆上或海上航行至关重要。1279年，元朝的首都北京建立了司天台，然后在明朝第一代皇帝洪武帝朱元璋（1368—1398年在位）的统治下，观星台被转移到南京。明永乐帝朱棣（1402—1424年在位）迁都回北京时，针对存于南京的文件进行了复制，并于1442年在北京旧城墙的塔顶上建成了一座观星台。这段城墙留存至今，包括塔和天文台在内。

清康熙年间（1662—1722年），弗拉芒耶稣会传教士、天文学专家南怀仁（Ferdinand Verbiest）来到中国。1669年，在对耶稣会士进行清洗后，南怀仁和北京观象台的耶稣会会长被关进监狱，并被判处死刑，不过后来又被释放。当时发现第二年的日历有不规范的地方，于是举行了一次历法比赛。南怀仁成功解决了问题，包括准确地预测出月食以及指定日期的月球和太阳位置。他被朝廷任命为钦天监监副。

在成功地调整了历法之后，南怀仁用一套新的铜管仪器对该机构进行了现代化改造。1644年，耶稣会士为观象台提供了一套仪器，在一幅华丽的博韦挂毯上记录了中国人欣喜地试验他们的新礼物。在南怀仁安装的六件新仪器中，有直径1.8米的天球仪和同样尺寸的浑仪或赤道经纬仪，后者在中国天文学中应用颇多。这些都是精巧的雕刻品，其中的黄铜浑仪由青铜龙支撑。这两个装置在19世纪都被拍摄记录下来。南怀仁还安装了一个半径为2.4米的六分仪、一个具有支持作用的地平经纬仪、一个黄道经纬仪和一个地平象限仪。北京观象台顶部被风化的铜器如今依然陈列在原地。

上图：费利斯·比特（Felice Beato），《皇帝每年在中国城市北京祭拜一次的神圣天坛》（*Sacred Temple of Heaven Where the Emperor Sacrifices Once a Year in the Chinese City of Pekin*），1860年，蛋白银印相，25.1厘米×29.5厘米，J.保罗·盖蒂博物馆，洛杉矶，加利福尼亚

上图：托马斯·蔡尔德（Thomas Child），北京古观象台照片，约1875年

右页图：来自法国博韦皇家手工工厂的挂毯，出自《中国皇帝的故事》（*The Story of the Emperor of China*）系列，展示了中国天文学家在北京古观象台使用耶稣会1644年带来的仪器的情景，1697—1705年，羊毛和丝绸，4.24米×3.19米，J.保罗·盖蒂博物馆，洛杉矶，加利福尼亚

上图：北京古观象台的天球仪，黄铜和青铜，直径：1.83米，1670年（照片，19世纪）
右页图：北京古观象台的浑仪，17世纪70年代（照片，19世纪）

简塔·曼塔天文台，德里和斋普尔

准确观测太阳和月亮的位置对早期社会的重要性和对处于现代化边缘的前工业社会的人们来说一样——对新石器时代的文化和古埃及人也同样重要。实际上，几个世纪以后，对于那些热衷于印度教和伊斯兰教的天文学传统的人也同样重要。那些掌握历法知识的人获得了权力，后来那些能够阅读万年历或星历表的人也同样如此。一种文化的农业周期和随之而来的生存问题都依赖于这些信息。知识和权力密不可分。

在18世纪初的关键时刻，当印度的莫卧儿帝国走向衰落的时候，也就是在殖民时代的前夕，英国东印度公司通过贸易确立其统治地位的几十年前，杰伊·辛格二世（Jai Singh II），一位具有不同寻常的科学热情和好奇心的拉杰普特王子，在拉贾斯坦邦的琥珀堡掌权。他于1727年开始在琥珀堡的皇宫下方的平原上建造斋浦尔城。简塔·曼塔天文台位于皇宫附近，就在雄心勃勃的城市规划的核心位置，四周高墙环绕，避开了周围的喧嚣。

进入这个天文区，给人的第一印象就是仪器的规模之大。在一个无透镜世界里，石制仪器在安装方面的准确性，以及其规模都增强了它们的精确性。就像18世纪的天文台一样，它给现代参观者的第二个不可忽视的印象来自美学层面。仪器的几何形状、朝向天的广阔视野以及半球形大理石碗的完美，都具有壮观的雕塑感。

这座天文台将成为杰伊·辛格探索的中心，他的探索旨在以更高的精确度记录行星的运动，并重新校准现有的知识。杰伊·辛格是一位印度教统治者，与德里的莫卧儿帝王穆罕默德·沙（Muhammad Shah）关系复杂。在简塔·曼塔天文台，他希望以一个真正的知识奉献者的身份来维护自己的权威，以保持政治稳定。当时的帝王不得不为他的事业提供资金。在科学方面，他想要将可以追溯到古吠陀或梵文的天文学文献的印度教传统，与位处伊斯兰天文学核心的波斯和阿拉伯传统结合起来。这座天文台是文化综合的纪念碑，也是斋浦尔市和杰伊·辛格的王国得以繁荣发展的政治大厦。[12]

1724年到18世纪30年代，杰伊·辛格共建造了五座天文台。第一个天文台在德里建成，他最雄心勃勃的工程简塔·曼塔天文台最后建成。其他天文台的地点则设在阿格拉、贝拿勒斯和乌贾因。除了仪器，杰伊·辛格还需要翻译人员，以维护斋浦尔在这一新的学术研究中的核心地位。除了梵文和波斯文资料，欧几里得的《几何原本》（Elements）中的几何学也被引入天文台的计算中。他们没有采用自15世纪20年代乌兀鲁伯天文台时代以来被不断使用的数学表，而是根据新的观测结果直接重写，如此就可以为皇帝提供正确的、最新的读数。皇室不仅需要准确测量诸如季风等现象的来临，而且还需要提供正确的星象预测，以确保旅行或其他重要行动选择的是有利的时机。杰伊·辛格将印度教传统应用于斋浦尔城的布局，包括宇宙日历可能存在的行星影响，这些影响决定了生活或事件的进程。伊斯兰教传统也有相应的决定力量，也是从行星位置衍生出来的。杰伊·辛格在一个信奉印度教的平台上宣扬有关天文事实的世俗性知识，同时也认可伊斯兰教的准则，从而为他所效忠的皇帝提供信息。

石头的使用使这些仪器达到了黄铜仪器无法达到的规模。一般也认为石头不容易随着时间的推移而发生变化或变得不精确，因为印度的高温会使金属元素变形。其中最高的仪器是萨穆拉日晷。表盘的时针高达21米以上，像一个投射出阴影的楼梯塔，通过的时间间隔可以精确到2秒。日晷可以用来测量太阳的赤纬和天体的赤经。第二台仪器是沙萨日晷（Shasthansa Yantra），被并入支撑与其配套的象限仪的塔中，上面有一个针孔，可以使太阳的针孔像与一个刻度对应，从而测量出天顶距和太阳的直径。杰·普拉卡什（Jai Prakash）是一个大理石的半球形碗状表盘，用来在夜间进行测量。[13]19台仪器被放置在天文公园开阔的天空下，象征着几何学的胜利和测量的合理性，就像任何欧洲启蒙运动的纪念碑一样昭示着信心。

然而，除了因其庞大的规模而产生的重量所导致的地面下沉，还有一些限制最终使其测量结果产生偏差。虽然刻度可以实

第61页图：通过外墙看到的拉姆日晷（Ram Yantra）中柱，简塔·曼塔天文台，德里，巴里·珀库斯（Barry Perkus）拍摄，1989年。拉姆日晷是一对圆筒状结构，每个圆筒中间都有一个与墙壁高度相同的中柱，用来测量天体的高度和方位角。墙壁和地板上刻有用来计算角度的刻度。这种仪器据信是由杰伊·辛格本人设计的，目前仅发现于德里和简塔·曼塔天文台

现精确的校准，但这些方法涉及的科学应用已经不合时宜了，无论其执行力度有多大。这就像在如今在欧洲的天文学思想中占据重要地位的日心说在近200年前似乎都尚未进入讨论阶段。天文台建立后，耶稣会的传教士们来参观这些遗址，并且产生了深刻的印象，但这并没有影响他们的未来，也没有让他们引入欧洲的观点。杰伊·辛格可能并不关心如何进行下一个前沿知识方面的推进，而是将他的测量结果应用到一个公认的系统中，这个系统能够为一个仍然仰赖古代历法的星象秩序与和谐的王朝提供支持。到了1757年，普拉西战役标志着东印度公司统治地位的一个关键时刻，也标志着一个不同类型的帝国的到来。

20世纪初，英国总督寇松勋爵（Lord Curzon）看到了杰伊·辛格的天文纪念碑的衰败。1867年，塞缪尔·伯恩（Samuel Bourne）拍摄的德里天文台照片中就出现了这些天文纪念碑。在另一个帝国从辉煌滑落向衰落之前，它们是应该保存的纪念碑——在帝国的信心被天体空间的规模和人们对时间的认识消磨之前，这样的认识不是通过测量仪上面指针扫过的阴影的面积而读到的时间，而是千年转瞬即逝的短暂。

上图：托马斯和威廉·丹尼尔（Thomas and William Daniell），《简塔·曼塔天文台的萨穆拉日晷》（The Samrat Yantra at Jantar Mantar），德里，1808年，彩色尘蚀版画

上图：塞缪尔·伯恩，简塔·曼塔天文台，德里，1867年1月1日，蛋白印相

第64—65页图：黄道带观测仪（Rashi-Valaya Yantra），背景是萨穆拉拉日晷，简塔·曼塔天文台，斋浦尔，1734年。黄道带观测仪用于占星，每个观测仪都源于十二星座之一。它们使我们在看不见这些星座的时候，通过观察太阳在其日间路径上的运动来计算星座的位置

第67页图：克里斯托弗·雷恩（Christopher Wren），格林尼治皇家天文台，1675年。受查尔斯二世（Charles II）委托进行进一步的月球和恒星研究，目的是协助海上航行。这座建筑将由首位皇家天文学家约翰·弗兰斯蒂德使用，他后来配置了望远镜和其他仪器。天文台的成立正式标志着一个与透镜时代相适应的机构的建立，自1609年伽利略通过望远镜在帕多瓦观测月球以来，透镜就一直在使用

I

透镜

在伽利略借助他的望远镜画出月球草图之前，使月球表面显得坑坑洼洼的阴影依然是一个谜团。在伽利略在仪器中使用透镜之前，人眼可以追踪月球的出现及其各种月相，但观者对月球表面的真实性质仍然一无所知。人们一度认为，月球是一个闪闪发光的球体，其表面的阴影区域不过是陆地地形的镜面反射。一般认为，我们在太空中看向遥远的物体时只能看到我们自己。这个观点在现代思想中反复出现，在远古人们的想象中亦是如此。与此相反，透镜为夜空的观察者提供了观察的有力证据。伽利略的草图揭示了月球轮廓和陨石坑的光照变化。他的画作反驳了那些疯狂的猜测，但也提供了危险的信息，这些通过反复测量积累起来的数据威胁到了依赖宗教信条的社会现状。地球只是太阳系的一部分，它的运行轨道对《圣经》开篇的《创世纪》的非凡辉煌提出了质疑。在许多方面，透镜这个简单的光滑圆盘用冷静的事实让人们的信仰崩塌。通过镜头仔细观察之后，制图的工作就可以开始了。透镜是通往无形世界的大门，我们通过在世界上活动、呼吸，它也确实是通向我们自己的身体结构、肉体和血液的大门，就像通向外太空的大门一样。通过透镜，我们可以非常详尽地研究我们的邻居月球，就像我们可以检查以前看不见的自我的组成部分一样。

使用水晶作为放大镜在古代很普遍。1850年，奥斯丁·亨利·莱亚德爵士（Sir Austen Henry Layard）在现在伊拉克的尼姆鲁德遗址挖掘出了一块属于约公元前750年，经过打磨和抛光的亚述椭圆形水晶。19世纪80年代，海因里希·施里曼（Heinrich Schliemann）在特洛伊发现了大量这样的透镜，在克里特岛的克诺索斯也出土了其他透镜。关于古人使用透镜的用途和他们对光的性质的了解程度，我们只能大致猜测。据说，阿基米德在公元前3世纪罗马侵略锡拉库萨时，利用自己的专业手段将军队的金属盾牌做成抛物柱面镜的形状放在悬崖边缘，而锡拉库萨的军队则用这样的镜子焚烧了罗马的船只。20世纪70年代在雅典郊外的海军基地重演这一焚烧演习，并在距离50米的地点取得了巨大的成功，因此证明了阿基米德故事的可行性，并使具有史诗电影潜质的叙事更接近事实的范畴。

艾萨克·牛顿（Isaac Newton）是伽利略科学的继承者，他生于1642年，也就是伽利略去世的那一年。伽利略的望远镜曾包含一个凸面的主镜头和一个凹面的目镜。它们最大的放大倍数约为30倍，且视野高度聚焦。1668年，牛顿不再使用透镜，而是制造出第一台反射望远镜，利用镜面来减少色像差（由于透镜像棱镜一样的作用，通过折射望远镜看到的图像边缘发生变形）。牛顿之所以能够取得这一进展，是因为他对光本身的组成成分性质的理解。他已经明确地证明了白光是由可见光谱的颜色产生的。

1666年，也就是伦敦大火的那一年，瘟疫在伦敦蔓延开来，接着又被大火消灭。牛顿搬到了林肯郡伍尔索普庄园，在那里通过探索万有引力、运动定律和光的本质来满足自己的好奇心。通过在百叶窗的狭窄开口处放置一个棱镜，他在距离光圈或光源一定距离的白色卡片上投射出了光的光谱。他在剑桥重复演示了这个过程，并在很多演讲中解释了他对光谱的发现。牛顿进一步证明，光带中分离的颜色可以通过穿过另一个棱镜重新构成白光。1704年，他出版了《光学》（Opticks）一书，这是他对光的性质的认识的集大成作品。这时，牛顿已经能够把彩虹现象作为一个例子，来解释光通过雨滴的作用就像透镜一样。他的反射望远镜是分析光谱的彩色成分后产出的直接成果。牛顿声称他的新望远镜使他能够清楚地看到木星的四颗卫星和金星的新月相位。

17世纪末，科学的巨大进步源于对光本身的性质的认识。不同于信仰之光的神圣或暗喻，也不同于理想化的君主制在政治上的仁慈之光（在适当的时候也向复辟的国王展示了望远镜），光学革命之光体现在视觉的本质上。在新时代的仪器制造者研究镜头是为了取得绘画方面的进步，并加强画层上使用厚涂法时的光学真实性和错觉效果，以及画布明暗效果的深度，借此放大并阐明了天文学家的观点，并打开了人们以前无法触及的显微世界的窗口。沿着阿姆斯特丹或代尔夫特的运河，这种增强的视觉效果在短暂的荷兰共和国盛行的视觉文化中得到了体现，这一时期被恰当地称为"黄金时代"。从荷兰出发，对新的视觉敏锐度的渴求在1660年紧随英国君主制的复辟路线而到来，它从海牙经鹿特丹到多佛，直至伦敦的中心。

与西班牙结束多年的冲突后，荷兰共和国于1648年作为一个独立的国家成立。

除了和平，这种繁荣文化的兴起还有很多条件。阿姆斯特丹是金融中心，拥有成熟的银行体系；这里对待宗教的态度比

第71页图：尼姆鲁德透镜（莱亚德透镜），新亚述，公元前750—前710年，一平面一凸面的水晶，最初可能用作嵌体，出自伊拉克北部尼姆鲁德西北宫，4.2厘米×3.45厘米×0.25厘米，焦距：12厘米，大英博物馆，伦敦

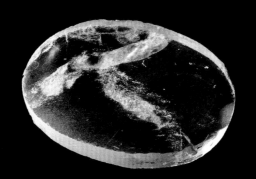

第72页图：艾萨克·牛顿（Isaac Newton）的反射望远镜，第二个模型，1671年（第一个模型，1668年），由镜子和两个纸管组成，外面的纸管裹着羊皮纸，皇家学会，伦敦

上图：艾萨克·牛顿，一封书信的草稿，描述了他的实验，光通过棱镜创造了可见光谱，《自然科学会报》（Philosophical Transactions），皇家学会，1672年

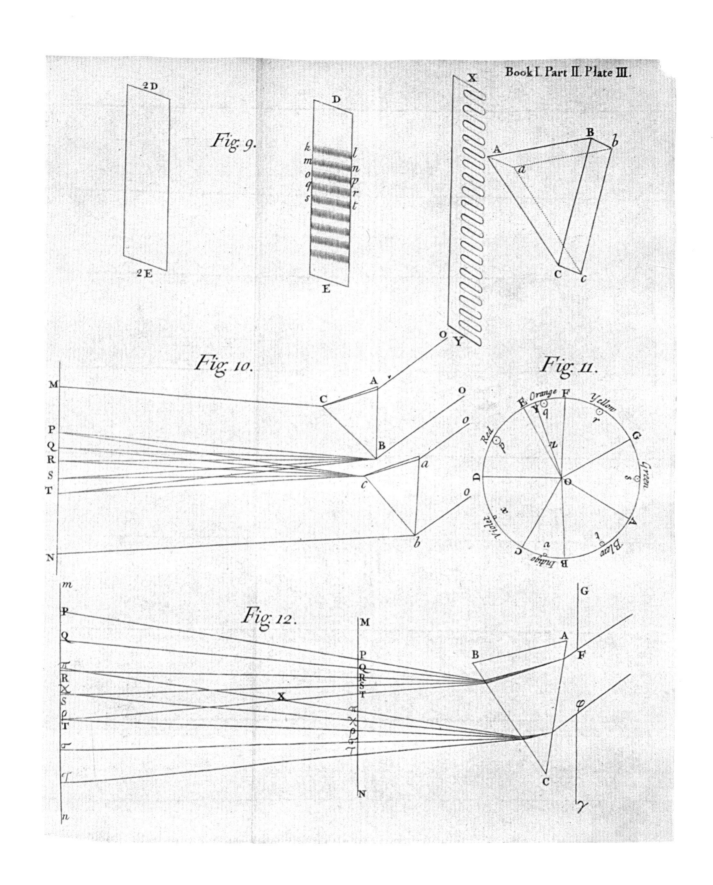

上图：艾萨克·牛顿，《光学》，或《光学或光的反射、折射、弯曲与颜色的论述》（*Treatise of the Reflexions, Refractions, Inflexions and Colours of Light*）内文页，伦敦，1704年

较宽容；地理上靠近波罗的海，1602年荷兰东印度公司（VOC）的成立进一步发扬了荷兰的航海传统，并带来了来自世界各地的贸易。在阿姆斯特丹停泊的船只如此之多，它们的桅杆像一片巨大的森林一样摇摆。码头上满是远东贸易的珍品，从康熙年间的青花瓷到丝绸、茶叶、香料和异国植物标本。须德海的海上交通想必十分拥堵。但是，无论宗教方面的氛围如何，或政治局面有多平稳，无论荷兰商人和赞助人的资金多么雄厚，当时的艺术和空前的科学进步都是由个人创造的，他们的出现顺应这个时代的潮流，从丰富的创造力中汲取养分，滋养这个时代的成长；他们的探索和实践成为整个时代的象征。

康斯坦丁·惠更斯（Constantijn Huygens）是奥兰治亲王腓特烈·亨利（Frederick Henry）和威廉二世（Willem II）的秘书，也是一位外交官，曾于1622年和1632年分别由詹姆斯一世（James I）和路易十三（Louis XIII）先后在伦敦和巴黎封为爵士。他精通多种语言，是音乐家、作曲家和诗人，也是约翰·多恩（John Donne）和伦勃朗、伽利略和笛卡尔的朋友，他本人跟维米尔也很熟悉，这就体现了一个来自奥兰治家族的荷兰使者的博学之处。惠更斯的次子克里斯蒂安是一个数学天才，据说他的几何学成就给笛卡尔留下了深刻的印象。1655年，25岁左右的克里斯蒂安·惠更斯（Christiaan Huygens）开始研磨镜片；他用自己设计的50倍望远镜描述了土星环，并确定了土星的卫星——土卫六。第二年，他发明了摆钟，成为钟表学方面的权威专家。1659年，克里斯蒂安·惠更斯精确地计算出火星上一天的时长。1661年，他在伦敦使用备受赞誉的制造商理查德·里夫（Richard Reeve）的一架望远镜[塞缪尔·佩皮斯（Samuel Pepys）在光学盛行的时期从他那里得到了一架望远镜]观察了水星凌日。1678年，克里斯蒂安·惠更斯在巴黎的法国科学院发表演讲，提出光是以波的形式传播的观点。他还被认为是投影仪中使用镜头的人，也是几个与幻灯机的发明有关的人物之一。

到了17世纪50年代，新的错觉艺术取代了伦勃朗晚期作品的华丽和凄美。从戏剧性的宏伟到更平稳、更尖锐的视觉效果的迅速转变，与他的主导地位从阿姆斯特丹向代尔夫特附近更安静的运河的转变相吻合。

无论伦勃朗的名气有多大，金钱对他来说仍然是一个永恒的问题。尽管他的住宅的规模和工作室的产量表明了他的成功，但财务问题始终是一个负担。伦勃朗花钱重新收购并收集了他早期的纸上印刷作品。他招收的学生每人每年支付100弗罗林的学费，每年的收入达到2500弗罗林，这说明工作室的规模相当大。[1]据说，在伦勃朗的最后几年，他的工作速度非常快，以至于如果我们仔细观察这些画布，它们"看起来就像是用砖瓦工的铲子涂抹的作品一样"。颜料的使用极其厚重，以至于看上去像是"凿"出来的。[2]学生们知道这位大师心心念念的都是钱，于是恶作剧地在地板上画了一枚钱币。这一栩栩如生的作品竟让伦勃朗中了计，弯腰去捡起虚假的钱币。[3]

卡尔·法布里蒂乌斯（Carel Fabritius）曾是伦勃朗在阿姆斯特丹的学生，他将这位上了年纪的画家与代尔夫特的下一代艺术家联系在一起。扬·维米尔（Jan Vermeer）受到来自透视课程的艺术主要转变的影响，也得益于法布里蒂乌斯的开拓性探索，其中无疑包括暗箱的使用。从伦勃朗的世界到维米尔和法布里蒂乌斯等年轻艺术家的工作室的诞生，发展的速度十分惊人。1640年，法布里蒂乌斯最初从一个小镇搬到阿姆斯特丹，10年后又住在代尔夫特。他用一种更平滑、更流畅的效果，取代了他的老师的厚重的颜料，减少了其触感方面的厚重感。法布里蒂乌斯的作品很少流传下来。他死于1654年，时年33岁，死因是代尔夫特火药库爆炸造成的巨大伤害。这位艺术家在他的房子倒塌7小时后被人从废墟中救出，不久就去世了。他最后一年创作的小画《金翅雀》（The Goldfinch）非常有名，但与他同时代的人的记录表明，他正在创作大规模的错觉壁画，其中一些壁画无疑遗失在了他工作室的废墟中。[4]

法布里蒂乌斯1652年创作的一幅小型风景画《代尔夫特的景色》（A View in Delft），现在被认为是一幅打算安装在弧形透视箱中的木版画，画中描绘了从东南方向眺望新教堂并延伸至远处的老兰根蒂克大街（Oude Langendijk）的景色。前景是一把放在桌子上的维奥尔琴，后面是一把鲁特琴。一个戴着帽子的人正襟危坐，他可能是艺术家，身后挂着写着"天鹅"的酒馆招牌。近处的前景包括鹅卵石街道的细节图，这部分应该属于箱子本身。计算机模拟为我们重新构建的视图，可以在箱内以全方位视角看到作品。这幅作品既达到了广角效果，仿佛一幅摄影作品

上图：卡尔·法布里蒂乌斯，《代尔夫特的景色：卖乐器的商人》（*A View in Delft, with a Musical Instrument Seller's Stall*），1652年，布面油画，15.5厘米×31.7厘米，国家美术馆，伦敦

第77页图：克里斯汀·赫伯特（Christine Herbert）的数字重建影像，展示了从透视箱中看到的作品，纽约大都会艺术博物馆

的全景图通过曲率的空间安排被压缩了，又实现了突出景深，将视线从坐着的人物引向远处的地平线。

通过窥视孔看到的失真和重新调整后的效果将创造出错觉的胜利。[5]

在伦敦国家美术馆里，离这幅小杰作几英尺远的地方，在博物馆里维米尔的两幅作品不远处，放着一个透视箱，它是塞缪尔·范·霍赫斯特拉滕（Samuel van Hoogstraten）的作品。霍赫斯特拉滕是多德雷赫特本地人，也是法布里提蒂斯时代伦勃朗的另一位学生。箱子三面封闭，展示了荷兰室内的场景，可以追溯到17世纪50年代末。透视箱被安装在桌子高度的木质基座上，在两端有一个窥视孔。观者的目光穿过箱子里的房间，来到打开的门外——这是荷兰绘画中常见的一种引导视线的装置，就像由电影跟踪镜头引导，通过想象的空间建立一种动感。一头的桌子上放着一封写给范·霍赫斯特拉滕的信。这种构建是一种个人声明，宣告这座房子是他的艺术壮举，并将人们的注意力吸引到他对二维画布视觉深度的延伸上。范·霍赫斯特拉滕本身已经是一位善于制造视觉陷阱的大师了，透视箱进一步强化了这种错觉，非常吸引眼球，成为一种迷人的花招。事实上，范·霍赫斯特拉滕还有着更为深远的意图。

格洛斯特郡的达伦公园（Dyrham Park）是一栋17世纪晚期按照荷兰风格重新设计的房子，在范·霍赫斯特拉滕1662年的《门口的风景》（View Down a Corridor）中，我们可以看到这栋建筑。这幅画的画布高大，就像透视箱一样呈现了一系列房间，包括狗和人物的轮廓。在达伦公园，这幅画占据了门口的所有位置，现在通过门口产生的错觉也占据了建筑空间。这幅画的尺寸与实际尺寸一致，这就将光学游戏带到了另一个层次。逐渐缩小的空间和围绕消失点的透视效果成为范·霍赫斯特拉滕作为画家身份的核心。1663年1月，塞缪尔·佩皮斯在伦敦托马斯·波维（Thomas Povey）的家中欣赏了这幅达伦公园的风景画，后者把这幅画挂在了一个衣橱的门后。[6]波维是约克公爵（Duke of York）手下的一名财务管理人员，他保存着一屋子的珍品，这些珍品足以囊括当时的品位选择，且具有荷兰的影响和光学方面的把戏。威廉三世（William III）的军务大臣威廉·布拉特瓦伊特（William Blathwayt）是波维的侄子，他收购并改造了达伦

公园，这也解释了这幅画为什么在现在的位置。佩皮斯和他的同行日记作者约翰·埃弗林（John Evelyn）在20年前一样，对代尔夫特有了第一手的了解。1660年春天，佩皮斯在执行一项有关复辟的官方任务时曾从海牙来到代尔夫特。他当时应该充分认识到了那个时代绘画的丰富多彩和科学的进步，这促使他回到伦敦后决定从国王的仪器制造商理查德·里夫那里买一架望远镜和显微镜。光学游戏就像通过12英尺的"管"研究木星一样，本应该是一种有趣的娱乐活动，而光学仪器则是好奇的时髦人士的客厅或图书室的装饰品。但范·霍赫斯特拉滕的作品显示出的进步比当时的时尚潮流所暗示的内容更有实质意义。

显而易见，范·霍赫斯特拉滕在英国待了五年（1662—1666年），然后回到多德雷赫特。1678年，范·霍赫斯特拉滕去世的那一年，他关于视觉理论的著作《绘画艺术导论》（Inleyding tot de hooge schoole der schilderkonst: anders de zichtbaere werelt）在鹿特丹出版。他在书中记录了伦勃朗工作室的细节，交代了法布里蒂乌斯在代尔夫特的壁画，并强调了朱利奥·罗马诺（Giulio Romano）在曼托瓦边缘地带的贡扎加的得特宫的墙壁上的错觉艺术先例，在那里，范·霍赫斯特拉滕在总督宫的婚礼房中看到了曼特尼亚的错觉艺术成就。他的论文成为荷兰共和国的主要艺术理论。他的成就是理解了隐藏在图像之下的基本原理——无形骨架的线条——这解释了画布表面的秩序和布局，然后探索了这一认识如何取代了他在阿姆斯特丹的伟大前辈的自然主义。

就在范·霍赫斯特拉滕出版作品的这一年，也就是他在多德雷赫特逝世的那一年，克里斯蒂安·惠更斯都向博学的巴黎发表了他关于光是一种波的演讲。就在两年前，丹麦人奥勒·罗默（Ole Rømer）与乔瓦尼·多梅尼科·卡西尼（Giovanni Domenico Cassini）在新巴黎天文台合作，计算出的光速与我们今天所认为的数值的偏差在5%之内。

伦勃朗的自然主义最能体现在他的自画像系列中，通过这些自画像，我们见证了他的人性，因为他在衰老的变化过程中直面自己的死亡。在他的两幅解剖学研究作品中，死亡成为一个明确的主题。1632年的《蒂尔普医生的解剖课》（The Anatomy Lesson of Dr Tulp）实际上是一幅聚集在一起的围观者的集体画

像，但在画的中心，尸体手臂的皮肤被剥开，让我们看到了皮肤表面下的东西。《迪曼医生的解剖学课》（The Anatomy Lesson of Dr Jan Deijman）完成于24年后，曾挂在阿姆斯特丹测量所解剖剧院的同一房间里。后者的顶部被火烧毁，但尸体部分仍然完好无损，且比前一部作品更加清晰。尸体属于一个盗贼，我们知道他的身份，甚至还有他的收取费用的记录。解剖盗贼是迪曼医生的三次示范之一，第一次是在1656年1月29日，尸体已经放了一天了。[7] 从脚部到头部的短缩视角在艺术史上是有先例的，即米兰的曼特尼亚的《哀悼死去的基督》（Dead Christ）。人们认为，这种视角并不是光学操控的结果。我们的视线从脚到取出内脏的黑洞，再往上到头部，头部两侧有两只手悬停在空中，背景的黑暗中没有实体，从而被头部吸引。

现在和1656年一样，人类的大脑仍然是最后一个有待开发的领域。它提供了一个与外部相等的内部空间，即无法估量的未知领域。大脑是情感、理性思维和感知的中心，是眼睛视网膜光线的转换器，是身体的计算机，包含了电路和容纳了无数记忆的芯片。大脑仍然是一个神秘的器官，我们也许可以给左右额叶分配不同的功能，但大脑作为一个黑暗大陆或未知领域的形象却始终挥之不去——当大脑作为数据储存器的作用已经被人工智能的人工记忆所取代的时候，它的全部功能或潜力仍然是个未知数。就像1866年及库尔贝在《世界的起源》（L'origine du monde）中摒弃了所有礼节规则，仿佛在说"世界的起源就是这样，不多也不少，它就是来自皱巴巴的床单上留下的肉体和毛发"。伦勃朗生命的最后时刻就坐在启蒙时代的门槛上，他的作品实际上是将头部的皮肤拉开，将脸部定格在尸体头皮的褶皱中，让观者能够毫无障碍地看到肉粉色的脑组织。事实上，这位艺术家可能只是迪曼医生冷静而自豪地处理了悬挂着的组织的这一奇观的见证者。

伦勃朗是一个收藏家，他很可能从1543年起就拥有一份安德烈亚斯·维萨留斯（Andreas Vesalius）的《人体的构造》（De Humani Corporis Fabrica）。他一定知道什么是基本的解剖学来源，尤其在关于大脑的方面。这本书在巴塞尔出版的那年，维萨留斯曾在该市对一名罪犯的尸体进行了一次公开解剖。维萨留斯的插图展示了与伦勃朗作品同样的脸部周围皮肤，暴露出大脑复杂的轮廓。

1656年，伦勃朗申请了某种形式的破产。他想必是对外科医生协会（Guild of Surgeons）就《蒂尔普医生的解剖课》这一作品的委托充满热情。同年，在代尔夫特，24岁的维米尔完成了他的"大师级"作品《老鸨》（The Procuress），并在上面签了字，并还清了欠圣路加公会的余款。随后，他被认证为大师级画家。

维米尔的画作都没有保存下来。我们无法真正看到他完成作品的过程，只能猜想他的方法。画布上的针孔证明他利用绳子画出了在透视的消失点汇合的汇聚线。我们都知道有一种使用粉笔画线做出线性标记的方法。我们也相信，像法布里蒂乌斯一样，维米尔有时也会使用暗箱——一种能产生倒像的针孔装置。除了设备本身，镜头也可能作为配件来锐化并塑造图像。

在代尔夫特，与维米尔同时代的彼得·德·霍赫（Pieter de Hooch）的作品与维米尔本人的作品之间有着明显的区别。德·霍赫的许多场景都是从一个共同的位置构建了一个框架，人物都靠近中心，就好像艺术家像19世纪的摄影师使用一个大于板照相机那样安放了一个画架。画面并没有经过剪切，完整的人体形态被空间包围，优雅地定格在框架范围内。作品的视角一般包括通过一扇打开的门到达后方人物的常用视觉通道。然而，维米尔打破了这一框架，所以观者几乎要触摸到《老鸨》中的同名人物，也要感受到地毯的质地。你作为观者，距离这些处女如此之近，以至于维米尔不需要画出她们的脚。你可以伸手去摸她们的裙子。他作品中那个戴红帽子的姑娘离你那么近，你都能感觉到她嘴唇上的光芒。与德·霍赫静态的形式形成对比的是，维米尔运用了手持照相机能打造出来的流动性效果。吉他手的黄色袖子上沿手肘位置的貂皮镶边被剪掉了，这就能体现出我们的距离；年轻的长笛手的手也经过了如此处理。这种近距离是衡量我们与他的拍摄对象的熟悉程度，甚至是亲密程度的标准。在现代人看来，这似乎无足轻重，因为我们是在摄影时代长大的。德·霍赫的背景来自另一个时代。如果不是因为镜头的使用，维米尔进步的根源又是什么呢？

维米尔于1675年12月去世，之后不久的1676年初，一份维米尔家产清单制作完成包括两幅位于大厅的法布里提蒂斯画的肖像，还有一幅也是法布里蒂乌斯的作品，位于前厅，以及两幅范·霍赫斯特拉滕的画作。1675年7月，维米尔在阿姆斯特丹借

上图：塞缪尔·范·霍赫斯特拉滕，《能看到荷兰房子内部的窥视镜》（*A Peepshow with Views of the Interior of a Dutch House*），
1655—1660年，板面油画和蛋彩画，58厘米×88厘米×60.5厘米，国家美术馆，伦敦

第81页图：塞缪尔·范·霍赫斯特拉滕，《门口的风景》，1662年，布面油画，264厘米×137厘米，达伦公园，格洛斯特郡

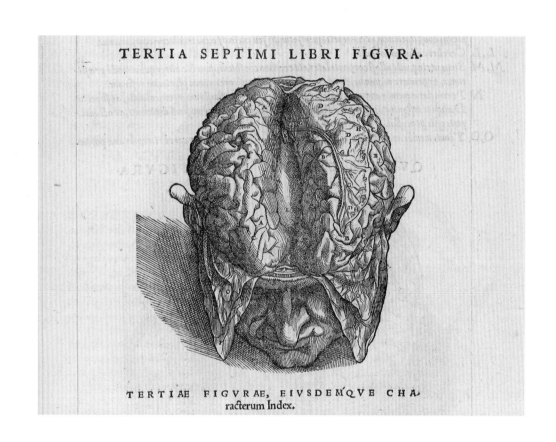

上图：安德烈亚斯·维萨留斯，展示了人脑的雕刻作品，出自《人体的构造》，巴塞尔，1543年

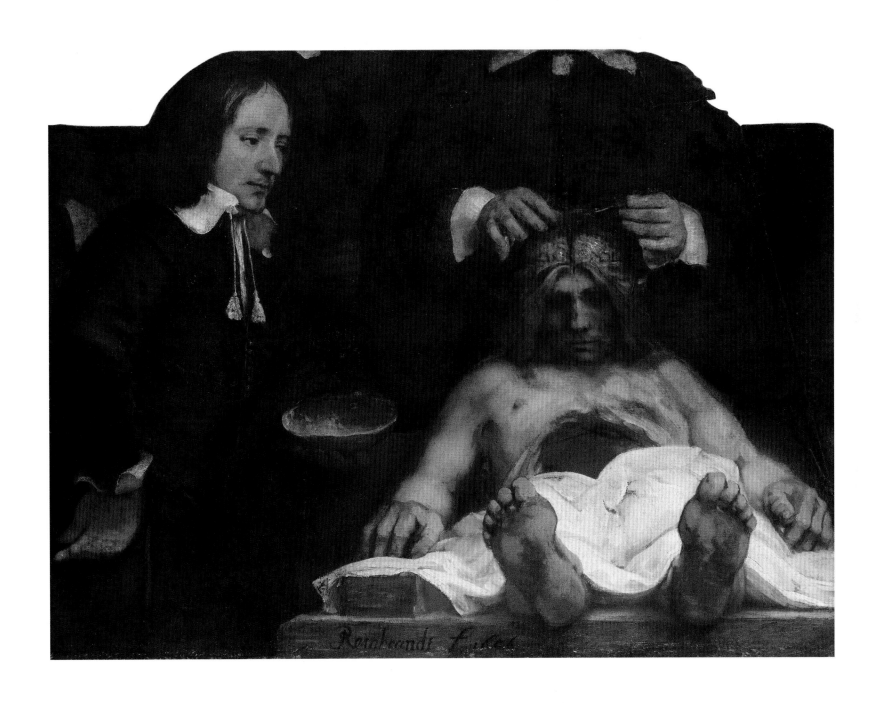

上图：伦勃朗·范·赖恩（Rembrandt van Rijn），《迪曼医生的解剖学课》，1656年，布面油画，100厘米×134厘米，荷兰国立博物馆，阿姆斯特丹

了1000荷兰盾，尽管如此，他仍然保留着那些精致的画作遗迹，这些细节使他的画作栩栩如生。除了童装和帽子、床架边的绿色丝绸窗帘和白色皮毛镶边的黄色缎子披风，家居用品清单上还列出了10件男士襞襟和13双别致的火枪手袖口。[8]法布里蒂乌斯和范·霍赫斯特拉滕的作品对维米尔的重要影响挥之不去，他对自己的作品《绘画艺术》(The Art of Painting)的迷恋也同样如此。无论经济上有多困难，他都不会放弃这些作品。

《绘画艺术》不仅仅是对工作室场景的大师级描绘，当然，维米尔的技术的确是卓越的。事实上，他本可以把这幅画作为展示品留在屋子里，以打动客户和赞助人，但如果将这一点当作是不出售这幅画的理由，那么就显得过于无趣了。这幅画创作于1666—1668年，可说是一种总结。

虽然房间里只有两个人物——艺术家和模特儿，但包含了很多元素。这幅画的效果是逐渐积累起来的。它显露出了各个图层，吸引我们进入画中的场景。我们前面的墙上挂着一幅大地图，我们可以在上面看到荷兰海岸，这里强调了国家的海事力量。地图的比例和细节显示了当时荷兰制图和印刷的精湛技术，每处褶皱都用错觉艺术的手法表现出来。模特儿的身份是掌管历史的女神克利俄，头戴月桂花冠，一只手拿着一把象征着名望的小号，另一只手拿着那本将被载入史册的伟大著作。有人认为这本书还没有写出来。将它收录在这幅画中体现了维米尔对未来的思考。从窗户射进来的光线直接照射在克利俄和她拿着的东西上。我们可以看到画布上的月桂树已经被画出来了。

艺术家背对着我们坐着。他的夹克大胆地敞开，露出了里面的白色亚麻布。他一身黑白，除了长袜上鲜艳的橙色，而这是一种具有明显内涵意义的尊贵颜色。除了他的绘画对象和面前的画布，艺术家对其他一切事物都视而不见。

委拉斯开兹于1656年在塞维利亚王宫完成《宫娥》(Las Meninas)这幅作品，同年伦勃朗完成了《迪曼医生的解剖学课》。在这幅画中，我们可以通过远镜的反射看到画家本人、玛格丽特·特蕾莎(Margaret Theresa)和她的随行人员，包括前景中的狗，以及画布内的绘画对象，即国王和王后的动态。作为观者，我们被置于在绘画对象的位置。即使这是一幅在画架上完成的肖像画，也呈现出一次复杂而华丽的表情交流。在维米尔十

年后的作品中，动态更简单。《绘画艺术》有三个要素——模特儿、艺术家和观众。我们通过目光提供完成艺术的手段。这幅画如同委拉斯开兹的杰作，是关于看的作品。这同样会使人们想起电影跟踪镜头，引导视线穿过空间，而实际上这个过程构建了一个叙事。地毯向我们的方向拉了过来，带领我们进入房间。我们此时走过去，避开膝盖处的椅子，就像真正进入了房间内一样。黑白大理石地板的菱形在我们眼前铺开，通过设计得以实现短缩。我们对拍摄效果已经习以为常了，但我们一开始并不知道这可能是一个通过取景器观察到的场景。维米尔的视角仿佛是通过镜头呈现出来的。

把17世纪代尔夫特的画室说成光学革命的实验室，未免有些夸大其词。像康斯坦丁·惠更斯这样优雅的唯美主义者，可以把他的注意力用在艺术成就和科学实验上，就像他可以致力于诗歌和哲学论述一样。但即使惠更斯代表了荷兰黄金时代人们对广博知识的强烈欲望，他也与其他人不同。我们并不了解维米尔的光学知识的深度，但代尔夫特很小，科学先驱们的投入不可能逃过艺术家的眼睛。他的两幅画作，1668年的《天文学家》(The Astronomer)和第二年完成的《地理学家》(The Geographer)，都是对具有科学特质的人的描绘，代表了探索精神。这种类型学可能在历史上起源于炼金术士深藏于神秘领域的形象，并延伸到学者隐居于书房中的漫画形象。但是维米尔特地对图像进行了分层。《地理学家》中的1618年版本的地球仪来自阿姆斯特丹。墙上的海图的同版作品现由德国国家收藏。维米尔并不避讳事实证据，无论其特征多么复杂。他似乎乐于从细节中汲取灵感。从窗户照射到天文学家的地球仪或地理学家的书籍和海图上的光提供了一个视觉焦点，但这种光是形而上的，甚至可以说是神的授意。挂在天文学家墙上的是一幅名为《摩西的发现》(The Finding of Moses)的画作的一部分，维米尔在后来的一幅作品中以更大的规模再现了这幅画作。[9]这幅画指的是发现篮子里的婴儿，是一个关于天意的寓言。摩西的获救不仅仅是命运的意外，天文学家的探索也不仅仅是在完成任务。他所面对的天体空间仍然可以说是天国。维米尔立足于周围世界的实质，但他作品中的两个人物的存在却超越了日常生活和狭隘生活的局限。这些人都在向未知前进。

第85页图：扬·维米尔，《绘画艺术》，1666—1668年，布面油画，120厘米×100厘米，维也纳艺术史博物馆

上图：扬·维米尔，《天文学家》，1668年，布面油画，51厘米×45厘米，卢浮宫博物馆，巴黎

上图：扬·维米尔，《地理学家》（*The Geographer*），1668—1669年，布面油画，53厘米×47厘米，施泰德艺术馆，法兰克福的美因河畔

这两幅画使用的是同一个模特儿，同样穿着长袍，头发向后束起。维米尔可能在这些人物身上看到了自己的影子——一位19世纪的鉴赏家将《天文学家》视为维米尔的自画像。安东尼·范·列文虎克（Antony van Leeuwenhoek）是一名布商，也是代尔夫特的杰出市民，他被多数人视为是这两幅作品的原型，但并非所有学者都同意这一观点。范·列文虎克是维米尔遗嘱的执行人，也许是出于列文虎克的公民身份，也许是出于友谊。他们之间的关系尚不清楚，但范·列文虎克作为一个业余科学家，符合具有无限好奇心的人的类型。由于他在镜片制造方面的非凡技能，范·列文虎克可以说是现代显微镜之父。

英国君主制的复辟促使科学论辩的领袖们聚集在一个类哲学团体中，王室的赞助将赋予其地位和法律权威。皇家学会的成立得到了国王的批准，并适时地获得了皇家特许状。位于主教门的格雷沙姆学院的知识相关活动成了焦点。1657年，克里斯托弗·雷恩被任命为格雷沙姆学院的天文学教授，年仅25岁的他开始了一系列的讲座，1660年11月的第一次讲座标志着该学会有记录以来最早的一次会议。

罗伯特·胡克（Robert Hooke）、罗伯特·玻意耳（Robert Boyle）和约翰·埃弗林都在这个名人圈中。为了满足新国王的奇思妙想，雷恩在1661年夏天根据他的观察结果准备了一个月球仪和一套用显微镜绘制的图画，以展示"所有那些你能发现的昆虫和小型生物的形象"。[10]这个直径25.4厘米的彩绘月球仪以浮雕的形式再现了月球的山脉和陨石坑。[11]根据皇家学会的记录，月球仪显示出"月球表面不仅有斑点和深浅不同的白色区域，还有在作品中塑造的山丘、丘陵和洞穴"。[12]雷恩已经画出了跳蚤和虱子的图画；他把更大的微观研究工作交给了罗伯特·胡克，胡克在1665年出版了他的《显微图谱》（Micrographia），完成了这项工作。[13]

雷恩有着用不完的调查精力。1750年出版的《父亲》（Parentalia）总结了雷恩家族的成就，详尽地阐明了他的兴趣范围。书中列举了他在牛津大学沃德姆学院本着"新哲学"的精神进行的发明和实验的目录，其中一些发明和实验被通报给了皇家学会。这些发明和实验包括"昴宿星团图""月球天平动假说"（"天平动"是指由于月球轨道的椭圆性质导致地球与月球

之间的距离发生变化而引起的明显振荡）、"黑暗房间里的行星照明""几种新的雕刻和蚀刻方法""新的印刷方法"和"含有真实而透光的体液的人造眼睛"。[14]雷恩对解剖学的研究开启了对眼睛的探索。在这个看不见的东西变得清晰可见的时代，解剖和建模是最重要的。1664年，托马斯·威利斯（Thomas Willis）的《大脑解剖学》（Cerebri Anatome, brain Anatomy of the brain）中使用了他精美的人类大脑图，这项研究奠定了神经科学的基础。大脑这座知识圣殿仍然是神圣的，是上帝智慧的摇篮，但它也提供了一个未知领域的挑战，如同天体区域的真相一样诱人。

雷恩对天文学的迷恋可以追溯到他的童年时代，在王朝复辟的时候，天文学已经成为他的研究中心。沃德姆学院的院长约翰·威尔金斯（John Wilkins）是牛津大学的重要人物，他滋养了雷恩的才华。1655年，两人合作制作了一台7.3米的望远镜。[15]当时公认的月球研究权威是但泽的约翰内斯·赫维留斯（Johannes Hevelius），他在1647年绘制的《月图》（Selenographia）提供了早期的月球地图之一。赫维留斯的天文台当时是世界上最好的天文台，包括一台焦距非常长的望远镜。他的星图是借助象限仪完成的。《月图》描述了月球的所有相位，提供了三种不同的观点：通过望远镜看到的月球、似乎是由一名陆地制图师绘制的月球以及似乎是在满月状态下被照亮的月球。到了1651年，赫维留斯的进步在某种程度上赶上了耶稣会牧师乔瓦尼·巴蒂斯塔·里乔利（Giovanni Batista Riccioli）。在他位于博洛尼亚的天文台里，里乔利制作了两卷超过1500页的天文学分析报告，名为《新天文学大成》（Almagestum Novum）。里乔利开始用哥白尼、开普勒和伽利略等早期反叛人物的名字来命名月球的地形特征。在这种发现不断加速出现的环境下，雷恩相信他自己对月球的研究可以纠正他所认为的赫维留斯的错误；但伦敦发生的事件妨碍了他的进展，1666年的大火之后，这座城市需要重建，而它的中心是圣保罗大教堂，雷恩本应在那里施展他的才华。

查尔斯国王对科学文化表示了兴趣，因为技术进步是时代发展的标志。佩皮斯为拥有钢笔这种新的小工具而感到自豪。水利工程、排水和堤坝建设方面的专业知识从低地国家传播了过来。另外英国还学习了荷兰人在纺织、造船和制砖方面的技术。阿姆斯特丹、代尔夫特和海牙的运河边平坦的房屋建筑提供了优

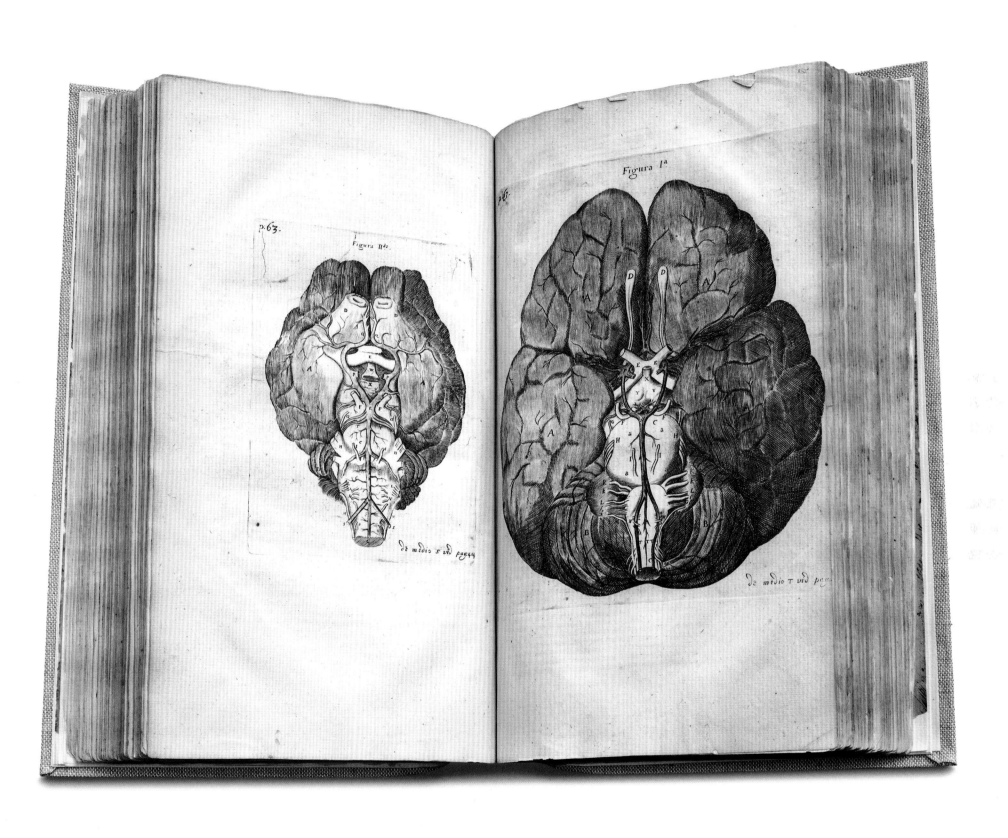

上图：克里斯托弗·雷恩，人脑内部结构的图解，托马斯·威利斯，《大脑解剖学》，伦敦，1664年

上图：月球地图，出自约翰内斯·赫维留斯，《月相绘画，或关于月球的描述》(*Selenographia, sive Lunae Descriptio*)，但泽（格但斯克），1647年

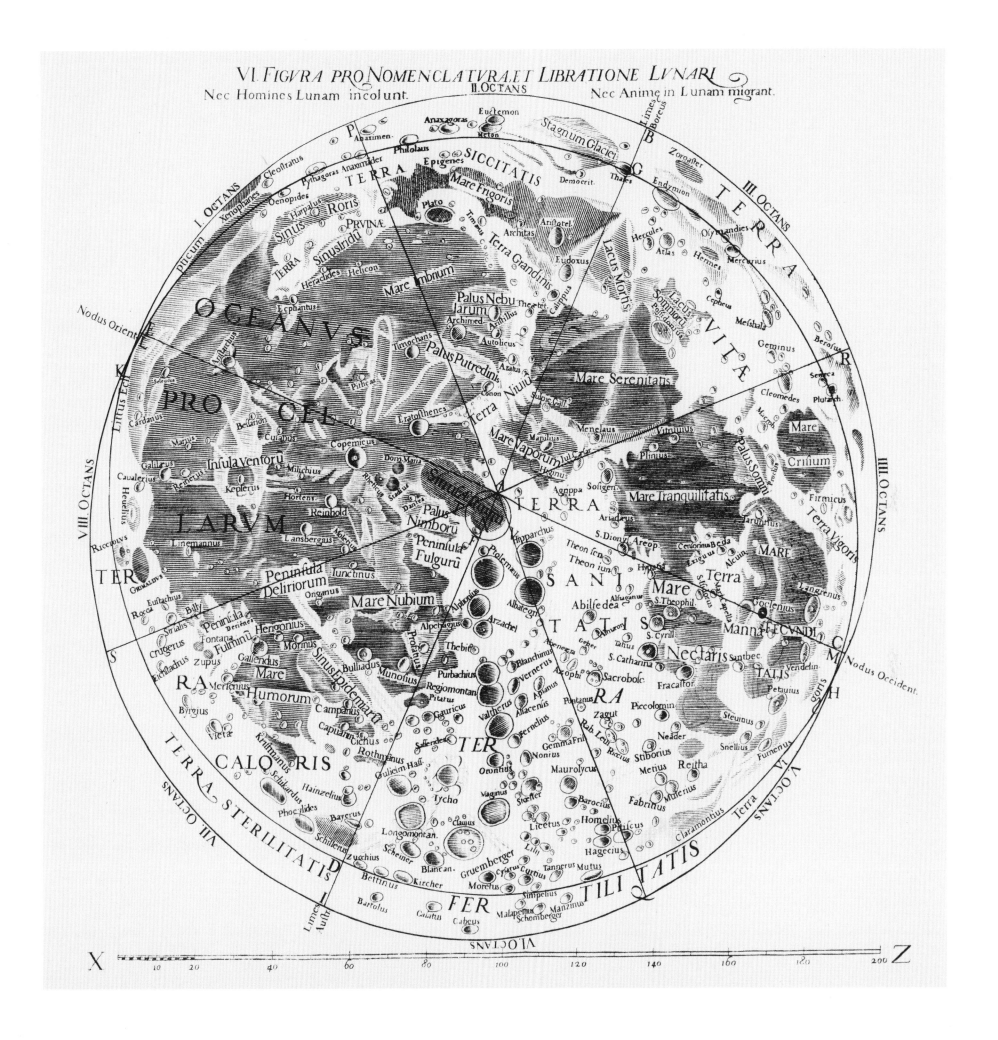

上图：月球地图，出自乔瓦尼·巴蒂斯塔·里乔利，博洛尼亚，《新天文学大成》，1651年

第92—93页图：《克兰基地图集》（*Klencke Atlas*），约1660年，压花皮革原装封皮，平铺尺寸176厘米×231厘米，扉页。伦敦大英图书馆

SOLI
BRITANNICO
REDUCI
CAROLO SECUNDO
REGUM
AUGUSTISSIMO

HOC
ORBIS TERRÆ
COMPENDIUM
HUMILL. OFF.
I. KLENCKE.

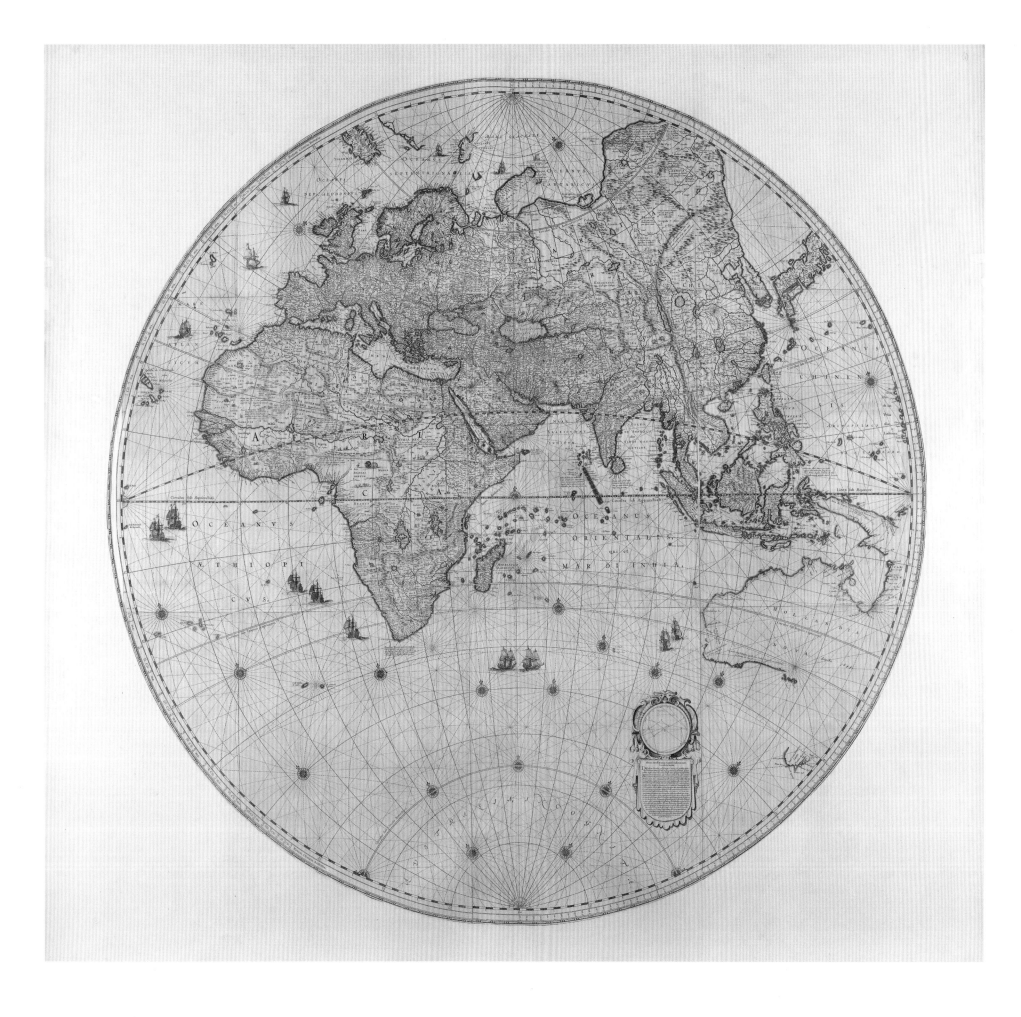

上图及第95页图：《克兰基地图集》，约1660年，雕刻的半球基于琼·布劳（Joan Blaeu）的《完全正确的现代版整个世界地图》（*Nova et Accuratissima Terrarum Orbis Tabula*），1648年，大英图书馆，伦敦

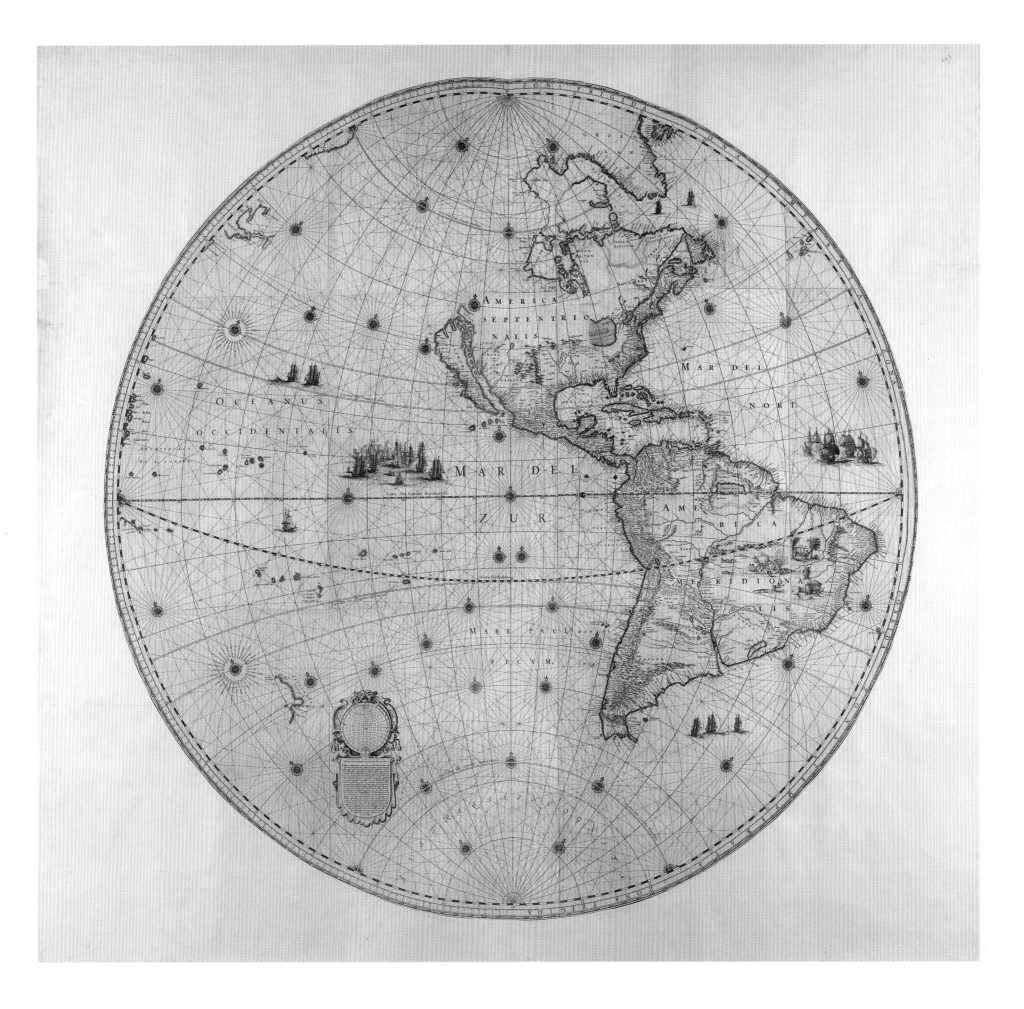

雅城市的典范，在建筑物内部，胡桃木和精致的镶嵌工艺品取代了粗犷的橡木。椅子的靠背随着木材的改变也变得越来越高、越来越华丽，绅士们的假发也越来越厚，镜子的框架也越来越精致。节俭被浮华所取代。约翰·埃弗林在他位于船坞附近的德特福德庄园散步时，遇到了著名的雕刻师格林林·吉本斯（Grinling Gibbons），此人于17世纪60年代从鹿特丹来到伦敦。吉本斯经人介绍给了雷恩，雷恩安排他去新圣保罗教堂的唱诗楼进行雕刻工作。他是欧洲最好的雕刻师，在石头上雕刻出的作品就和在椴木上雕刻的作品一样好。雷恩的工作室包括格林林·吉本斯和尼古拉斯·霍克斯莫尔（Nicholas Hawksmoor）。佩皮斯说，尽管人才济济，皇家学会的态度也很认真，但国王却傲慢地驳回了学会对气压的调查，称他们"只花时间给空气称重，而且因为他们是坐在那里的，就等于什么也没做"，[16]这一点暴露出了国王的无知。他完全也不知道，只待时机成熟，这样的调查将促成压力泵的问世，然后是蒸汽机，整个工业革命都将以它为基础。

研究地图显然是皇家的兴趣所在。制图学确定了一个王国的形状，它的轮廓一目了然，而它的细节则可以让人们透过玻璃愉快而悠闲地审视。地图集作为礼物送给国王再适合不过。查理在复辟之时，从荷兰糖商团体的领袖约翰内斯·克兰科（Johannes Klencke）那里得到了一本规模和质量都实属空前的地图集。

《克兰基地图集》高1.83米。这份礼物是一种为了达成一致的贸易安排而表现出的谨慎外交的姿态，查尔斯非常珍惜它。这本书代表了荷兰制图和雕刻水平的巅峰。在维米尔的画作中，经常出现装饰在房间墙壁上的地图，这表明，纸上用墨水作画的乐趣和荷兰海岸线的曲折形状受到了广泛的赞赏。墙上挂图是一种常见的装饰形式，但留存下来的数量很少，这使《克兰基地图集》中的41幅铜版画的情况更加特别。这本书代表了整个世界，或者更准确地说，代表了17世纪中叶已知世界的范围。从1649年的地图上复制出来的两个半球，即东半球和西半球，因其轮廓的扭曲（印度次大陆被大幅缩小），以及包括北美洲大部分地区在内的未知区域的空旷而引人入胜。这些空白暗示着未知的挑战和希望，也适当地突出了代表英伦三岛和低地的图版。即这本书的原装封皮上压印着查尔斯所统治的国家的徽章，不仅包括不列颠群岛，还包括法国，这种壮观的制作方式加强了这本书本身既

作为国家象征也作为世界象征的感觉。书页夹在书皮的皮革纸板之间，涵盖了整个地球的内容。

和一本与人同高的书的巨大尺寸形成对比的是，另一个适合王室关注的领域要求观察几乎不可见的事物。罗伯特·胡克在《微观世界》一书的开头写道："先生，我谦卑地将这份小小的礼物放在您的脚下……并将一些不值一提的可见事物献给那位强大的国王，他已经建立了一个帝国，统治着这个世界上最好的不可见事物——人的心灵。"随后的内容是对皇家学会的献词。胡克首先在镜头下观察了针尖，然后是剃刀的刀锋。他把注意力转向布料——上等亚麻布和各种各样的丝绸。在这本书的最后，胡克研究了昆虫的解剖结构，其中最引人瞩目的是一只"灰色蜂蝇"的眼睛和头部。胡克的图像是由构成果蝇眼睛的数百个光学细胞组成的两只复眼，这一图像成为这场视觉革命中经久不衰的描述之一。胡克还对蜻蜓进行了研究，蜻蜓眼睛体积与大脑体积的比例是所有昆虫中最大的，它们的大脑体积还没有一粒米大，从每一个光学细胞延伸出一条丝状物，连接到视神经，然后到大脑，大脑将光转换为电能。蜻蜓的视野是340°。两只复眼和它们的数百个组成细胞将与雷恩为了揭示其幽默感而解剖的马眼形成强烈对比。

在代尔夫特，《微观世界》对安东尼·范·列文虎克有很大的影响。也许是对布料的开放式观察吸引了他，因为他是一个布商，习惯用玻璃检查货物的经纬纱。据说范·列文虎克通过玻璃观察雨滴，注意到了微小的生物，即微生物的旋涡状存在，并画出了微生物的草图。后来，他将这种观察延伸到体液，并注意到自己血液中的血球。作为一名商人，范·列文虎克的平凡背景增强了他的传奇色彩，但他成功的关键在于他使用的透镜的神秘性。他设计了一种简单的显微镜，在金属板的小孔中放置一个小透镜。标本被安装在孔前的一个销钉或尖钉上，并用两个螺钉调整对焦。这种显微镜可以成功放大几百倍，比现有的复式显微镜大得多。1673年，英国皇家学会发表了第一封来自范·列文虎克的信件，其中包括对蜜蜂和细菌部分的观察。最终，他给协会寄去了近200封信，这些信被翻译成拉丁文或英文。人们的质疑开始影响该协会对此的反应，直到他们最终承认了列文虎克的工作的准确性。范·列文虎克的故事是一个谦逊的公民和一个强大

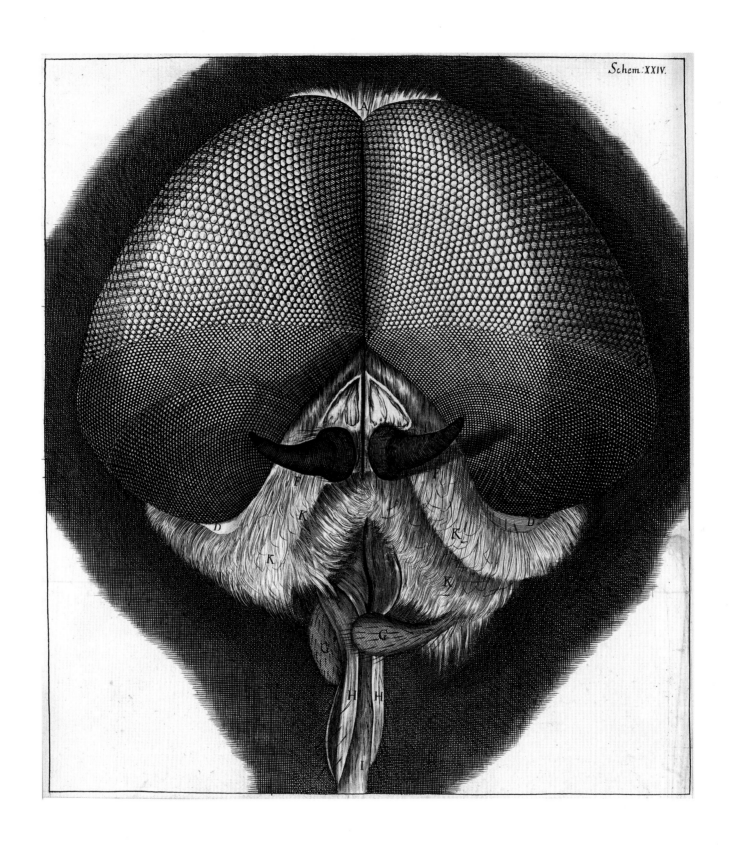

上图：《灰色蜂蝇的头部》（*Head of a Grey Drone-Fly*），出自罗伯特·胡克，《微观世界》，伦敦，1665年

的评审机构之间最初的紧张关系的例子之一。范·列文虎克成功了，他制造镜片的方法直到最近才有了解释。他没有费力地打磨玻璃，而是从火焰中拉出一段玻璃细丝，然后将细玻璃丝再次在火上加热，制造出一个具有强大的、能够放大物体的球形液滴。1680年，范·列文虎克当选为皇家学会会员，这一令人满意的结果标志着他的成功。他习惯于向王室表达致意，并且活到了90岁。维米尔于1675年去世，享年43岁，去世前负债累累，列文虎克是他的遗嘱执行人。

另一个问题主导了皇家学会的研究：经度问题（关于这个问题，请参考II 时间和空间）。航海技术的改进对贸易路线的建立以及帝国的创立至关重要，所有这些都通过制图的日益详细而得以突出。尽管航行到印度以及中国和太平洋的航程很长，但世界正在开放，这让探险家、自然史学家和寻宝者感到非常惊奇。地图册上的空白正在被填充，而且速度很快。17世纪初，伽利略曾试图通过观察木星的四颗卫星来解决经度问题，在公海上行驶时，要想在晃动的甲板上完成这项任务是不可能的。绘制恒星和月球运动图满足了伟大学者的纯粹的探究，但在天文学知识中也蕴藏着商业扩张的关键。英荷之间竞争激烈，17世纪60年代的第二次荷兰战争表明了不平衡的统治和竞争的后果。

1600年，不列颠东印度公司从伊丽莎白一世（Elizabeth I）那里得到皇家特许，两年后荷兰东印度公司就成立了，因此潜在的贸易竞争由来已久。解决陆地航行问题的办法是掌握行星运动的知识。针对这些遥远大陆的制图工作随着不断扩大的星图数据而发展。

在格林尼治女王宅邸上方的小山上建立的格林尼治皇家天文台使伦敦和泰晤士河附近形成了一个中心，可以从那里系统地观测夜空。经度为零的本初子午线就是在这里，在这个天文台本身最终建立的。到19世纪早期，航海天文历已经把格林尼治的子午线作为公认的参考。1675年，第一位皇家天文学家约翰·弗兰斯蒂德为雷恩天文台奠基，该天文台于翌年竣工。弗兰斯蒂德一直担任皇室职务，直到1719年去世，并在该地居住了数年。遗憾的是，在与当时的皇家学会主席艾萨克·牛顿的激烈竞争中，弗兰斯蒂德是受害的一方。牛顿和埃德蒙·哈雷（Edmond Halley）未经授权就发表了弗兰斯蒂德的恒星数据。弗兰斯蒂德

把能收集到的出版物全烧了，在他死后六年，他的妻子出版了对他工作的正确总结，一份包含近3000颗恒星的目录——《不列颠星表》（*Historia Coelestis Britannica*），为后来的天文学参考奠定了不朽的基础。

1687年牛顿的《自然哲学的数学原理》的出版，标志着始于哥白尼时代的一场革命达到了高潮。17世纪的头十年，伽利略用望远镜观测解决了对月球性质的推测。到了17世纪末，牛顿第一版《自然哲学的数学原理》的三本书论述了大规模物体的动力学，包括地面导弹和天体的运动，并认识到万有引力及其影响。伽利略可以描绘月球的表面，牛顿可以通过引力解释月球运动的不规则性，以及太阳和月亮对地球潮汐的引力效应。牛顿估计了星体的质量，包括地球和太阳。他证明了万有引力的平方反比定律，根据这一定律，任何两个质量之间的引力与它们的质量乘积成正比，与它们之间的距离（即从一个质量的中心点到另一个质量的中心点）的平方成反比。牛顿解释了太阳相对于太阳系质量的中心点，即太阳系的质心的缓慢运动。他的定律为随后到来的机械时代奠定了基础，正如爱因斯坦的两个相对论改变了任何不变的引力确定性的概念，并为20世纪的思想奠定了基础，今天的天文学家可以通过这些思想绘制出的宇宙远端。牛顿推进了从通过透镜观测到以先进的数学精确性证实的理论的理解过程。

在牛顿的《自然哲学的数学原理》出版一年后，另一个觊觎王位的人在英国登陆。威廉三世的舰队从荷兰起航，数量甚至超过了西班牙舰队，在多塞特郡的布里克瑟姆靠岸，威廉带着大量军队向伦敦进发。他废黜了他的天主教岳父詹姆斯二世，与妻子玛丽一起登上了英国王位，进一步巩固了盛行当时的荷兰风格。这对王室夫妇适时地搬到了汉普顿宫，这里曾是都铎王朝的权力所在地。在雷恩的指导下，旧宫进行了重组。陪同威廉从荷兰来的丹尼尔·马罗特（Daniel Marot）和胡格诺派避难者让·蒂茹（Jean Tijou）等工匠将他们的技艺运用到了让人联想到凡尔赛宫的长廊和华丽的铁艺大门的花坛上。马罗特的椅子很华丽，吉本斯也忙得不可开交。奥兰治家族住在王宫里，享受着人间的荣耀。

上图：安东尼·范·列文虎克显微镜的复制品，约1690年，银和玻璃，3.9厘米×2.2厘米，焦距：3毫米，放大倍数为80倍

第100—101页图：克鲁姆斯山的格林尼治皇家天文台，约1696年，布面油画，102厘米×168厘米，国家航海博物馆，格林尼治，凯恩基金。天文台上方的桅杆悬挂着约翰·弗兰斯蒂德的18.3米的折射望远镜

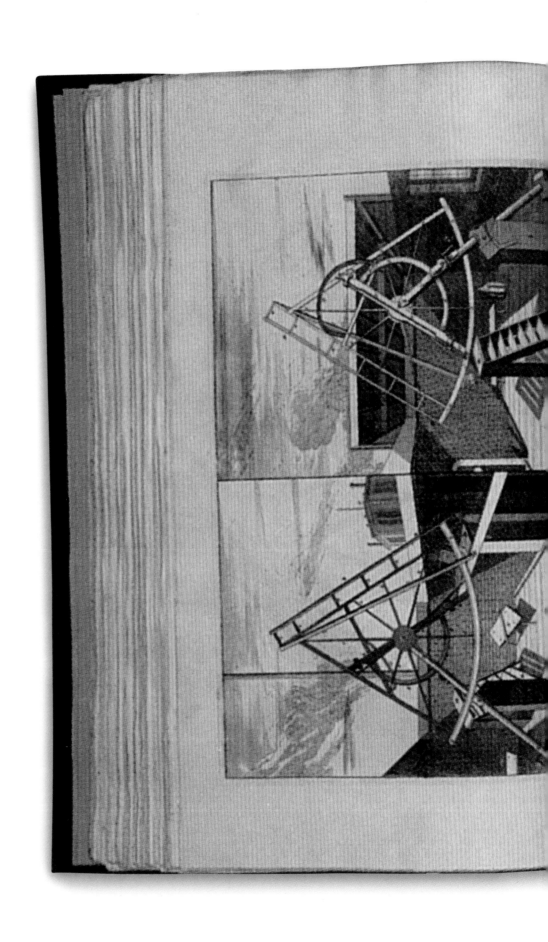

约翰·弗兰斯蒂德，《7英尺赤道六分仪的两个视图》(*Two Views of a 7-foot Equatorial Sextant*)，约1676年，摘自《不列颠星表》第1卷，伦敦，1725年，弗朗西斯·普莱斯（Francis Place）仿罗伯特·萨克（Robert Thacker）制作的图版。该仪器由两个安装在60°弧线上的望远镜组成。其中一个瞄准器固定在0°，而另一个则在0°~60°的范围内移动。六分仪安装在极轴上，用于测量恒星的位置。一颗恒星的未知坐标由第二颗恒星的已知坐标确定，这是确定经度的必要程序。该仪器一直使用到1766年，需要一个三人小组来操作。格林尼治国家航海博物馆，格林尼治

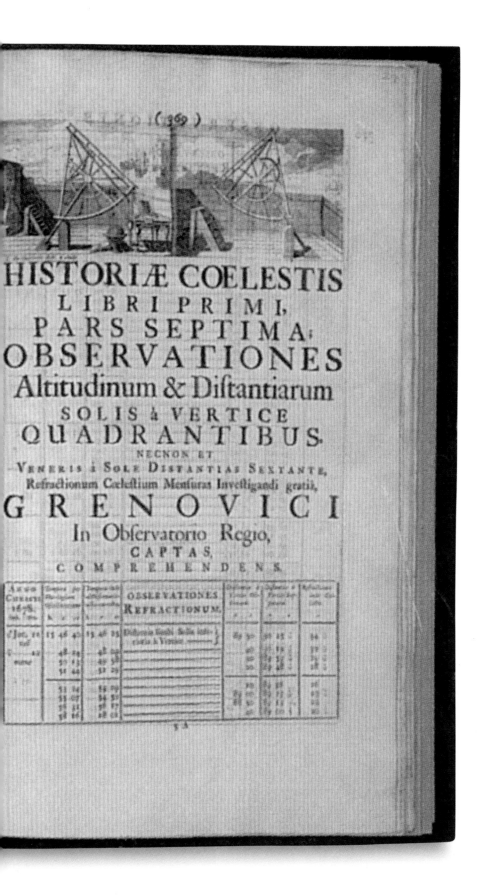

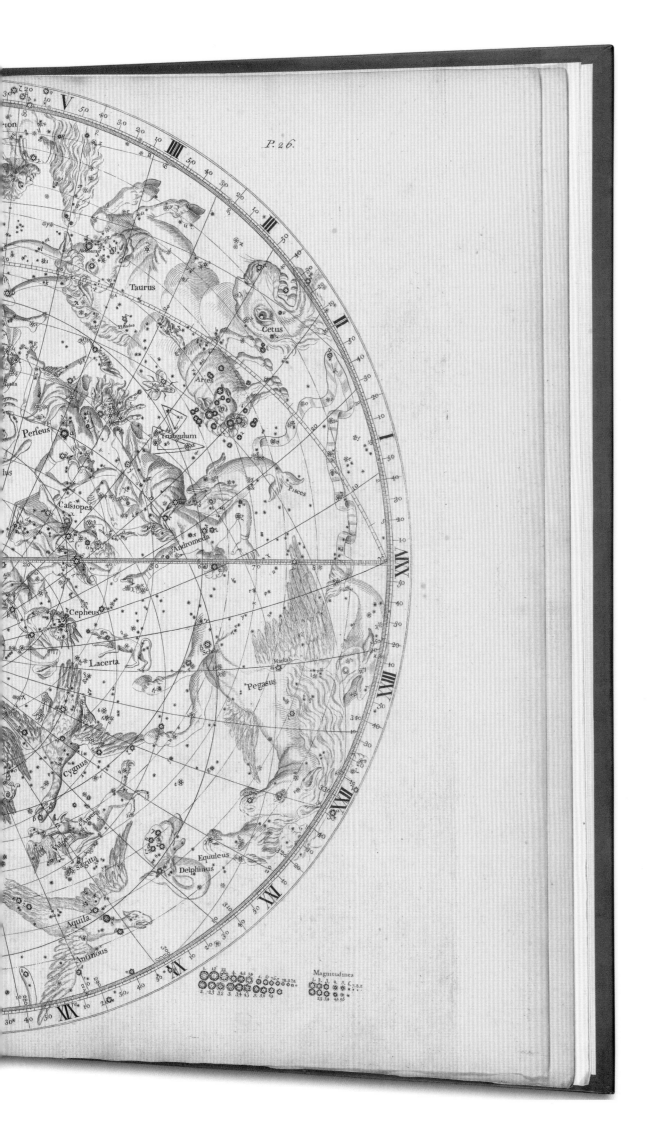

P. 26.

PROSPECTUS INTRA CAMERAM STELLATAM.

上图：弗朗西斯·普莱斯，《格林尼治皇家天文台的八角室》（*The Octagon Room, Royal Observatory, Greenwich*），格林尼治，约1676年，
雕刻作品，23厘米×35厘米，国家航海博物馆，格林尼治

上图：克里斯托弗·雷恩，格林尼治皇家天文台的八角室，1676年

ISAACUS NEWTON EQ. AUR. ÆT. 83.

I. Vanderbank pinxit 1725

Geo. Vertue Sculpsit 1726.

第108—109页图：艾萨克·牛顿，《自然哲学的数学原理》，伦敦，1726年第三版（第一版1687年，第二版1713年）

PHILOSOPHIÆ NATURALIS PRINCIPIA MATHEMATICA.

A U C T O R E
ISAACO NEWTONO, Eq. Aur.

Editio tertia aucta & emendata.

LONDINI:

Apud Guil. & Joh. Innys, Regiæ Societatis typographos.
MDCCXXVI.

II

时间和空间

几十年来，经度问题争议不断，一直困扰着海洋强国。在17世纪末欧洲科学进步的年代，寻找准确的经度计算方法的竞赛至关重要。到了世纪之交，法国、西班牙、荷兰和英国都参与了这个问题的研究。解决这一问题不仅能够保证更准确有效的海图，还能带来不可估量的财富。贸易路线能够扩展，大型贸易公司可以满怀信心地增加自己的贸易次数，沿着这条路线向东通过孟加拉湾到太平洋的异国港口，或者向西到新世界和哈得孙湾的寒冷水域。对精确的天文数据的追求，与其说是出于对宇宙知识的纯粹追求，不如说是出于商业利益的原始动机。

水手们可以很轻易地通过太阳在正午升到最高点的时间来追踪他们所在的纬度，他们通过被委婉地称为"航位推测法"的方法来补充缺失的经度坐标，这种方法只是一种有根据的猜测，其后果可能是致命的。据此，航海家根据速度和方向估计船的位置，同时抵消风和水流的影响。[1]木制的反向高度观测仪是普通航海家测量太阳离地平线高度的工具，这项工作在18世纪随着六分仪的使用得到进一步完善。虽然纬度是通过测量计算出来的，但经度还是估测出来的结果。在只有一半的航海数据具有确定性的情况下，船只就这样载着主人，开始了雄心勃勃的海洋探险之旅。

达娃·索贝尔（Dava Sobel）为经度测算的故事树立了典范。[2]自从她的书出版以来，这一领域的科学史吸引了大众的广泛兴趣。这个故事充满了不公正、欺骗、野心、竞争和基本本能，再加上噩梦般的画面——和一群骷髅船员一起漂流，面对猛烈的风暴，食物越来越少，也不知道具体位置是在合恩角东面还是西面。无知的代价是巨大的，随着按纬度计划好的贸易路线越来越拥挤，遇到海盗的风险也越来越大。满载西班牙黄金或东方财富的船只很容易成为海盗或贪婪的外国海军的目标。一旦从熟悉的纬度位置判断到底向北或向南航行出现错误，船只就会遭遇可怕的命运。相比被丢到荒无人烟的危险曲折海路，撞上礁石而导致船体破碎不失为一种选择。

对于习惯于海上旅行的人，天文导航是第二天性，但当跨越大洋进行持续数周的航行时，最小的误差也会产生严重的后果。越靠近赤道，经线之间的距离就越大，任何东经或者西经

度数的误读都会带来更深的影响。伽利略在1610年通过他的望远镜确定了木星四颗卫星的频繁日食，并制作了预测表，从而追求实现其确定经度的想法。他与西班牙和荷兰两国政府进行了讨论，以进一步完善这一方法，但由于海上游船的现实情况，不具备进行此类观测的条件。1683年，在格林尼治，约翰·弗兰斯蒂德的辛勤研究促使英国皇家学会出版了木星表。这是继十多年前新巴黎天文台台长乔瓦尼·卡西尼（Giovanni Cassini）制作的木星表之后的又一成果。法国人圣皮埃尔是查理二世的一位情妇的朋友，爵位颇高，他建议通过精确的月球运动表解决问题，而不是通过木星表。查理二世得知后，成立了一个委员会来进行调查，其成员包括克里斯托弗·雷恩和罗伯特·胡克。他们得出结论认为，关于月球的数据还不够精确，无法作出这样的推论。这一结论对在格林尼治建立天文台和任命第一位皇家天文学家至关重要。在巴黎，雕刻师克劳德·梅朗（Claude Mellan）复制了卡西尼对月球表面的前所未有的详细研究，并于1679年发表。路易十四（Louis XIV）的御用天文学家向他赠送了一张地图，其中准确地记录了月球这一外部世界的地形，精确度足以使其成为一个陆上帝国扩充的疆土。卡西尼的地图通常被描述为关于月球表面的第一个"科学"记录。如今记录月球的详细程度远远超过了对地球本身某些区域的了解。虽然月球的山脉、陨石坑和海洋因其在雕刻中的复杂再现而更加接近月球本身的情况，但更多关于月球运动和月球轨道细节的信息对于航行方面急需的进步是至关重要的。

英吉利海峡入口处的一场灾难推动了这一进程。1707年，海军上将克劳兹利·肖维尔爵士（Sir Cloudesley Shovell）率领他的舰队和其他三艘军舰，在能见度很低的情况下从地中海执勤归来，他们误以为自己身在安全的英吉利海峡，结果撞上了锡利群岛的岩石。包括海军上将本人在内的1600人因此丧生。这个故事中还有另一个悲剧，旗舰上的一名海员曾向海军上将通报了航线的错误，但船员未经命令擅自导航的行为被认为是违反海军纪律的。虽然他的评估是正确的，但这名不幸的水手还是被吊在了桁端上。索贝尔运用她的叙事技巧，用一个事实细节来对这个

故事加以润色，即海军上将戴着一枚祖母绿戒指，这枚戒指非常漂亮，当他被冲上岸，倒在沙滩上的时候，一个在沙滩上拾荒的女人为了偷戒指而把他从痛苦中解救了出来。[3]

又过了七年，英国议会批准了1714年的《经度法案》（Longitude Act）。为了解决经度问题，该法分别提供了20000、15000和10000英镑的金额奖励，具体数额视方法的准确性而定，并且需要经过海上试验确认。此外，英国议会还为研究提供了资金。1714年6月，艾萨克·牛顿爵士以皇家学会主席的身份在下议院委员会上发表讲话，以阐明他所认为的四种解决方法。船只在海上的运动使观测木星的方法变得不可行。他们对月球的了解仍然不准确。第三种方法被称为"迪顿先生的项目"（Mr Ditton's project），涉及从海上的某个固定点发射照明弹或信号弹，然后测量射出的高度或从照明弹发光到爆炸之间的时间。这种方法很容易遭到否定。解决问题的重要途径在于准确地计量时间，而不考虑气候的变化和随之而来的气压变化，或船只的运动。然而，没有一种计时仪器能够提供足够的准确性。

用时钟确认经度的方法很简单，需要这些数据：出港的时间、经度已知的一个点以及目前位置的时间。船上的时间可以重置为每天太阳到达最高点时的正午。两种读数之间的每一个小时的时差都代表着经过15度的经度（360度经度除以一天中的24小时），在赤道上经线之间最宽的地方则代表1000英里的距离。[4]荷兰光学领域的先驱克里斯蒂安·惠更斯把他的独创性成功地应用到钟表学上，发明了螺旋式钟表弹簧，来代替他已经发明的摆钟，而摆钟的精度在海洋环境中太容易受到影响。他关于自己的新弹簧和胡克在竞争中出现分歧，但仍然没有对其提供可靠的解决方案。在研究文化中，天文学家和钟表从业者之间出现了深刻的分歧，前者认为自己处于宇宙空间的前沿地带，而后者则依赖于仪器的精确度。天文学家认为钟表从业者仅仅是技工，因此并不重视他们。在索贝尔的描述中，她充分理解了两种认识月球位置的方法的优点，但把宇宙空间描述为类似于一个庞大的天文钟的运作。关于计时，她简明扼要地指出，"时间之于钟，正如心智之于大脑"，[5]而在提到月球的时候，她描述运动中的月亮是"饱满的、回旋的或月牙形的……就像天堂时钟上的发光指针"。[6]钟表的文化超越了复杂的机械，钟表是支持理性头脑内部运作的黄铜和珠宝的物理形式，因此无论有多么大的挑战，总有解决的办法。

林肯郡的木匠约翰·哈里森（John Harrison）在面对不公正、官僚作风和来自同行的嫉妒时，实现了所有关于坚持不懈的英雄主义信念。奖金（按今天的价值计算，是一笔不菲的财富）进一步加剧了竞争的狂热情绪。哈里森是个不起眼的小人物，他的机械装置达到了如此完美的程度，以至于最终人们只能用美来形容它的精确程度。他的仪器完全没有浪费，其中每一个微小的元素都被精简，以最少的能量损耗表达出极致的精致。当索贝尔最终在格林尼治看到哈里森的钟表时，她承认她落泪了。哈里森与逆境抗争的天性足以让最冷静的观察者潸然泪下。哈里森钟表的动态雕塑般的存在是一种不可否认的美学，也是一种技术和情感上的胜利。

哈里森的第一批钟表包括几个落地钟，都是按照他的同行的方法，用橡木和愈创木制造的机芯。后者是一种热带硬木，本身含有油脂，因此可以使仪器免受润滑剂的损害。哈里森发明了一种擒纵轮，即使钟摆保持运动的部分；由于其棱角分明的形状，它被称为"蚱蜢擒纵轮"。他还掌握了一种方法，通过在"栅形补偿摆"中将金属结合起来，使不同金属的不同膨胀相互抵消，以抵消金属摆随着温度升高而膨胀的效果。[7]在哈里森于18世纪20年代末带着他的第一张"航海钟"图纸前往伦敦之前几年，在法国工作的英国人亨利·萨利（Henry Sully）已经发表了一份新的钟表学研究报告，并向法国科学院提交了一个航海钟；但在英国，由于发明的匮乏，经度委员会还没有成立。当时的皇家天文学家埃德蒙·哈雷在格林尼治会见了哈里森，并被他的图纸所打动，将他送到乔治·格雷厄姆（George Graham）那里，格雷厄姆被认为是当时最好的仪器制造商。正是格雷厄姆本人为哈里森提供了资金支持，使他得以继续创作。

直到1735年，哈里森才带着因为格雷厄姆的慷慨而获得的成果回到他身边。哈里森曾在亨伯河的水域测试过第一台海洋钟

上图：1720年本杰明·梅西（Benjamin Macy）制作的反向高度观测仪，愈创木质框架，带有黄杨木弧形条和横杆，以及黄铜铆钉，63.5厘米×36.9厘米×1.5厘米。观测仪上有黄杨木制成的地平线木片和影子叶片，还有一个替换的视线叶片。共有30°和60°两个弧度，都是有刻度的。反向高度观测仪是在远离太阳的地方使用的，这样就会在度数上投下阴影。国家航海博物馆，格林尼治，凯尔德收藏

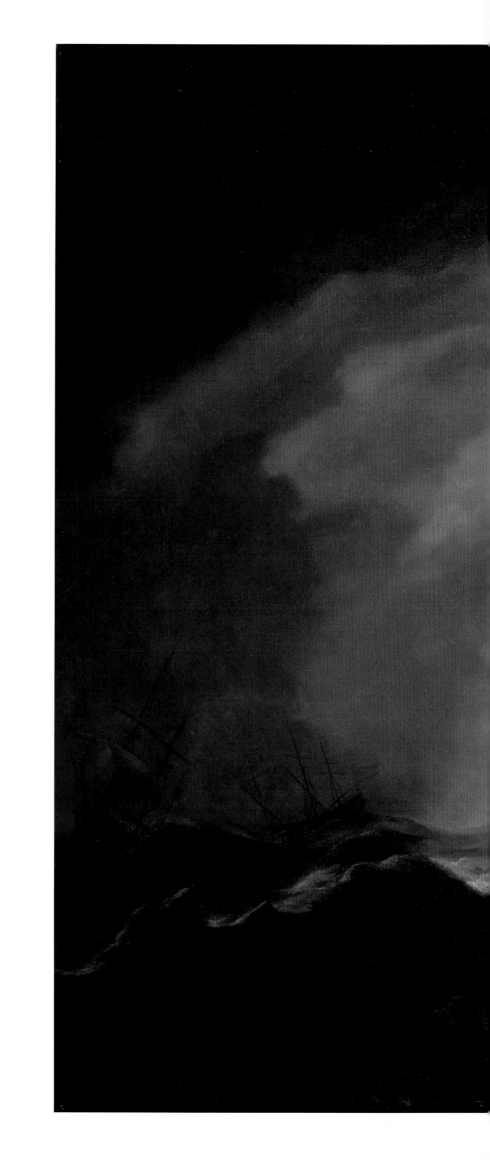

第116—117页图：威廉·范·德·维尔德二世（Willem van de Velde the Younger），
约1700年，《两艘英国船只在岩石海岸的风暴中遇难》（Two English Ships Wrecked
in a Storm on a Rocky Coast），布面油画，124.5厘米×178厘米，格林尼治国家航海
博物馆。17世纪70年代早期，画家随父亲前往英国，为查尔斯二世和约克公爵绘制
海战画。1693年父亲去世后，他被任命为官方的海洋画家

H1。该仪器是一个边长122厘米的立方体，放在原装的表壳中，它结合了哈里森之前制造的仪器的特点，并配有条形摆轮，以抵消海水的滚动效果。

这台黄铜机器有1440个零件和四个表盘，分别标示着时、分、秒和日期，在格雷厄姆的家中展出，给人们留下了深刻的印象。英国皇家学会证明了他们对哈里森成就的认可。海军部安排了一次前往里斯本的海上试验，哈里森的这次试验并非一帆风顺。最初的测试结果并不可靠，但随着航程的推进，事实证明，测试结果越来越准确，哈里森的调整大概也解决了仪器的问题。当他在1737年正式会见经度委员会委员时，哈里森已经预见到了可以进行的改进，并获得了500英镑的拨款来实现这些改变，其中一半会立即支付。他搬到了伦敦，在那里他可以利用伦敦的钟表和仪器制造商的技术来制造弹簧、零件和精细加工。当哈里森在1741年向委员会提交H2时，他再次预测到该仪器的局限性和他可以做出的改进，所以他没有将时钟送去试验，而是为他的修改寻求进一步的资金支持。这种情况表明，尽管哈里森雄心勃勃地想解决问题并获得回报，但他的远见和诚实使他更关心如何对一项他可以找到错误，并拥有更大的改进空间的发明进行适当的改进。

之后的H3于1740年开始研制，受到了广泛的赞誉，1749年，哈里森因此获得了英国皇家学会颁发的科普利奖章；然而，他对该仪器的修改持续了近20年。他的技术进步包括封闭式滚子轴承，这是现代密封球轴承的前身，并对摆锤的混合金属进行了改进，使之成为由两种金属铆接而成的条状物；这种安排可以抵消温度上升时摆轮弹簧的膨胀效果。H3的结构更紧凑，重达27千克，比前一代产品轻得多。它采用一上一下两个圆形平衡器，而没有使用沉重的黄铜哑铃式平衡器。人们对这种仪器充满好奇，但它仍未经过海上试验。

与此同时，天文学家们也取得了切实的进展，可以与哈里森的精细机械相媲美。一系列的观测仪器发展出来，首先是哈德利的象限仪（或称八分仪），它的曲线由一个八分之一圆构成。1731年，英国皇家学会副主席约翰·哈德利（John Hadley）提出了在一系列观测中使用镜子的原理，这样就可以测量两个天体之间的角度，一个是直接测量，而另一个可以通过反射来测量。不考虑船只的运动，月球与太阳之间或月球与恒星之间的距离可以计算出来。与此同时，费城的一位仪器制造者托马斯·戈弗雷（Thomas Godfrey）在北美发明了一种类似的装置。牛顿、胡克和埃德蒙·哈雷都曾通过使用镜子研究过可能实现的技术进步，到本世纪中叶，象限仪在增加了望远镜之后，象限仪演变成了六分仪。虽然这些举动是实质性的、巧妙的，但除非有足够的数据来制作可靠的天文表，否则无法投入使用。弗兰斯蒂德在格林尼治进行的数千次观测记录满足了准确参考的需要，这对于那些只需要进行相对简单的观测工作，但拥有复杂的计算任务的人来说是如此的关键。一艘船、其货物和船员的命运取决于这些推断的准确性。与计算中的几个必要步骤相比，在船的中心放置一个能够令人安心的跳动着的时钟可能告诉了我们一个在地图上确定一个人的位置的更容易的方法。时钟日夜不停地嘀嗒作响，不管云层是否会遮住天空，让最敏锐的航海家也无法看到。经过改进后，哈里森最初的航海钟在一艘驶往里斯本的工作船中的占位被缩小到只有61厘米高、30.5厘米宽的不起眼的形式。尽管H3的机芯非常复杂，但它的外观却非常简单。钟的表面没有任何装饰，仅仅刻有大写的制造商名字。

从落地摆钟到依靠螺旋弹簧上发条的怀表（两者都是由克里斯蒂安·惠更斯引领发明的）是一条稳步增长的道路，对于那些见证了数字时代个人通信设备的类似转变的人，这条道路非常熟悉。掌握时间的测量意义非凡。我们可以想象其中经历的调整过程：从日常生活的模式化到黎明升起和黄昏落下的节奏，再到指针在手表表面精确无误地移动的复杂性。一位绅士不再需要参考教堂塔楼上的钟声来安排一天的生活，而是可以以其优雅的姿态来炫耀他的装饰品。托马斯·金（Thomas King）于1765年创作的哈里森肖像展现了他手中紧紧握着一块他在18世纪50年代初委托制作的怀表。这块表为哈里森的第四款航海钟H4奠定了基础。

据索贝尔说，[8]制表师约翰·杰弗里斯（John Jeffreys）是一位知名人士和行业协会成员，他在很多方面都明确地遵循了哈里

To the Rt Honble the Lords Commissioners
of his Majties Admiralty.

May it please your Lordships

  The Longitude will scarce be found at sea without pursu-
-ing those methods by wch it may be found at land. And those methods are hitherto
only two: one by the motion of the Moon, the other by that of the innermost Sa-
tellit of Jupiter. The first method hath been long practised by Geographers, &
Geography hath been setled thereby: but the theory of the Moon is not yet exact
enough for the sea. It hath lately been made exact enough for finding the Longi-
tude at sea without erring above three degrees, & if it were exact enough for
finding it without erring above one degree it would be very usefull, if without
erring above 40 minutes it would be more usefull, & if without erring above
half a degree, it would scarce be improveable any further, as I told a Committee
of Parliament in writing when this matter was referred to them. And thereupon
the Parliament passed the Act to reward him or them who should find it to a
degree, or to 40', or to half a degree. But nothing hath been done since for making
it more exact then it was at that time. Dr Halley hath been observing the Moon
the three last years & finds her Theory as exact as I affirmed. But to make it
exact enough for sea affairs is a work of time. At present its errors sometimes
err above three or four minutes. When it shall be made a little exacter so as never to
amount to six minutes, it may be time to begin to apply it to sea affairs.
  The other method of finding the longitude is by observing the eclipses of Jupiters
innermost Satellit. This is the easier & exacter method at land: but Telescopes
of a sufficient length for seeing those Eclipses are not managable at sea. And what may be
done by short reflecting Telescopes which take in much light & magnify but little,
hath not yet been tried.
  A good jewel-watch kept from the air in a proper case, & examined every fair morning & fair evening by the rising
& setting kept in an eaven heat, may be sufficient for knowing the time of an observation
at sea till better methods can be found out. Or else such a pendulum clock may be
used as the Quaker tried in going from hence to Portugal. Or such a clock as Mr
Case Billingsley proposed to be tryed. But these clocks will be affected by the
variation of gravity in varying the Latitude: And the quantity of that vari-
ation is not yet sufficiently known.
  The hour glasses of Mr Rowe made with sand of Tin are a very good
piece of art, the sands being globular & small & of an equal size. These glasses run
very evenly & in sailing by the Logglasses made with common sand, & may
vulgar hour glasses made with common sand & the Log, if those that
with advantage be used instead of them for this purpose, & I have not yet examined
& the vulgar glasses are not good enough for this purpose. Also his new methods for
are well made can be had at a moderate price.
finding the motion of a ship with respect to the sea water at the depth of
some fathoms from the surface of the sea rather then at the surface may
add to the improvement of sailing by the Log, provided that these new methods
will not be too troblesome to be chearfully used by the seamen. But this deserves
to be further considered. ffor the motions of the sea arising from winds are most
uncertain at the surface & reach not very deep: but those of lasting currents seem to
go deep, & so do those arising from the cause of tydes.
  Mr Rowe's instruments for taking altitudes of the sun more exactly then
heretofore, are also well contrived, & deserve to be tried at sea for finding the Latitude.

                   They

上图：哈德利的象限仪或称八分仪，带有乔治·哈德利签名，1744年，木质，65厘米×55.2厘米，国家海事博物馆，阿姆斯特丹

上图：杰西·拉姆斯登（Jesse Ramsden），詹姆斯·库克（James Cook）船长在他的第三次太平洋航行（1776—1780年）中使用的六分仪，约1772年，黄铜，42.5厘米×44.5厘米×9.5厘米，格林尼治国家航海博物馆

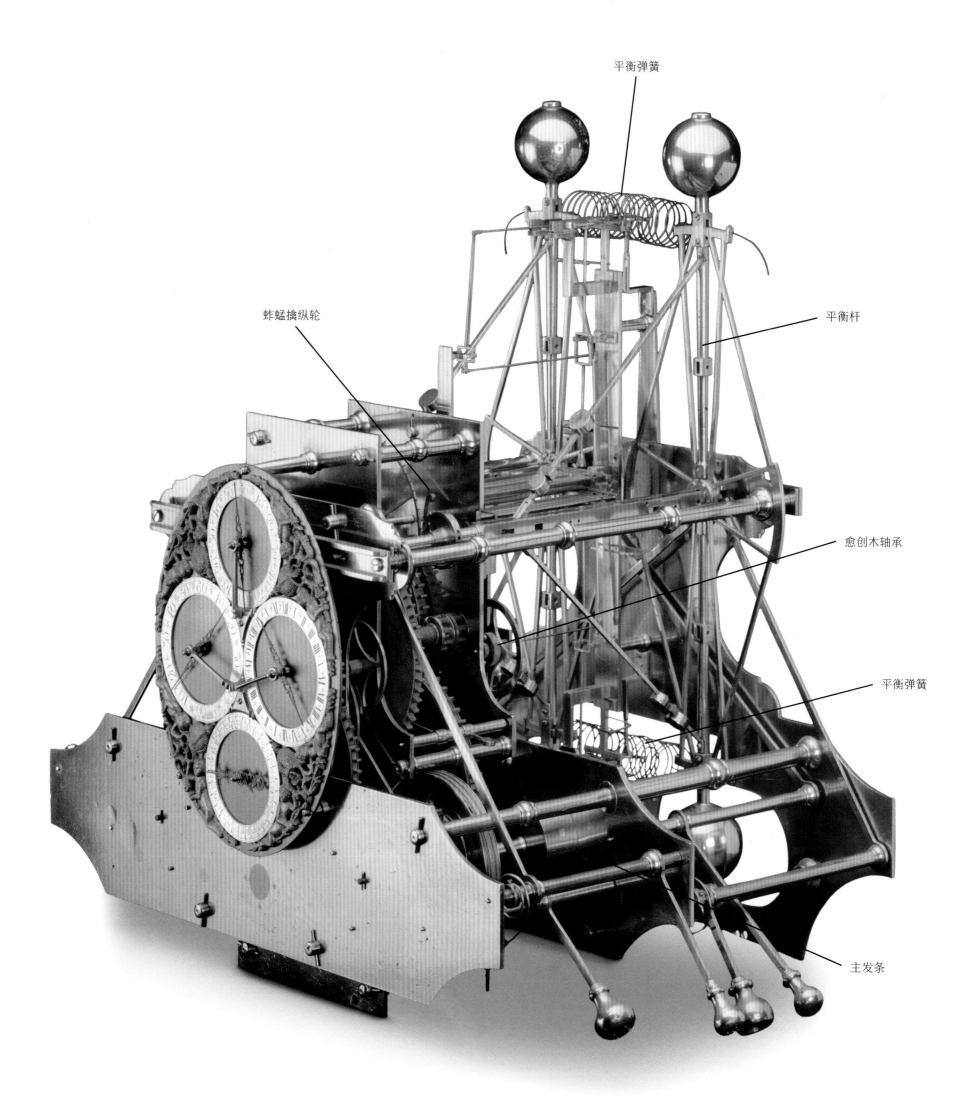

平衡弹簧

平衡杆

蚱蜢擒纵轮

愈创木轴承

平衡弹簧

主发条

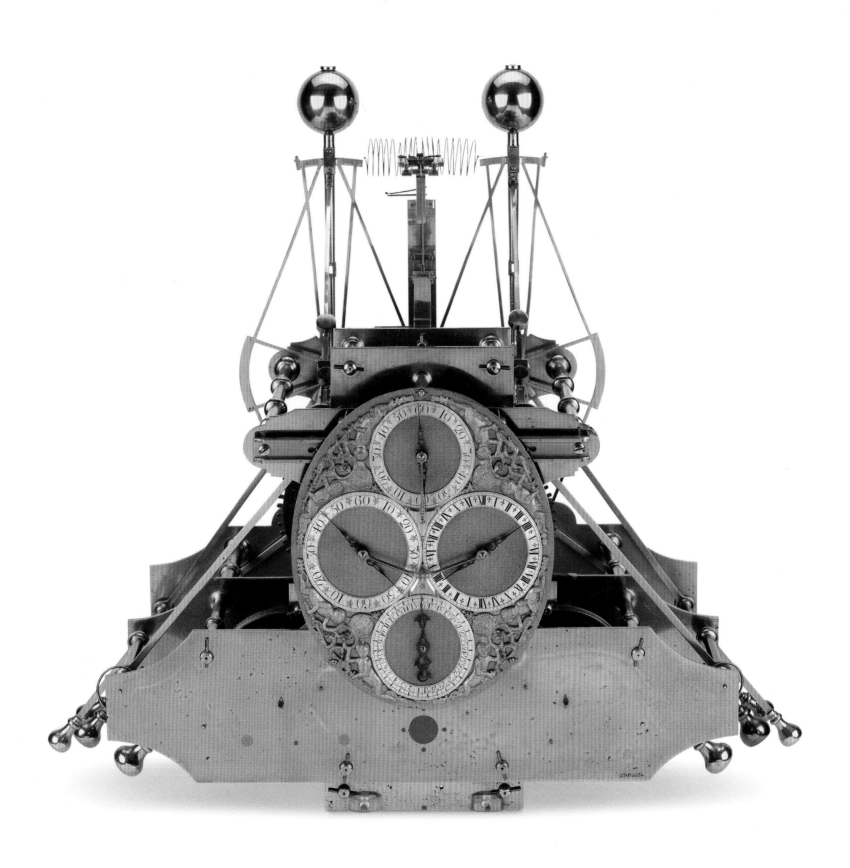

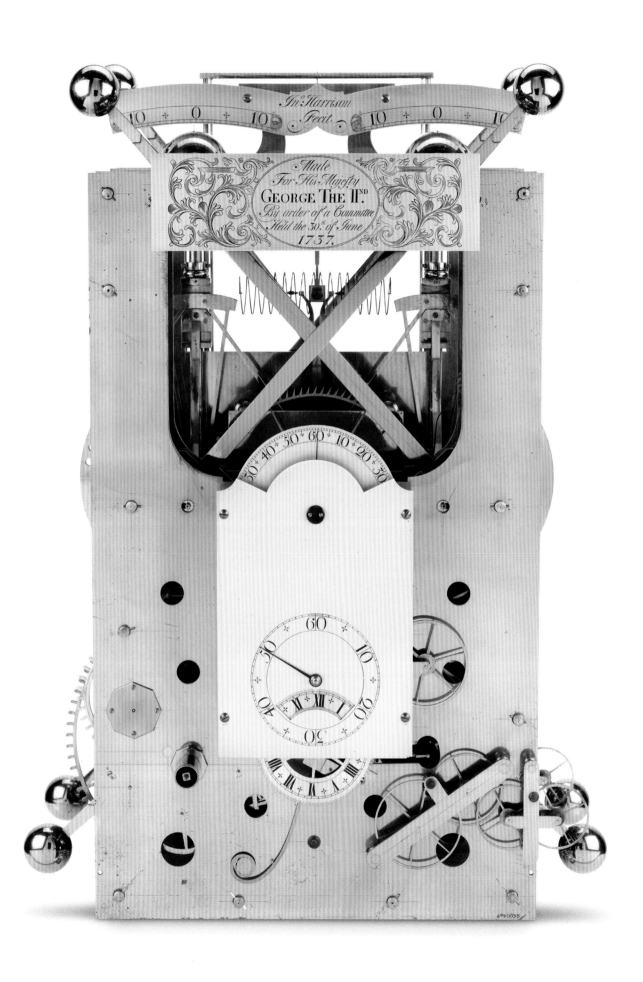

上图：约翰·哈里森，航海钟H2，1737—1739年，青铜、愈创木、钢和黄铜，高度：68.6厘米，国家航海博物馆，格林尼治

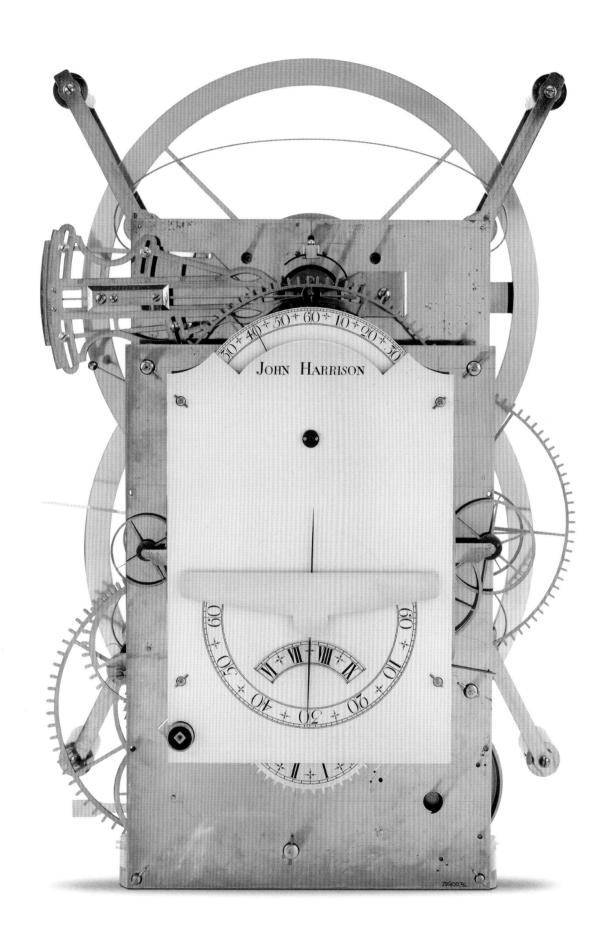

上图：约翰·哈里森，航海钟H3，1740—1757年，青铜、玻璃、钢和黄铜，高度：62.2厘米，国家航海博物馆，格林尼治

上图：约翰·哈里森，航海钟H4的机芯，1759年，国家航海博物馆，格林尼治

森的指示，因为怀表上的双金属片在温度变化时依然保持不变，并且与其他手表不同的是，它显示的时间在上发条的过程中也能保持不变。

这是一款最先进的仪器，极受哈里森重视。钟表商名家公会将其收藏，使它的传奇地位得以延续。H4融合了许多功能，将直径增加到整整12.7厘米。与传统的钟表原理相反，H4的大平衡器使它能每秒钟走5次，哈里森预计这将更好地保护它不受海上航行的干扰。[9]简单的白色表面上用罗马数字表示小时和分钟，周围还有一个用阿拉伯数字表示秒数的表盘和三根相应的指针。除了数字外周的花纹没有任何装饰，素净的装饰与优雅的制作工艺和设计者的严谨态度完美地结合在一起。机芯上的红宝石和钻石切割得非常精美，但出自哪位名家之手仍不得而知。

在这个阶段，哈里森却苦恼不堪。1761年，H4被送往牙买加试验成功，但委员会否认这一结果具有决定性意义，要求再进行一次海上试验。哈里森获得了一笔暂付款，待第二次试验后再付全款。这笔款项是对仪器质量的承认，但反映出委员会扣留了最终奖金。天文学家和机械师之间的竞争变得更加明显。委员会由天文学家和海军高级官员组成，他们公开对那些相信天文导航的人表示同情，因为这在他们的经验范围内。人们以怀疑的眼光看待这个充满谜团的钟表，其复杂的性能被视为神秘。愤世嫉俗者可以说，在海上的任何成功都是偶然的。哈里森并不能以温文尔雅、能言善辩的姿态为自己的发明发声，他的事业可能没再进一步发展。自从他提出H1以来，已经过去了近30年，在此期间，他的竞争对手已经积累了比他们原来掌握的更多的天文数据。

1742年，詹姆斯·布拉德利（James Bradley）继埃德蒙·哈雷之后被任命为第三任皇家天文学家。他在格林尼治进行了数百次观察，并把这些观察结果与德国天文学家和数学家托比亚斯·梅耶（Tobias Mayer）新获得的月表（lunar tables）联系起来。布拉德利与哈里森的宿敌、年轻的天文学家内维尔·马斯基林（Nevil Maskelyne）结盟。1761年，也就是H4到牙买加试验的那一年，马斯基林加入了前往南大西洋的圣赫勒拿岛的探险队。17世纪70年代，哈雷在那里绘制了南半球的星图。这次探

险的目的是观察金星凌日，即金星、太阳和地球直接排成一条直线，我们可以看到金星在太阳表面呈移动的暗斑。金星凌日每间隔8年发生两次。开普勒预测了1631年的凌日现象，英国的耶利米·霍罗克斯（Jeremiah Horrocks）预测了1639年的凌日现象，并据此计算出了地球到太阳的距离，误差约为30%——这是当时最精确的估计（最后一次凌日发生在2012年6月，持续了6.5个小时多一点儿。下两次要到2117年12月和2125年12月才会发生了）。1761年6月，克劳德打断了马斯基林对南大西洋事件的观察，但这一观察远不算失败，反而使马斯基林能够根据对月球的观察计算出地球的大小，并对这里的引力与格林尼治的引力进行比较测量。到圣赫勒拿岛的长途航行使他有机会成功测试了哈德利八分仪与梅耶的月表的结合使用。他通过月球观测计算出的经度都很准确，其中包括圣赫勒拿岛的经度。第二次凌日现象是在1769年6月。年轻的中尉詹姆斯·库克被派去指挥"奋进号"，进行他的第一次前往波利尼西亚的航行，并与查尔斯·格林（Charles Green）一起在大溪地的金星点进行观测。

海上审判程序的公正性受到了质疑，因为1764年在前往巴巴多斯的航程中进行第二次审判的法官正是马斯基林，当哈里森的儿子威廉随H4抵达西印度群岛时，马斯基林已经在此等候多时了。在布拉德利和他的继任者纳撒尼尔·布利斯（Nathaniel Bliss）去世的这一年，马斯基林成为第五任皇家天文学家。第二次试验的结果是，计时法和天文观测法都得到了成功的演示。两种技术相互结合应用的可能性似乎比较小。在马斯基林的指导下，根据格林尼治的观测结果，月表的数据艰难地收集了起来，并在航海天文历（The Nautical Almanac）中正式出版，该天文历后来成为标准的航海参考资料。太阳和月亮的运动、日食和月食、任何行星的凌日现象，以及白天用望远镜可以观测到的任何恒星细节，都被纳入一个庞大的表格系统中。格林尼治子午线的经度被确定为0度，其他经度都是根据它计算出来的。格林尼治标准时间，即子午线上的时间，于是成为标准化的时间，船上的时间与之进行比较。1884年，在华盛顿召开了一次国际子午线会议，有26个国家参加。会议通过了几项决议，其中第一项决议

第130—131页图：威廉·霍奇斯（William Hodges），《梅塔维湾的景色》（*View of Maitavie Bay*），奥塔海特，1776年，布面油画，137.2厘米×193.2厘米，国家航海博物馆，格林尼治。霍奇斯接到海军部命令，与决心号和护送它的船冒险号（1772—1775年）一起，参加库克船长的第二次太平洋航行。在遥远的海岸可以看到库克在1769年观察到金星凌日的大溪地的金星点，那里已经为某些船员搭建了帐篷。这幅画是霍奇斯回来时画的，是为海军部画的四幅画中的一幅

指出，所有国家都应采用本初子午线。第二项决议建议将通过格林尼治天文台"中星仪"的子午线定为本初子午线。地球上的0经度点对所有国家来说都是固定的，没有任何偏差。世界地图的校准应从泰晤士河上方的山顶上开始，永不变更。

1764年秋天，也就是巴巴多斯审判的那一年，哈里森获得了10000英镑，也就是一半的奖金，并得到承诺，如果他的手表能够再生产，他还将得到一笔金额差不多的钱。在几天的时间里，哈里森不得不在他伦敦的家中，向一个聚集在一起的小组解释手表的复杂性。他的图纸被取走，然后送去印刷。这块表将被重新组装并交给海军部。两块H4的复制品也制作了出来，没有参考现在已经消失的原始图纸。皇家天文学家随后又提出了新的条件，要求将哈里森的所有计时装置进行再生产。哈里森不甘示弱，在三年内又打造了一只H5腕表。为了证明他的技术并非不可复制，哈里森不得不忍辱负重，放弃了对自己发明的控制权，允许另一位制表师拉卡姆·肯德尔（Larcum Kendall）制作一个复制品，他的K1于1770年交付给了经度委员会。H5被转交给乔治三世（George III），乔治三世安排在邱园进行了长时间的测试。测试结果表明，H5在一天内的误差小于⅓秒。[10]1773年6月，在没有得到正式承认获奖的情况下，哈里森获得了未付的余额，由此20000英镑的总付款已经付清，为这个残酷的故事画上了句号。

1772年，库克船长乘坐决心号开始了他的第二次航行，在南纬绕地球一周，穿越太平洋和南极圈，返回时途经合恩角和南大西洋。他的航行证实了地球的大陆地理性质：澳大利亚并不是一块未经探索的陆地的一部分。库克开辟了南大洋和通往南极洲冰架的通道。距离卡西尼号发表月球地图已经整整一个世纪了。陆地大陆的构造现在已经确定，只留下延伸经过美拉尼西亚、密克罗尼西亚联邦和波利尼西亚的群岛有待揭示。除了所有必要的表格和观测仪器，库克还带上了K1作为导航工具。在1775年回来后，船长报告说，这块表的表现超出了预期。

第133页图：乔治·福斯特（George Forster），《1772—1775年根据追踪决心号、库克船长和冒险号，以及菲尔诺船长最新发现所绘制的南半球图表》(*A Chart of the Southern Hemisphere, According to the Latest Discoveries with the Tracks of the Resolution, Captn Cook and the Adventure, Captn Furneaux from 1772–1775*)，由威廉·惠特彻奇雕刻，66厘米×68厘米，来自库克的第二次航行的官方记录，《航向南极》(*A Voyage Towards the South Pole*)，由斯特拉恩和卡代尔（Strahan and Cadell）出版，伦敦，1777年，国家航海博物馆，格林尼治

A CHART OF THE SOUTHERN HEMISPHERE,

according to the latest Difcoveries: with the Tracks of the Refolution, Cap.ⁿ Cook; and the Adventure, Cap.ⁿ Furneaux; from 1772, to 1775.

BY GEORGE FORSTER, F.R.S.

Explanation of References.

among the Low Iſlands.

1. Whitfunday Iſland ⎫
2. Queen Charlotte's Iſland ⎪ Seen
3. Egmont Iſland ⎬ by
4. Gloucefter Iſland ⎪ Captain
5. Cumberland Iſland ⎭ Wallis.
6. Pr. Will.ᵐ Henry's Iſland

C. Carlshof I.ᵈ .... feen by Roggewein.
W. Waterland .... feen by Le Maire.

R. Refolution's Iſland.
D. Doubtful Iſland.
F. Furneaux's Iſland.
A. Adventure's Iſland.
P. Palliser's I.ᵒʳ or Roggewein's Pernicious I.ᵒ
G. Byron's King George's Iſlands.

Thefe were feen in the Refolution.

Pofitions affumed.

AMERICA, from D'Anville, compared with Spanifh Charts & the Refolution's difcoveries.

AFRICA, from M.ʳ Dalrymple's Chart of the Southern Ocean, & the New Edition of M. D'Après Neptune Oriental.

NEW HOLLAND, according to the latest Charts, & the Endeavour's Difcoveries.

Eaftern Iſles of ASIA, from M.ʳ Dalrymple's Chart of the China Sea, & the Neptune Oriental.

in this Chart.

Ladrones, Caroline Iſles, & Pefcadores, according to Cap.ⁿ Wallis's Obfervations at Tinian, &c.

NEW GUINEA & New Britain, from Dampier, Carteret, & D'Anville, compared with Des-Broffes, & Dalrymple.

ISLANDS in the Pacifick Ocean, from the latest Difcoveries in the Refolution (1773 & 1774) carefully collated with all former Navigators.

NORTH PACIFICK OCEAN

SOUTH PACIFICK OCEAN

EQUATOR

GREAT SOUTH SEA

NEW ZEELAND

NEW HOLLAND

BORNEO

SUMATRA

NEW GUINEA

INDIAN OCEAN

SOUTHERN OCEAN

SOUTH AMERICA

SOUTHERN ATLANTICK OCEAN

SOUTHERN AFRICA

Antarctic Circle

Tropick of Capricorn

Tropick of Capricorn

MERIDIAN of GREENWICH

ICY OCEAN

Engraved by William Whitchurch.

Publifhed according to Act of Parliament, March 10ᵗʰ 1777.

PAINTED BY WM HODGES

CAPTAIN JAMES COOK, F.R.S.

ENGRAVED BY J.BASIRE 177

第134—135页图：詹姆斯·库克《航向南极》的扉页和卷首插图，由斯特拉恩和卡代尔分三卷出版，伦敦，1777年，国家航海博物馆，格林尼治

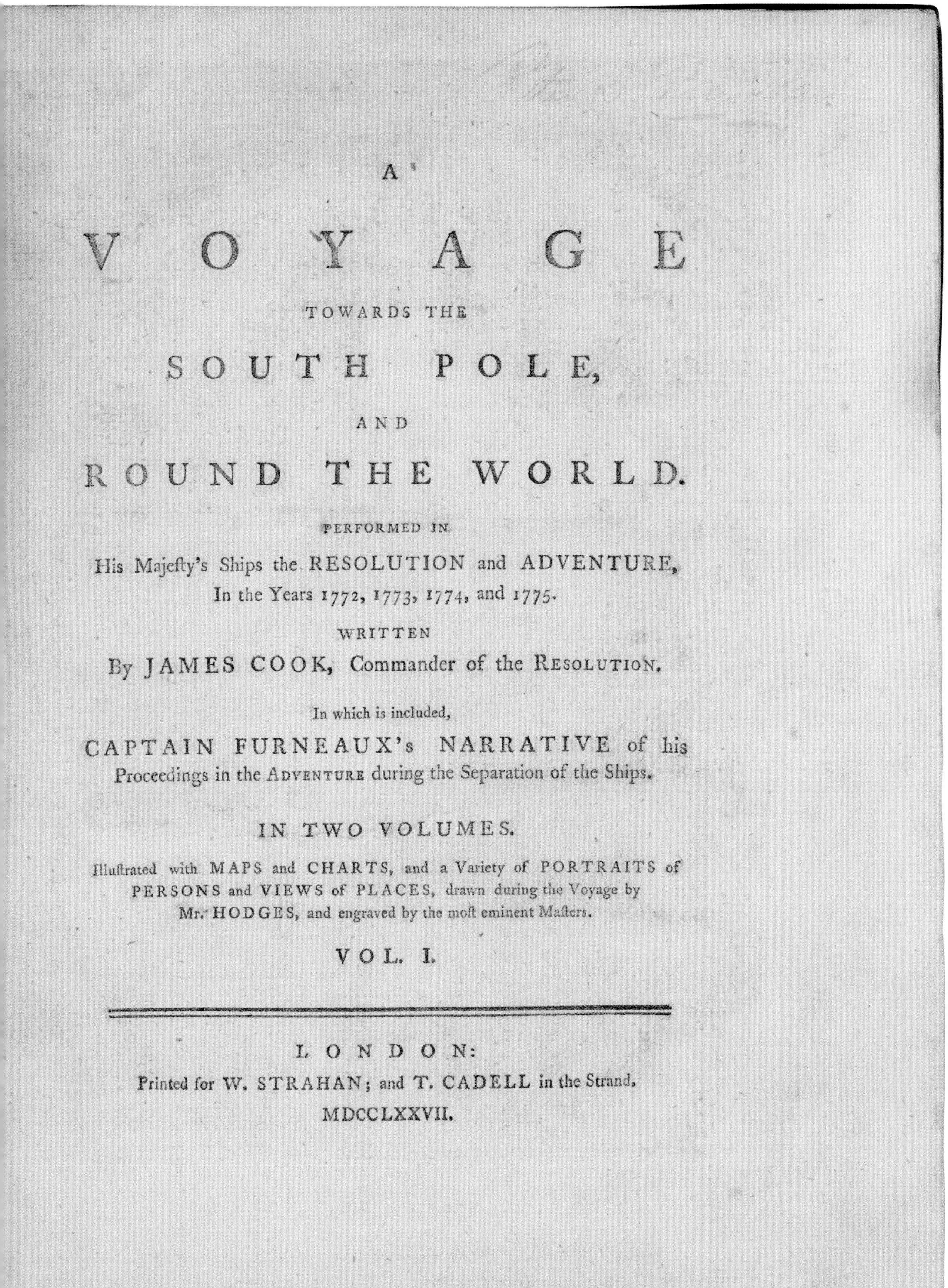

A

VOYAGE

TOWARDS THE

SOUTH POLE,

AND

ROUND THE WORLD.

PERFORMED IN

His Majesty's Ships the RESOLUTION and ADVENTURE,
In the Years 1772, 1773, 1774, and 1775.

WRITTEN

By JAMES COOK, Commander of the RESOLUTION.

In which is included,

CAPTAIN FURNEAUX's NARRATIVE of his
Proceedings in the ADVENTURE during the Separation of the Ships.

IN TWO VOLUMES.

Illustrated with MAPS and CHARTS, and a Variety of PORTRAITS of
PERSONS and VIEWS of PLACES, drawn during the Voyage by
Mr. HODGES, and engraved by the most eminent Masters.

VOL. I.

LONDON:
Printed for W. STRAHAN; and T. CADELL in the Strand.
MDCCLXXVII.

III

《月图》

格林尼治皇家天文台的八角室标志着第一任皇家天文学家测量太阳高度和计算恒星位置的轴线。干净的窗户高6.1米，采光是为了让这个世俗的结构更加清晰，而不是为了凸显大教堂的荣耀。这个房间又被称为"伟大的房间"，是人类智慧所在地的光学核心。在这里，地球自转的恒定性和行星的运行得到了证实。室内由克里斯托弗·雷恩爵士精心设计，去除了多余之处。主要计时装置的铜质机芯与墙壁融为一体，因此从门的左右两边的镶板只能看到它们的外壳。雷恩设计的房间为这些隐藏的机芯提供了一个建筑学层面的外壳。这种钟有好几个，发出几乎听不到的机械敲击声。八角形的结构与钟摆的摆动、擒纵机构的运动以及轮子和齿轮的转动有关。在一个仪器制造达到前所未有的精确性的时代，建筑本身按照几何平衡的计划建造，成为它所包含的仪器的一种延伸。

天文台建立在格林尼治城堡上方的一座早期塔楼的地基上。这座被毁坏的城堡是都铎王朝运动和娱乐的场所，可以俯瞰下面的河流和西边的城市。这看起来是个不错的选择，然而，尽管八角形塑造了一种具有精确感的氛围，但该建筑并没有准确落在南北两极之间的子午线上。随着科技的进步，子午线也在不断更新，在历任皇家天文学家埃德蒙·哈雷、詹姆斯·布拉德利和乔治·比德尔·艾里爵士（Sir George Biddell Airey）的带领下，子午线从雷恩的原建筑向东移动。1884年的本初子午线是用艾里的大型子午环望远镜校准的，但它的位置仍在真实位置以西91米。这一计算错误是由于校钟星（明亮的星星，很长一段时间内都可以通过观测清楚确认其位置，所以被用来确定地面上的时间）的观测结果因引力而产生的扭曲。现在这个错误已经被卫星纠正了，卫星提供了格林尼治钢铁材质的子午线标记以东的一条精确线的GPS读数。

为了通过钟表确定经度，必须证明地球以固定的周期自转。只有当地球的运动是等时的，才能根据不同地点的时间差异提供准确的经度位置。到了20世纪，人们发现了地球自转的变化，对地球运动的恒定性提出了挑战。技术进步揭示了在绝对的边界内存在着不规则性。从历史上看，关于绝对的或真实的知识的假设不断被进一步的知识的启示所推翻。作为18世纪机械发展的基础，人们对牛顿定律的确信无疑已经转变为接受20世纪相对论原理所表述的变化。格林尼治子午线的发展为不断变化的论断提供了实物证据，变化的线条反映了知识的流动性。八角室标志着一个过程的开始，尽管它有庙宇般的光环，但这座建筑和它所处的一切都代表着一个开端，而不是一个结论；它是一个挑战，而不是一个解决方案。

时钟的调节是根据平太阳时来进行的。在弗朗西斯·普莱斯（Francis Place）1676年的雕刻作品中，画面左侧的一个活动象限是朝北的。第一任皇家天文学家约翰·弗兰斯蒂德利用这台仪器，采用等高法测量时间。他将在正午前约一小时测量太阳的高度，并记录时间。到了下午，当太阳落到相反方向的相同角度时，他再进行第二次测量，同样记录时间。根据太阳的偏角稍作调整后，他就会计算出平正午是两次测量之间的时间。于是，钟表的误差就在每天不超过几秒的范围内。图中的望远镜被称为天狼星望远镜。天狼星是夜空中最亮的恒星，在当时被认为是一颗位置固定的恒星，为确认地球自转提供了参考点。[1]人们日夜都会观测天狼星凌日现象。

门左侧镶板后面的两座主钟是1675年末由英国地形测量局局长约纳斯·摩尔爵士（Sir Jonas Moore）为弗兰斯蒂德订购的，他的名字光荣地刻在钟面上。托马斯·汤皮恩（Thomas Tompion）设计的钟表采用了罗伯特·胡克的特点，以及兰开夏郡伯恩利的钟表制造商理查德·汤尼利（Richard Towneley）发明的直进式擒纵机构。汤皮恩的委托很可能是通过与他关系密切的胡克得到的。这些非凡的计时装置有超过4米长的钟摆，使其具有极高的精确度，因为摆动幅度很小，只有几英寸。这些巨大的钟摆被安装在机芯的上方，而不是下方。考虑到灰尘和湿度的问题，雷恩在他最初的八角形计划中设计了这些钟的安装，它们可以在不上发条的情况下运行一整年。

汤皮恩为弗兰斯蒂德提供了更多的仪器，其中包括1691年的角度钟或度钟，其表盘显示恒星时的度数、弧分和弧秒——时间是根据其他恒星而不是太阳的位置来测量的（恒星时的24小时比太阳时的一天略短）。恒星钟的运行速度与地球自转的速度相同，因此它可以说明地球自转的进程。

第139页图：托马斯·汤皮恩，天文台调节器，1676年，是一对由弹簧控制的天文学钟表之一，一年只需要上一次发条，由黄铜板和黄铜轮组成，轮子上有3.96米高的钟摆，安装在机芯上方。根据英国地形测量局局长约纳斯·摩尔爵士的指示，为皇家天文学家约翰·弗兰斯蒂德设计的。汤尼利设计的直进式擒纵机构，大英博物馆，伦敦

1657年，克里斯蒂安·惠更斯最初将钟摆作为钟表驱动力的来源，这与他对镜片制造和研磨的兴趣紧密相连——因为计时装置和望远镜的使用目的相同。1660年英国君主制复辟，皇家天文台的建立和皇家学会的探索也开启了英国制钟的繁盛时期。查理一世在1631年授予钟表商名家公会皇家宪章。查理二世即位后，富裕客户的财富状况好转起来，仪器作为社会地位的标志的时尚逐渐风靡，以及拥有高超技术的避难者的涌入，特别是来自法国的胡格诺派教徒，所有这些都促进了精密钟表贸易的发展。汤皮恩是贝德福德郡一个乡村铁匠的儿子，他的表现非常出色，地位高到足以让英国著名的肖像画画家戈弗雷·内勒（Godfrey Kneller）为他绘制肖像。1689年威廉和玛丽的加冕典礼上，献给这对夫妇的是一只华丽的汤皮恩桌钟，这也是皇家寝宫的标志。乌木和银制成的表壳由丹尼尔·马罗特设计，带有镀金黄铜表盘和银制镶边。除了小时和分钟，钟表还显示星期和主行星。它每年只需要上一次发条，这个活动会有精心设计的上发条派对作为其标志。这只现在被称为"莫斯汀·汤皮恩"的钟最终被大英博物馆收购。汤皮恩的产量非常可观，他的工作室生产了大约5500只手表和600只钟表。晚年时，他与约翰·哈里森的捍卫者乔治·格雷厄姆建立了伙伴关系。1713年汤皮恩去世后，格雷厄姆接管了他在舰队街的厂房。在成为弗兰斯蒂德在格林尼治的继任者后，埃德蒙·哈雷转向格雷厄姆，后者适时地为第二任皇家天文学家提供了几台计时装置。其中两个在20世纪仍用于天文领域，已经连续运行了250年。[2]

克里斯托弗·雷恩在1661年被选为牛津大学萨维尔天文学教授后开始了他的建筑师生涯，直到1669年担任工程部调查大臣。他的第一座建筑谢尔登剧院，受到塞巴斯蒂亚诺·塞利奥（Sebastiano Serlio）对罗马马切罗剧场的影响，于1663年开始动工（另一项委托，即他为彭布罗克学院建造的小教堂，实际上是在谢尔登剧院于1669年开业之前完成的）。谢尔登剧院位于一系列建筑群的入口处，该建筑群从克拉伦登楼，经过神学院和博德利图书馆，到拉德克里夫图书馆和万灵学院。

在雷恩剧院的西侧，宽街的对面，是旧阿什莫林博物馆，它在1683年开放，里面收藏着埃利亚斯·阿什尔（Elias Ashmole）捐赠给大学的珍品，其中包括查尔斯一世的园丁小约翰·特雷德斯坎特（John Tradescant the Younger）组装的各种物品。这座建筑是已知的最早的专门建造的博物馆。在1894年的新阿什莫林博物馆建成后，原来的建筑的功能就不确定了。20世纪20年代，博物馆内收藏了日晷、星盘和其他数学仪器，到20世纪30年代，它被建成了科学史博物馆。馆内现在的收藏包括来自旧雷德克里夫天文台的文件和仪器。这座令人惊奇的建筑在17世纪时的建筑师不详，不过佩夫斯纳给出了一个可能的名字，是一位名叫托马斯·伍德（Thomas Wood）的泥瓦匠大师。[3]当你登上通往上层的大楼梯时，会经过一幅1796年由约翰·罗素（John Russell）创作的直径为1.5米的粉彩月球图。当你到达楼台时，迎面的墙壁上有一幅埃利亚斯·阿什莫尔的朋友约翰·夏尔丹（John Chardin）爵士的肖像画，时间为1711年。镀金的边框上浮雕着一系列仪器——望远镜、夜视仪、反向高度观测仪和十字测天仪。边框的设计者采用了科学主题，就像格林林·吉本斯可能会以音乐为主题雕刻镶板一样。作为以阿什莫尔博物馆为标志的好奇心时代的历史代表，在以雷恩为首的天才的阴影下，将夏尔丹的形象置于楼梯顶端再适合不过。

让·夏尔丹（Jean Chardin）是一位新教徒和珠宝商，1681在年胡格诺派的迫害下逃离巴黎，很快进入英国宫廷。同年，他被查理二世封为约翰·夏尔丹爵士，与一位避难者同胞结婚，并在肯辛顿的荷兰公园地区居住。1682年，夏尔丹成为皇家学会会员，两年后作为国王的代表被派往荷兰。除了作为高级珠宝商，让·夏尔丹还可以说是一位东方主义者先锋。在17世纪60年代后期，他在波斯和印度之间奔波，履行对沙阿的职责，在17世纪70年代从伊斯法罕到里海，最远到印度河的冒险经历为他留下了财富和知识。在牛津博物馆楼梯顶端的画作中，他指着一幅波斯地图。他在多卷的《游记》（Travels）中的描述构成了西方学术界对近东的研究基础，[4]其中包括波斯天文学、仪器制造方法和星盘的设计细节。在他的肖像四周的镀金仪器是对他充当学识渊博的波斯人和那些在格林尼治的山顶上或在格雷沙姆学院、牛津和剑桥的图书馆和讲堂里推动科学技术发展之间的中间人角色的致敬。

制图者为基本问题 "我在哪里" 提供了答案，制图学概括了任何特定时间的地理知识状况。正如地图册是地理知识的总结一样，天文仪器通过日益巧妙的机制，反映了当时对天象的认知情况，呈现出既具有指导意义又精美的太阳系模型。在这种仪器的改造过程中，知识前沿的变化得到了回应。古代世界的星盘是计算纬度的重要辅助工具，它是通过在圆盘上移动盘子来显示天体位置的。这种紧凑的装置既代表了天，也代表了地，是当时最主要的天文仪器，2世纪的托勒密和他之前的希腊天文学家都曾使用过。根据约翰·夏尔丹的汇报，伊斯兰天文学家对该仪器进行了大量改进，并在确定麦加的方位方面发挥了特别重要的作用。这是一种很有价值的装置，鉴于其地理功能方面与宗教仪式有关，伊斯兰工匠在其装饰方面发挥出了最高超的技术，其中包括精致的书法艺术。如今，人们对精致手表的狂热崇拜或许暗示着一种世俗的对等，佩戴者的地位因其表现出对精确的崇敬而得到提升。星盘使天与地的意义保持一种平衡，可以作为皇室或王室的配饰，在一个崇尚随身携带珍贵物品的游牧文化中更是如此。

浑仪是从星盘平面上的二维旋转衍化到三维的一种进步。通过其结构中的铜环，浑仪代表了太阳和月亮的主要轨道，并提供了春分、黄道、夏至和热带的参考依据。该仪器出现在中国古代资料中，也出现在希腊化的希腊世界中，它构成了复杂的安提基特拉机械的骨架原型。波斯和阿拉伯学者对该仪器进行了改良，具体的改良程度在牛津大学展示了出来，其中有一个15世纪的来源于东方伊斯兰教的球形星盘，小到可以放在手掌上。[5]浑仪是根据托勒密的地心说和哥白尼的日心说模型建造的，地球是仪器的核心。在中世纪和文艺复兴时期，浑仪成为一种象征，来表示持有球体的人是一个天文学家，也就是一个有智慧的人。天文学知识与数学、几何和音乐一同成为普遍研究的学术形式。在一个科学反映了精神和物质两方面的时代，浑仪环提供的不仅仅是天文运动的视觉效果，更是反映了与社会和文明秩序相对应的天体运动秩序，并在最广泛的意义上表现出了和谐。

对于生活在公元前4世纪雅典的哲学家柏拉图，球体代表着一种完美的形式，代表着一种平衡的状态。柏拉图可以说球形的地球处于一个更大的天球的中心，里面还有月亮、水星、金星、太阳、火星、木星和土星。公元前6世纪，他的前辈毕达哥拉斯已经意识到，数字是万物的根源，在此基础上，他发现了音乐中的音阶形式（自然音阶、半音阶和和声音阶）与数字或数学划分之间的关联。在毕达哥拉斯体系中，七大行星和每一颗恒星都有其对应的音调。在天球中的行星球体之间有一个音调的对应关系，以数学的方式排列，与音乐宇宙有关。[6]除了天球的哲学纯粹性，还有一些从对日历准确性的实际需要中艰难得出的结论。在爱尔兰平原的诺斯观测巨石的人们遵循太阳和月亮的路径，将春分和夏至表示为弧线和整圆的形式。具有轨道环的浑仪的形式称为这种思想的合理化的必然产物。手握球体的圣人掌握了弧线和轨道的表示方法，他们能够进行校准，甚至发明出校准的方法。

到2世纪亚历山大港的托勒密时代，天体宏观世界与人类微观世界之间的和谐关系得到了承认。尽管球形模型的图像是完美的，但观测科学还是揭示出了不符合这种纯粹性的不规则现象。行星轨道不是围绕几何中心的正圆形。宇宙并不是一个平衡的正球体群。模型的不一致或偏差在概念上和在美学上都一样令人不满意。对行星运动理解的进步，就像几个世纪后回过头来看的许多巨大飞跃一样，似乎来自对一个符合完美模型的系统的强烈需求，这证明了一种基本的人类冲动，即反抗我们所不理解的东西，从而使它不再神秘。我们可以通过一个系统来挑战混乱。哥白尼因为托勒密试图描述一个模型的不纯粹性而被冒犯。他们缺乏和谐。尽管哥白尼的结论很激进，但他是一个虔诚的人，他为教会服务，而不是试图挑战教会。当他将太阳置于已知宇宙的中心时，能够计算出行星之间的距离并确定它们的相对速度。离太阳最近的行星，也就是最靠近中心的球体，移动速度最快。距离较远的行星移动速度较慢，而处于最外侧的恒星似乎是静止的。

这是一个和谐的宇宙。约翰内斯·开普勒活跃于16世纪末，他能够追随哥白尼的脚步，并提升自己对神的秩序的认识。开普勒的分析是在科学的理性与早期的象征主义相背离的时候提出来的。音乐宇宙和炼金术传统的神秘知识之间有一条连接线，在牛顿时代这一理性的巅峰时期，这条线仍然是明显的。神秘世界珍视并守护着象征主义的力量，吸收了毕达哥拉斯的数字学，并将黄金平均数的公式应用于神圣的建筑。相比之下，天文学者由于其科学的本

上图：穆罕默德·穆克姆·雅兹迪（Muhammad Muqim Al-Yazdi），为阿拔斯二世沙阿打造的星盘，1647年/1648年，黄铜，直径30.7厘米，牛津大学科学史博物馆

上图：穆萨，球形星盘，1480年，黄铜，东方伊斯兰教，直径9厘米，牛津大学科学史博物馆

质，见证了信息的不断更新。他们的观点转变得很快，对正统观念提出了挑战。开普勒的思维方式并非基于球体，而是基于追踪行星轨道。他的线性观点恰如其分地强化了浑仪的确切形式——一种被轨道环的物理形式所包围的、存在于心理上的结构。

牛顿的力学定律将赋予那些跟随他的脚步的人一种新的信心。现在，我们可以理解质量以及重力。后来的19世纪的工业特征的基础就是从这种原始的自信中产生的，比如，铁路建筑或铁桥的宏伟。在机器时代的动力推动下，帝国可能带着同样确定的理性思维进行扩张。例如，对印度次大陆的管理不仅需要统一建立铁路系统，还需要印刷时间表，使人们确信铁路系统像钟表一样精确运转。帝国的核心有一个嘀嗒作响的机制。即使在安提基特拉机械中也很明显地存在着这种发条装置，但后来被平衡弹簧所取代。在这个问题上，胡克与惠更斯进行了争论。英国皇家学会的讨论从弹簧的精巧到胡克和罗伯特·玻意耳的燃烧实验，可谓一路领先，工业革命的推动力就是以此为基础的。

随着知识的激增而来的是分享和传播知识的责任。曾经，一位学者可以在他的塔楼里，就像波罗的海岸边的哥白尼一样，本着知识进步的精神，设计出一篇完美的论文来挑战中世纪世界的戒律；但到了18世纪，人类可以制造出符合已知的行星运动规律的整个太阳系的机械模型。这种机械模型的成倍生产是为了取代像哈里森钟表那样令人惊奇的仪器，当局一直坚持要再生产这种仪器，以免其独特的工作原理随着制造者的去世而消失。这个制作精美的仪器将成为一个可以进行再生产的对象，并通过它来传授知识。浑仪的研发创造了更多复杂的东西，这些东西对正在进行研究工作的天文学家来说并没有什么新意，但却可以成为他们宝贵的演示工具。到1730年，一个被视作天象仪的仪器已经建成，它使用了一系列铜环来跟踪水星、金星、火星、木星和土星围绕太阳的运动，并有四个单独的细环充当木星的卫星。该仪器提供了关于行星的直径、它们与太阳的平均距离及其自转周期的数据。

太阳系仪代表了18世纪机械巧思的另一个阶段，也代表了18世纪的更大改进。早期的这些完成的天文陈列品由乔治·格雷厄姆在1710年左右制造，其中一个由格雷厄姆和汤皮恩共同署名，展示了钟表制造传统的进一步应用。这个名字来源于第四代奥尔里伯

爵查尔斯·玻意耳（Charles Boyle），他从伦敦的一个制造商查尔斯·罗利（Charles Rowley）那里委托制作了这样的仪器——可能是格雷厄姆原件的复制品。后来的格雷厄姆和汤皮恩模型是通过转动箱体侧面的把手来驱动的。[7]太阳系仪可以在一个像桌面一样大的平面上再现行星运动，上面通常安装着黄铜轨道环。1766年德比的约瑟夫·赖特（Joseph Wright）画了一幅画，完整标题是《一位哲学家就太阳系仪（其中太阳的位置用一盏灯表示）发表的演讲》（*A Philosopher Giving a Lecture on the Orrery in which a Lamp is Put in Place of the Sun*）。仪器的既定目的是教学。哲学家的听众在光影中呈现出来，其中包括小孩子。这幅画像最初是由来自德比郡的业余天文学家费勒斯伯爵（Earl Ferrers）购买的，他也是画中所描绘的人物之一。赖特将被灯光照亮的人物形象作为画面的中心，以此用通常用来暗示宗教或《圣经》光环的视觉语言来代表新科学的主题。据说费勒斯伯爵拥有自己的太阳系仪，不管他是否拥有真挚的好奇心，这个太阳系仪都会赋予伯爵知识分子的地位。转动把手或上发条的动作可以让一个人在这一瞬间掌握自己的宇宙模型。这种仪器摆放在大宅院的入口大厅里会显得非常华丽，比如亚当兄弟于1750年建造的邓弗里斯庄园，在那里，太阳系仪的华丽程度足以与奇彭代尔的家具相媲美。牛津大学万灵学院的图书馆里有天球仪和地球仪，两者之间有一个巨大的太阳系仪，[8]象征着现代学问的内部圣殿。这只是建立当代天文馆所迈出的一小步，这也是一种对"我在哪里"这个原始问题的回应。在天文馆的穹顶上目睹了夜空的运动之后，这个问题中的"我"会渐渐消失，变得无足轻重。观众被穹顶的奇妙所震撼的表情，与簇拥在赖特代表太阳的灯光下的人物流露出的崇敬之情相呼应。

教学工具越大，其效果就越明显、越令人敬畏。望远镜越精确、越明亮、越有威力，人们对通过望远镜看到的天体的兴趣也就越浓厚。

随着望远镜的日臻完善，对月球表面的真实质量或太阳系最深处区域的性质的思考也会变得更加直接，使身处第一线的观测者热情更盛，正是这种热情促使他们在夜间的工作中发现奇迹。

1779年，威廉·赫歇尔在巴斯的大街上架起2米长的反射望远镜，这台望远镜的能力远远超过了一台业余仪器的范畴，路人

第145页图：四臂支撑地平环的浑仪，刻有风的名称、十二星座和月份的名称，显示月轴的运动、太阳和月球的球体和月相，以及显示极圈、热带、赤道和四条子午线的地球仪，约1675年，黄铜，高：39.4厘米，国家航海博物馆，格林尼治，凯尔德收藏

使用这台望远镜看到的月球比他所见过的任何月球景色都要清晰。这不是一台普通的望远镜，而是威廉·赫歇尔自己制造的仪器，而他本人也不是一位普通的观月者。月球已经成为18世纪中期启蒙者的流行主题。包括约书亚·威治伍德（Josiah Wedgwood）在内的一众爱好者在月光社的主持下聚集在伯明翰，月光社通常在满月之夜召开会议。哲学家、植物学家和科学家聚集在一起，宣传他们的各种探索。约翰·罗素的一幅大型色粉画，画的是凸月，现在还挂在该协会的聚会地点——位于伯明翰汉兹沃思的索霍会馆。罗素对月球的描述与一个世纪前卡西尼的描述类似。事实上，罗素的色粉画和随后的雕刻作品构成了卡西尼与一百年后摄影揭示的真相之间的过渡。

威廉·赫歇尔当晚在街上与威廉·华生的相遇纯属巧合。驻足的威廉·华生（William Watson）是皇家学会秘书威廉·华生爵士的儿子。约瑟夫·班克斯爵士（Sir Joseph Banks）这位新当选的学会会长对这位在巴斯引人注目的人物的故事很感兴趣。赫歇尔完全是一位自学成才的音乐家，他于18世纪50年代从汉诺威移居英国。1766年，赫歇尔被任命为巴斯一座新教堂的管风琴师，他当时与妹妹卡罗琳住在那里，周围摆满了光学仪器。由于他无法获得建造自己的反射望远镜所需的镜片或反射镜，他决定自己制造。赫歇尔早先试图制造带有巨大管子的折射望远镜，但失败了。他的第一台反射望远镜有一个15.2厘米的反射镜。这种凹面镜是利用锡和黄铜合金铸型而成的，然后由赫歇尔亲手研磨和抛光。他的2.13米仪器的放大倍数将超过225倍。

赫歇尔通过仪器的第一个认识是，极星实际上是由两颗恒星组成的；此外，除了观测月球，他还开始了对"双星"的系统编目。到了1781年，他被皇家学会和皇家天文学家内维尔·马斯基林所熟知。同年春天，赫歇尔注意到了一颗（他以为的）彗星的出现。

在3月至4月，赫歇尔一定慢慢地意识到了他的实际观察所获得的巨大成果，但他小心翼翼地没有夸大自己的发现。与彗星不同，这个移动的光点没有尾巴。在格林尼治，马斯基林证实了这一发现，并在4月写信给赫歇尔，祝贺他发现了一颗新的行星。之后，赫歇尔在英国皇家学会发表了一篇题为《彗星的描述》

（*An Account of a Comet*）的论文。到了月底，热心的彗星猎人查尔斯·梅西耶（Charles Messier）也从巴黎给他写信，表达了更多的祝贺。在与汉诺威的同胞乔治三世成功会面后，赫歇尔从乡下乐师被提升为宫廷天文学家。第二年，他成为皇家学会的会员。国王成了赫歇尔的盟友，并且成了赫歇尔在望远镜的规模上越来越雄心勃勃的计划的助力。这颗自托勒密时代以来首次被发现的新行星，以国王的名义被命名为"乔治王星"。为了符合国际命名法，它后来被命名为天王星，以希腊天空之神和克洛诺斯之父的名字命名。天王星距离地球31.6亿千米至25.8亿千米，是地球与土星距离的两倍多。这颗行星环绕太阳一圈需要超过84年的时间。赫歇尔将我们所了解的太阳系的界限延伸到了目前我们知道的最远的行星。绘制在图表上的人类知识的增量曲线骤然上升。

在不到三年的时间里，赫歇尔就发现了466个星云，其中许多星云远在银河系之外。在1785年发表的论文《论天空的构造》（*On the Construction of the Heavens*）中，他解释说，星云并不是以前存在的某个事物的残余碎片，而是新的、正在出现的恒星不断被创造出来的证据。这些星云表明，创造是一种诞生和衰落不断流动变化的情况。宇宙在不断变化。这一观测结果是20世纪初天文学结论的基石，除此之外，赫歇尔还指出，他打算建造一台更大的望远镜。这个12米的巨型望远镜花费了4000英镑，这是一笔巨大的开支，之后于1789年在斯劳附近的一个地点完工。它围绕着一个巨大的木制龙门架而建，只需两个人就能转动。作家理查德·福尔摩斯（Richard Holmes）在描述赫歇尔的时候使用了一个被绑在木质结构的横梁上的人的形象。¹⁰赫歇尔将一个殉道者的信念和一个被绑在桅杆上的航海家的决心结合在一起，以此度过最猛烈的风暴。该望远镜直径为1.5米，有三面巨大的反射镜，直径分别为91.4厘米、122厘米和127厘米，每个重达半吨，利用驳船运到泰晤士河上。现在，在格林尼治山顶的皇家天文台的院子里，有一个管子的遗迹。巨大的仪器使赫歇尔发现了土卫一，它的直径只有396千米，在最大的海洋最远的海岸上看只是一个针尖大小的光点。

艺术家约翰·罗素是赫歇尔的热情的受益者之一，他于1788年被选为皇家艺术学院的色粉画画家，刚好与赫歇尔时代的宏伟

第147页图：理查德·格林尼（Richard Glynne），天象仪，1710—1730年，黄铜，68.8厘米×48.8厘米，国家航海博物馆，格林尼治，凯尔德收藏。它展示了已知的围绕太阳的行星（到土星为止），一块中心板支撑着太阳和水星环、金星、地球和月球，还有一个带着火星环、木星和土星的浑仪；木星周围环绕着四颗带有细环的卫星；图表显示了太阳相对于地球的明显运动，并提供了行星的平均距离和自转周期

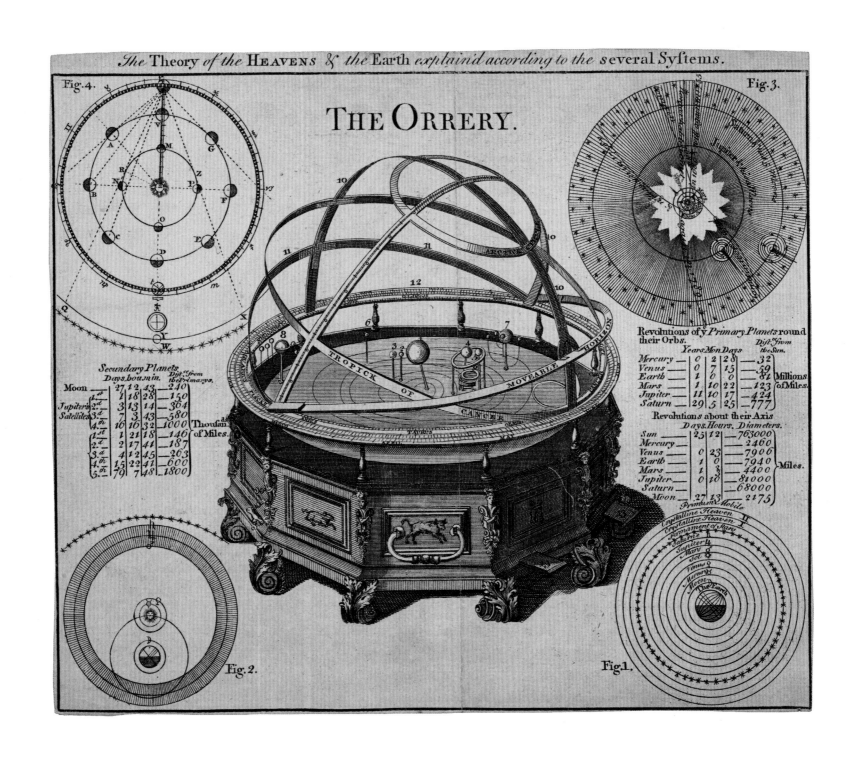

上图：朴茨茅斯（可能）的托马斯·赖特，《太阳系仪》（*The Orrery*），1749年，19.2厘米×22.7厘米，为约翰·辛顿（John Hinton）的
《环球知识与快乐杂志》（*Universal Magazine of Knowledge and Pleasure*）所作，国家航海博物馆，格林尼治，凯尔德收藏。描绘了一个
有十二面基座的太阳系仪，显示了黄道十二宫的标志，其中包含齿轮装置，上面还有一个浑仪

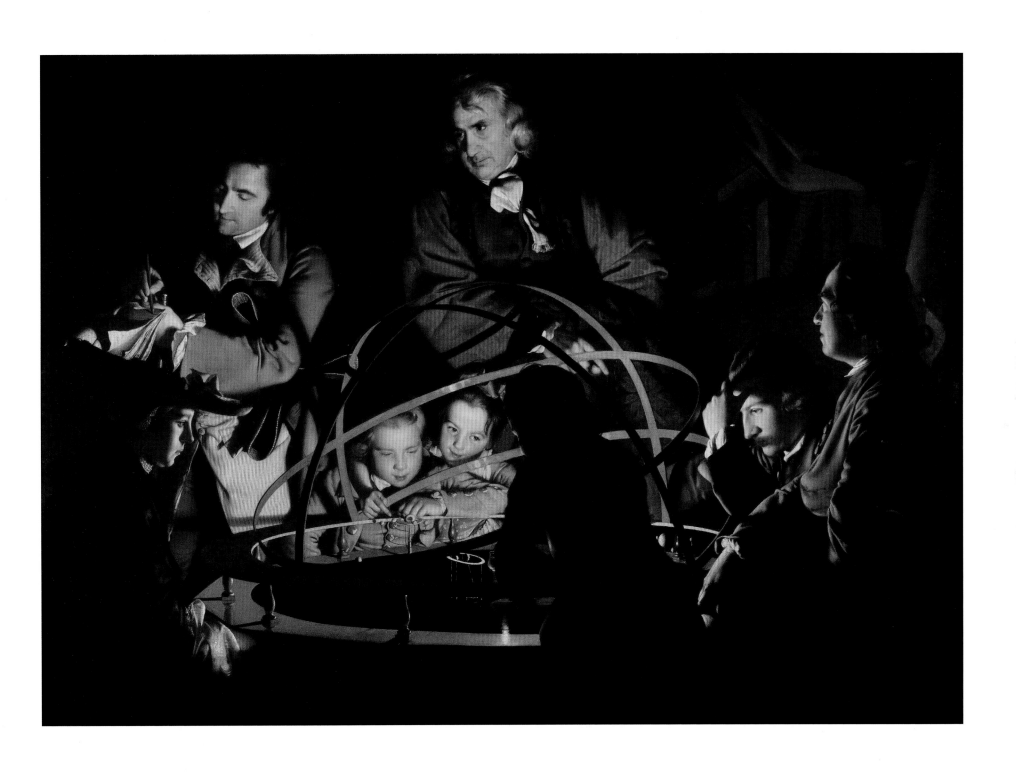

上图：德比的约瑟夫·赖特，《一位哲学家就太阳系仪（其中太阳的位置用一盏灯表示）发表的演讲》，
1766年，布面油画，14.7毫米×20.3毫米，德比博物馆与艺术画廊

无畏相吻合。在18世纪80年代的某个时候，赫歇尔送给了罗素一台反射望远镜，他还有一台杜兰制造的折射望远镜。到1790年，罗素进入了宫廷；在为夏洛特王后和威尔士亲王绘制了肖像后，他被授予了皇家头衔。1795年，罗素制作了一张赫歇尔本人的肖像画，手中拿着一张标有天王星的星图。1789年2月，他在写给牛津雷德克里夫天文台天文学家托马斯·霍恩斯比博士（Dr Thomas Hornsby）的一封长信中，解释了他从正式的肖像画向描述月球研究的挑战的转变。"大约25年前，我第一次通过望远镜看到了月亮，现在回忆起来，那一定是在上弦月出现后的第二天；你能想象得出来一个熟悉光影的年轻人在看到月亮的这种状态时会多么震撼吗"，他写道，"我可以画出一幅在某种程度上与我第一次通过望远镜看到凸月时的感觉相对应的画作；这可能会给那些仔细观察过它的人带来一些乐趣……"11

如信中所述，罗素是从一个艺术家的角度出发的，他提到了自己的感受。他解释说，他后来检查了赫维留斯和里乔利所绘制的月球图的复制品，然后，由于罗素未能成功地获得卡西尼版本的复制品，他讲述了自己在伦敦见到卡西尼本人，后者向他展示了那幅月球图的场景；他对此印象深刻。罗素注意到，根据太阳的位置或角度，月球表面地形的定义发生了相当大的变化。他相信，在适当的光线下，那些很容易被人想象成海洋的光滑表面的东西会展现出来，并且会让我们看到进一步的细节。罗素看到了在区分光照和阴影区域方面进行努力的可能性，并描述了他如何进行了一些准备性的绘画工作。牛津大学科学史博物馆收藏了一本对开的相册，里面有180张罗素从1764年到1805年通过望远镜直接观察到的月球铅笔画。这些图画都是罗素用被称为拜罗姆速记（一种18世纪的方法）的奇怪字体记下的。虽然描绘的细节不完整、零碎杂乱，但这些图画却非常壮观。

罗素原本打算绘制一张满月图，但此时可见的立体细节不如他最初在上弦月出现的第二天目睹的那些细腻。他就像一个在暗室里的摄影师，寻找着对比度最大的点，借此提高清晰度。罗素的铅笔画变成了为绘制月球的完整表面图而寻找最佳光线的研究，他要按照他自己的规格，混合了14种不同的颜料，绘制成色粉画。他为实现这一雄心壮志做出了进一步的努力——在计算距离

时保持严格的一致性。罗素解释了他是如何发明测微计的：

> 眼睛是可以被欺骗的。由于我想尽可能地接近完美，就会被引导着去测量尽可能多的部分的距离，将它们放在正确的位置上……在我在望远镜短管的焦点上放了一根紧绷的头发，而在这根头发上标记着不同大小、不同距离。标尺放在纸上，固定在一定距离之外的墙上，我已经通过这个标尺确定了标记的大小，以及每个标记之间的距离。

罗素引入了一套三角测量线和距离的系统，他在后来的一些铅笔素描上面用红墨水将其画了出来，但除了他自己的"紧绷的头发"法，我们不知道他是否使用了更多的方法来追求最大限度的准确性。罗素的巅峰之作是一幅现在挂在牛津大学楼梯间的作品，在精心装裱的约翰·夏尔丹爵士的肖像下面。这幅色粉画尺寸为132厘米×152.4厘米，画的是上弦月，这是一个观察记录的伟大壮举，背景是深蓝色的，这是一种艺术家的美学选择。

罗素在30年的月球研究中没有表现出任何经济方面的动机，后来他意识到，创造一个月球仪有潜在的商业应用。通过制作一系列由铜版印刷的12个精雕细琢的图块，他可以覆盖半个球体，再现月球的可见面。罗素制作了一些小册子来推销这个美丽的东西，但它生产出来的数量很少。这些小册子的价格为5基尼，可以通过订阅方式提前购买，就像在印刷前订购一本精美的建筑书一样。该仪器直径为30.5厘米。上了色的漆面图块贴在一个混凝纸核心上，上面覆盖着石膏，安装在一个黄铜框架中。球体的背面是月球的暗面，仍然是一片空白。框上有一个小的地球圆球体，上面有各大洲的轮廓，并与黄道呈一定角度倾斜，这样就可以计算出月球和地球的相对运动。仪器上绘制了月球赤道和本初子午线，但没有标出刻度。虽然上面描绘了月球的陨石坑、海洋和山脉，但没有任何名称。这个罕见而精致的球体仪器被称为月球仪。

1959年，由无线电控制的苏联太空探测器"月球3号"拍摄了地球上无法看到的月球远端的第一张照片，从某种程度上说，这张照片使月球的这一不可见的半球失去神秘感。其中许多照

第151页图：约翰·罗素、威廉·赫歇尔爵士，约1795年，板上油画，25.5厘米×22厘米，国家航海博物馆，格林尼治，凯尔德基金会

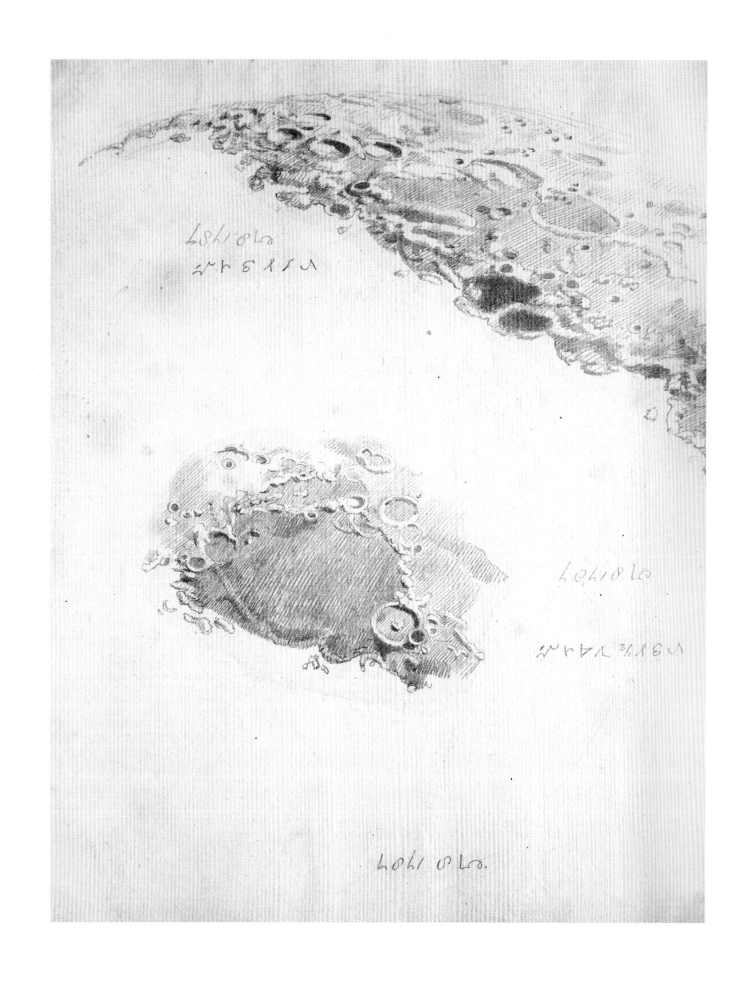

上图和第153页图：约翰·罗素，月球的详细研究，1764—1805年，铅笔画册，47.7厘米×31.5厘米，牛津大学科学史博物馆

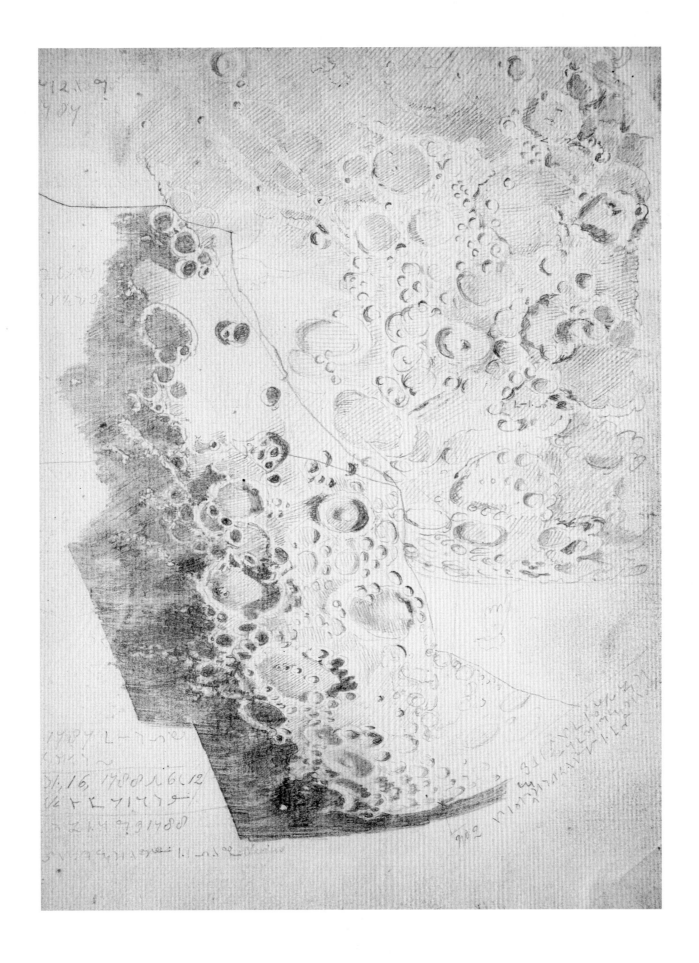

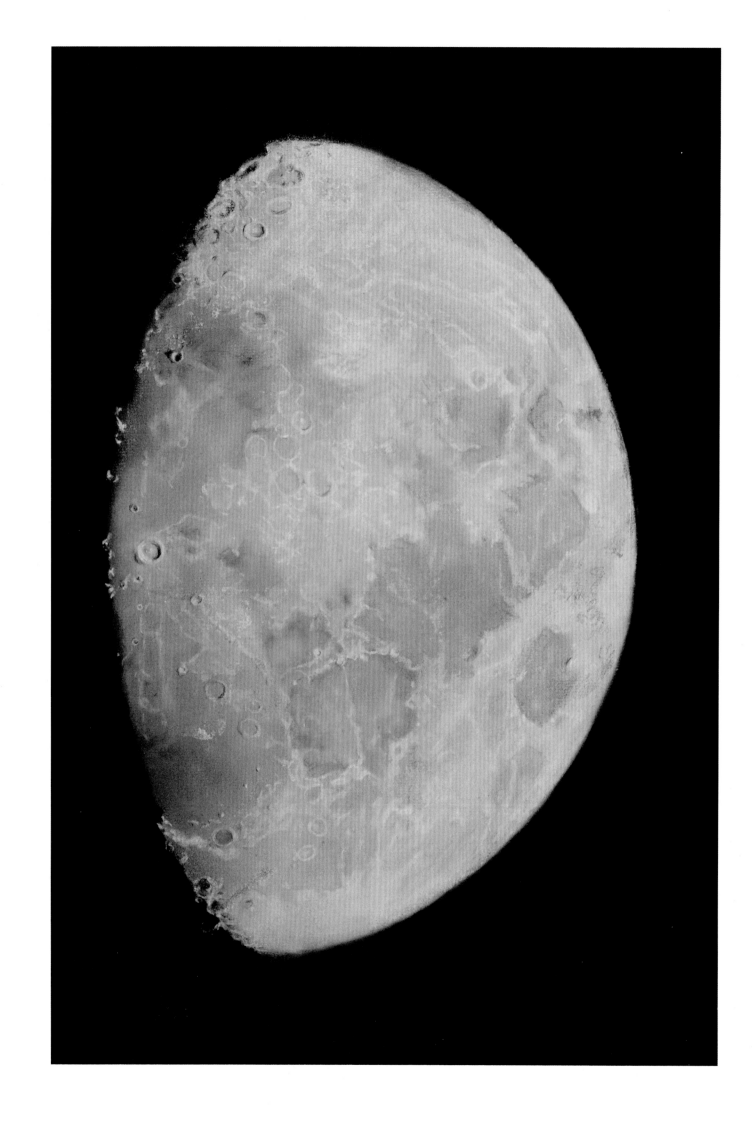

第154页图：约翰·罗素，《月球》（*The Moon*），1787年，纸上色粉画，54.5厘米×37.3厘米，国家航海博物馆，格林尼治，凯尔德收藏

上图：约翰·罗素，《月球》，1795年，安装在木板上的纸上色粉画，1.22米×1.82米，牛津大学科学史博物馆

第156页图：约翰·罗素的月球仪的X光片，国家航海博物馆，格林尼治，凯尔德基金会

第157页图：约翰·罗素，月球仪，带有小地球仪，1797年，混凝纸核心上的雕刻图块，安装在了黄铜半球上，直径4.75厘米，国家航海博物馆，格林尼治，凯尔德基金会

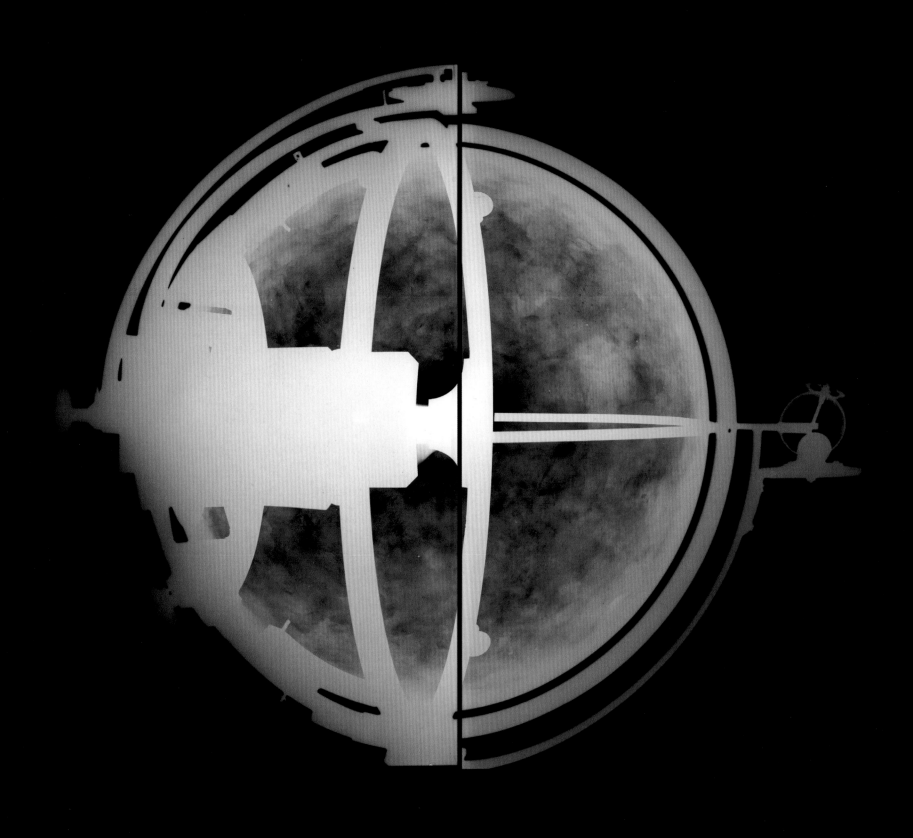

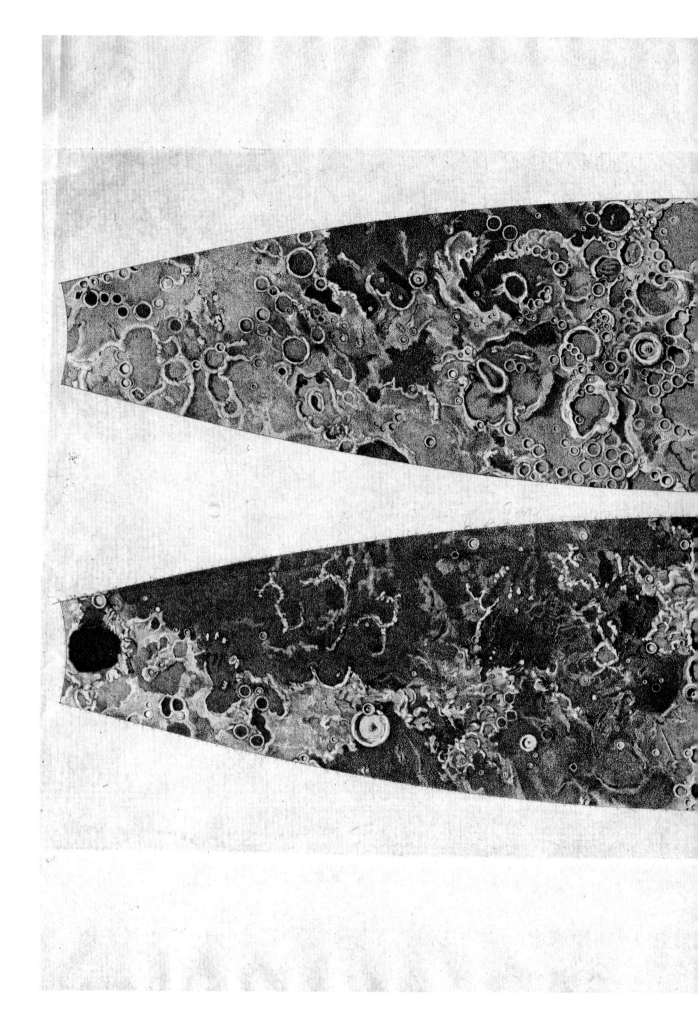

第158—159页图：约翰·罗素，为制作月球仪而雕刻的图块，1797年，牛津大学科学史博物馆

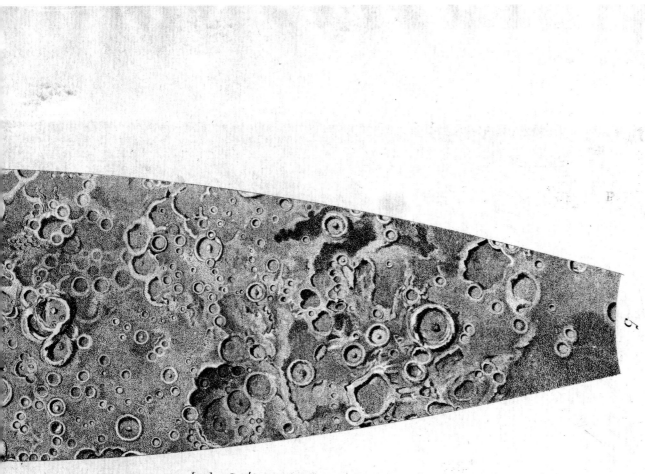

London. Pub.d by I. Russell Newman Street _ June 14th 1797.

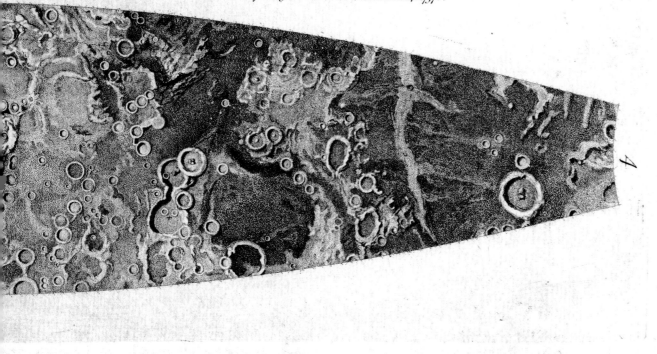

上图：约翰·罗素，《月球平面》(*Lunar Planisphere*)，直接照明下的月球，1805—1806年，雕刻作品，40.6厘米×40.6厘米，私人收藏

上图：约翰·罗素，《月球平面》，斜射照明下的月球，1805—1806年，雕刻作品，40.6厘米×40.6厘米，私人收藏

片被成功传回地球。因此，1961年，苏联人得以制作出第一个显示月球全貌的月球仪。这个月球仪的细节据说不如罗素的版本。[12]

罗素的最后一项事业在他1806年去世后取得了实质性的成果。两幅由罗素雕刻的月球图由他的儿子印刷。这两幅图都是40.6厘米×40.6厘米，实现了罗素在给霍恩斯比的信中暗示的他最终会回到描绘满月状态的愿景。通过制作这两幅月球图，他可以抵消光线变化的影响。罗素解释说："第一幅图展示了月面正好背对太阳的准确视图，由于没有影子，无法确定月球表面的起伏，每一个因局部的颜色或其他迄今无法解释的原因而产生的复杂部分都充分地表现了出来。图中的月球处于天平动的平衡状态。"他介绍说，第二幅图中"描述的月球视图与第一幅图相同，但太阳的光线是斜射在上面的。因此，虽然因为月球的各个部分都会相继接近照明区的边缘，所以这一视图都能适用，但在任何时候都无法一次性展现出满月的球形形态"。他还表示："从月球照明的这种简单的变化来看，月球表面显然几乎发生了彻底的变化。许多在满月时无法辨别的斑点出现了，而另一些斑点则完全消失了。"[13]第一幅图被慷慨地献给了马斯基林，第二幅则献给了赫歇尔，但它们的销售情况并不乐观。1809年，罗素的儿子又出版了一本相关的介绍手册，希望能借此提高销量。2016年，这两幅画在伦敦经佳士得拍卖，轻松地拍出了六位数的价格。罗素的这些终版月球图的质量不仅可以与卡西尼的工作媲美，甚至可以超越他。

虽然牛顿在1727年就去世了，但他的影响仍然存在。随着18世纪接近尾声，牛顿仍然是他力求证明的理性思维实践的代表人物。牛顿提出了一种数学秩序，使观察的定律能够应用于质量像行星一样大的实体。现在人们认识到了引力，它不仅仅是一种会出现在地球上的现象。地球以太阳为轴心旋转，我们通过这些定律来明确了这种运动。牛顿标志着一个理性时代的开始，因此他的卓越地位得到了加强，而他自己还身处早期时代的神秘潮流中。牛顿在晚年对作为神圣比例象征的所罗门圣殿产生了浓厚的兴趣，他不仅仔细研究了《启示录》（Book of Revelations），还在图书馆里摆满了关于炼金术的书卷。他站在理性与神秘力量的分界线上，以精确性为基准实践理性方面的活动。然而，在牛顿死后对他的头发进行的分析显示，他的头发含汞量很高，这说明他不是在从事数学工作，而是在从事神秘的炼金术方面的工作。

1784年，在这位伟人去世50多年后，法国有远见的建筑师艾蒂安-路易斯·部雷（Étienne-Louis Boullée）为牛顿设计了一座纪念碑。当时正值法国新古典主义时代，就纪念碑的规模来说，部雷的设计夸大了古典秩序，无论是以何种形式。在借鉴考古学先例的同时，他创造了一种风格，这种风格将为未来极权主义文化所崇敬，渴望建立一个永无止境的帝国。虽然纪念碑没有建成（而牛顿已经在威斯敏斯特教堂地下长眠），但部雷的精美水彩画却广为流传。他的概念结合了球体的完美（高度为152.4米，规模比胡夫金字塔还要大）以及昼夜平衡的象征。牛顿的石棺位于巨大的穹顶之下的中心位置，穹顶的屋顶被打穿，以便让光线进入。部雷曾设想过一个类似于静态天文馆的空间，而散射光照明可以重现夜空的景象。月光是否能充分穿透石棺，将银色的光束洒在石棺上，这仅仅是一个假设，但在正午时分，石棺内的球形室仿佛被最亮的星星照亮一样。相比之下，天黑的时候，悬挂在屋顶中央的巨大球形物体散发出的奇怪光芒会照亮穹顶，形成一个非常壮观的浑仪。

通过镜头的光效将改变下一个时代。伴随着摄影这种新语言的出现，图像的激增也随之而来。曾经的年轻人们坐在哲学家和他的灯光下，而现在拥有社会良知的维多利亚时代的人们可以将关于太阳和月亮的性质，以及所有来自太空深处的光芒的知识传授给更广泛的民众。投影灯和挂图完美地反映了这一社会使命，而影印技术也随之而来。以前曲高和寡的天文知识现在可以广泛传播。继罗素的月球研究色粉画之后的是由英国工程师和业余天文学家休·威尔金斯（Hugh Wilkins）在1951年完成的一幅7.6米的手绘月球图。这幅图由23块画板精心绘制而成，历时14年，代表了太空飞行时代之前月球制图的最后范例。

在我们这个时代，北爱尔兰阿马天文馆的天文学家们又重新使用太阳系仪这一奇迹，将其作为一种教学工具，让广大公众参与其中。参观者不是围着这个伟大仪器观看运动，而是亲自扮演天体的角色，成为这个伟大仪器的一部分。他们可以跟随弧线和轨道，在像操场一样大的空间里非常精确地从一个星球跳到另一个星球，与这一和谐的现象形成共鸣。

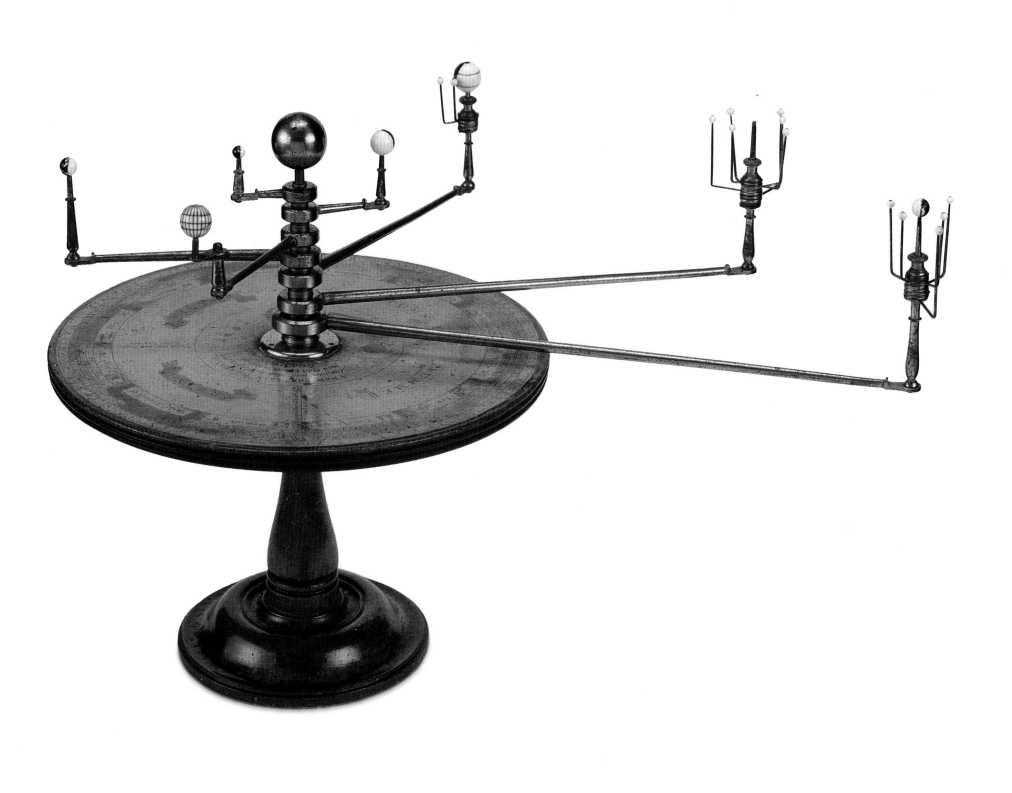

上图：威廉·琼斯（William Jones），天象仪，或便携式太阳系仪，1798—1830年，黄铜、木材、纸和象牙，23厘米×27厘米×20厘米。

太阳系仪展示了新发现的天王星和一颗彗星，据说它是属于玛格丽特·马斯基林（Margaret Maskelyne）的，她是第五任皇家天文学家内维

尔·马斯基林的女儿。国家航海博物馆，格林尼治

上图和第165页图：艾蒂安-路易斯·部雷，《艾萨克·牛顿纪念碑设计图》1784年，纸上水墨画。法国国家图书馆，巴黎

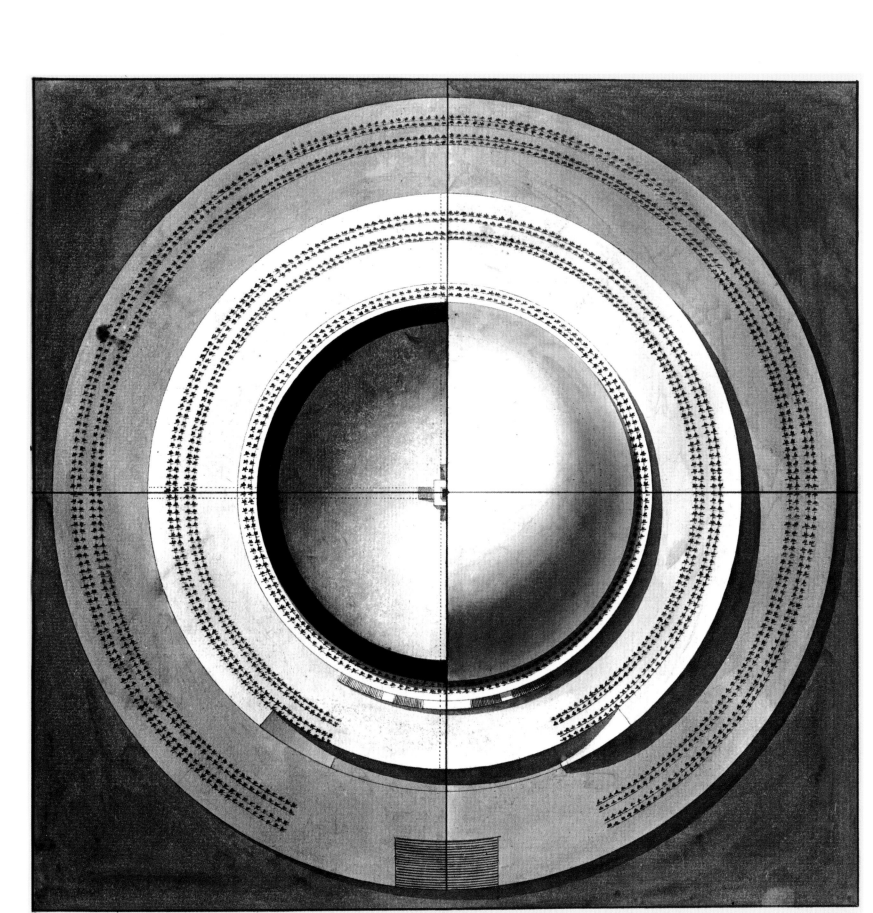

PLAN DU CÉNOTAPHE DE NEWTON

n° 14

上图和右页图：艾蒂安-路易斯·布利，1784年为艾萨克·牛顿设计的纪念碑，纸上水墨。法国国家图书馆，巴黎

167

上图：牛顿联合公司（Newton and Co.），解释大潮和小潮原因，以及月相的幻灯片。大潮发生在新月或满月之后，此时潮差最大；小潮发生在上弦月或下弦月之后，此时潮差最小，约1850年，24.7厘米×15.4厘米×12厘米，国家航海博物馆，格林尼治

第169页图：牛顿联合公司，展示日食的幻灯片，包括金星凌日，约1850年，国家航海博物馆，格林尼治

No. 9.

This Diagram shows the various Eclipses of the Sun with the transit of Venus.

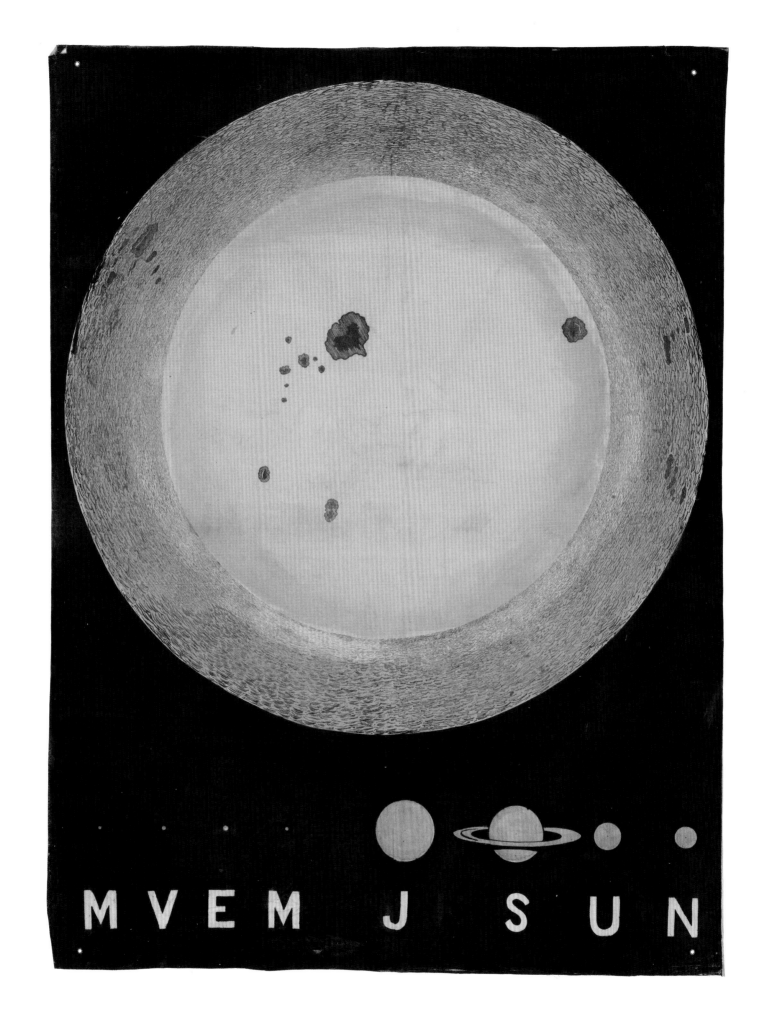

上图：工人教育联盟，《直径为3英尺的太阳，以及行星的大小比较》(*The Sun, 3 ft Diameter, & Comparative Size of Planets*)，1850—1860年，9幅棉布平版印刷壁挂图之一，可能是为了避免纸税，供慈善组织在讲座上使用，以扩充工人阶级的知识储备，121厘米×90.5厘米，国家航海博物馆，格林尼治

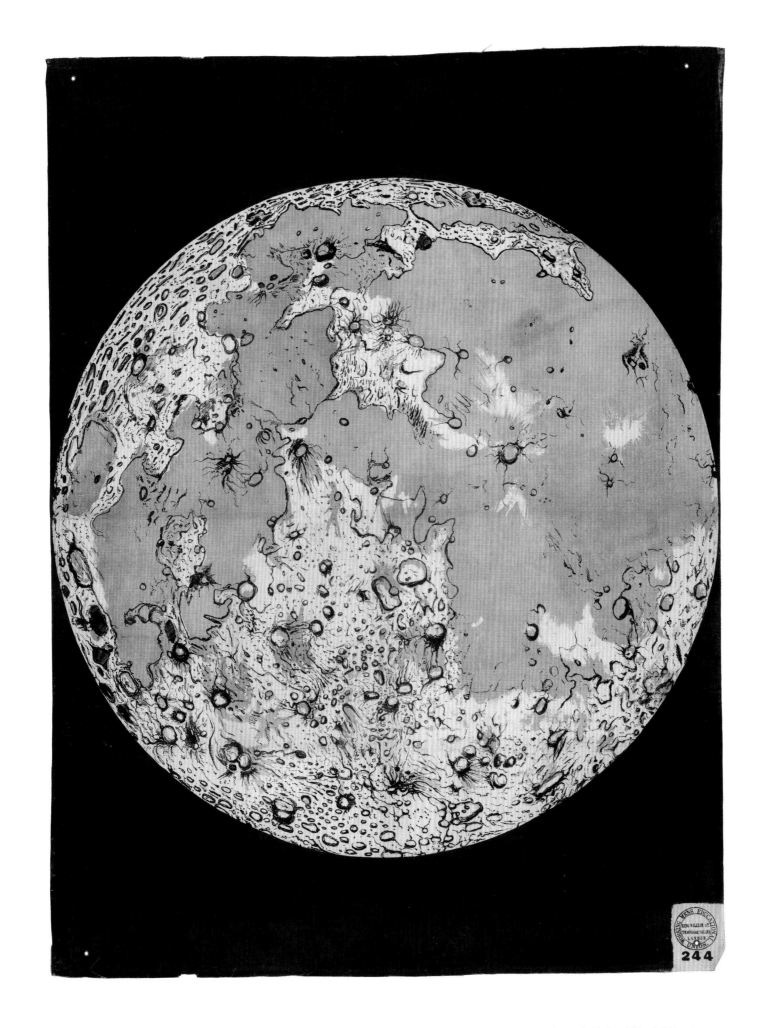

上图：工人教育联盟，《望远镜下的月球外观，直径为3英尺》（*The Moon, Telescopic Appearance, 3 ft Diameter*），1850—1860年，9幅棉布平版印刷壁挂图之一，121厘米×90.5厘米，国家航海博物馆，格林尼治

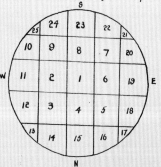

300 INCH

MAP OF THE MOON

DRAWN BY

H. PERCY WILKINS. F.R.A.S.

Director of the Lunar Section of the British Astronomical Association from 1846.

Hon. President of the Sociedad Astronómica de España y América, President Cardiff & District Astronomical Society, Fellow British Interplanetary Society, Memb. American Assn. Lunar & Planetary Observers, &.

THIRD EDITION - 1951.

100 in. REPRODUCTION IN 25 SECTIONS.

The details shown on this map have been taken from the finest photographs, drawings by the most eminent observers and as the result of personal observations, commencing in 1909, with telescopes of various apertures, including a first-class reflector of 15¼ inches aperture. Based on the measures of Saunders & Franz, supplemented by those of the Author. To the advancement of Selenography and to the immortal memory of Mayer, Schröeter, Lohrmann, Madler, Schmidt, Neison, Elger, Goodacre, Pickering and all the selenographers who by their labours in the past have advanced our Knowledge, this work is dedicated by the Author. Orthographic Projection at Mean Libration. Scale 21·6 miles per inch. Two Libratory Sections.

KEY:- ⊕ Craterlet, ⊙ Craterpit, ⊕ Cratercone, ○ Hillock, ╼ Clefts, ══ Ridges, ······ Light Streaks, ▒ Dark Variable Spots. Sections numbered as on Index Map below.

上图：休·珀西·威尔金斯（Hugh Percy Wilkins）绘制的762厘米《月球图》（*Map of the Moon*，1951年）的扉页，该图最初是手绘的，被视作太空旅行时代之前月球制图的伟大成就之一，国家航海博物馆，格林尼治。威尔金斯是一位来自威尔士拉内利的业余工程师和天文学家，他搬到了肯特郡，并在花园里放置了一台自己建造的望远镜。它的直径为31.8厘米，长度为3.81米，为了减轻重量，管子是用胶合板制成的。这幅图花了14年的时间才制作完成。1955年在美国出版了袖珍本。月球上的威尔金斯环形山就是以他的名字命名的

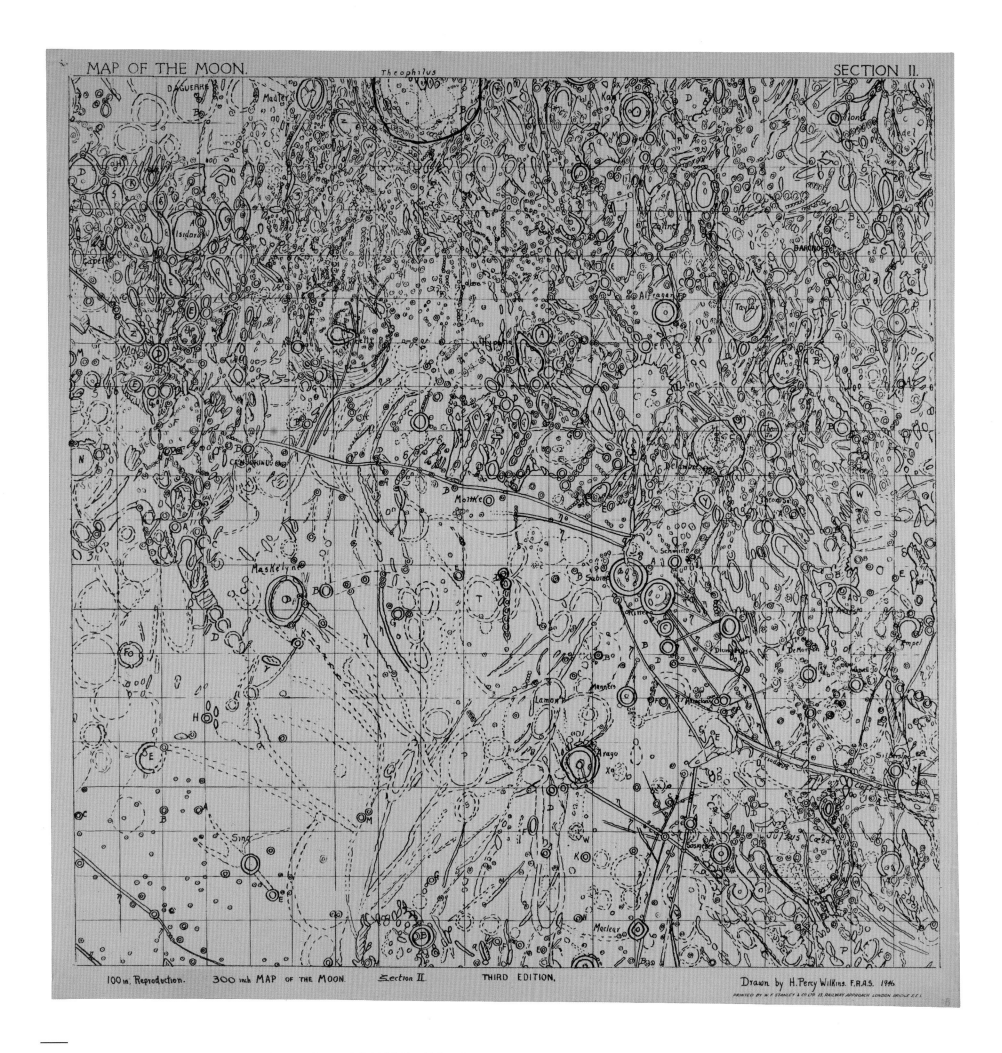

上图：休·珀西·威尔金斯，《月球图》部分内容，1951年，国家航海博物馆，格林尼治

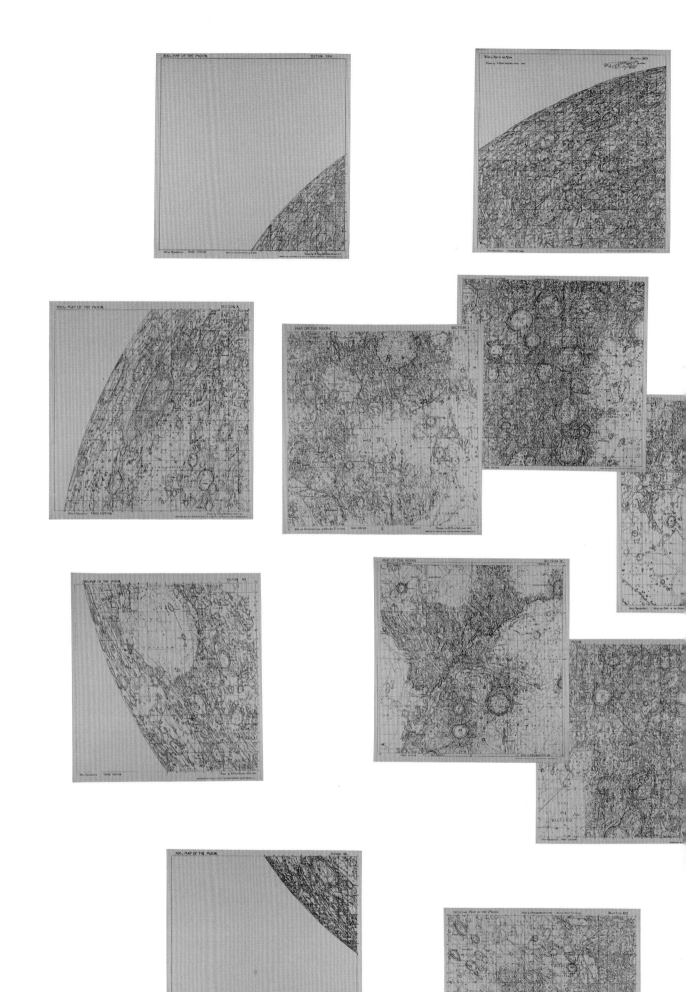

第174—175页图：休·珀西·威尔金斯，《月球图》完整内容，
1951年，国家航海博物馆，格林尼治

175

上图：太阳圆片，太阳系仪，阿马天文馆，北爱尔兰，奥林巴斯。这个太阳系仪显示了地球和太阳系中五颗自最早观测以来就已知的行星（水星、金星、火星、木星和土星），以及小行星谷神星和两颗彗星（哈雷彗星和恩克彗星）的位置和轨道。这些轨道用圆形钢片表示。从一个钢片到另一个钢片的运动表示水星、金星和火星的间隔为16天，木星和土星的间隔为160天。中心的太阳圆片代表太阳。圆片上刻有变量，r代表与太阳的距离，测量单位为天文单位（AU），L代表黄经的角度，f代表实际的近点角。比例为1米对应1个天文单位AU，或1:1500亿

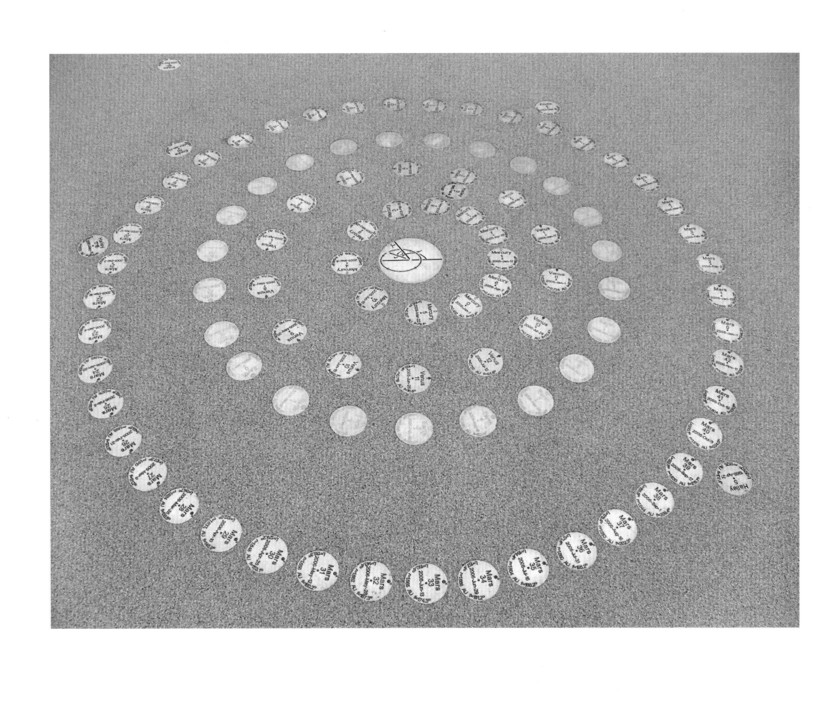

上图：太阳系仪，阿马天文馆，北爱尔兰

IV

相机和望远镜

威廉·赫歇尔在斯劳郊外的12米望远镜是一个重要地标，甚至在当时的英国地形测量局绘制的地图中都有标示。望远镜所在的赫歇尔的观测楼离温莎王室所在地很近，吸引诸多游客蜂拥而至。但是到了1840年，在这个伟大的仪器建成51年后，赫歇尔的儿子约翰已经安排将其拆除，当时他已经是一位杰出的天文学家。约翰担心支撑的木材现在已经腐烂，可能会倒塌，再加上他年轻的家人也在场，便显得愈发危险。他举行了一个仪式，以纪念这个代表他父亲最伟大的愿景的标志。约翰·赫歇尔（John Herschel）画了一系列铅笔画，展示出巨大的管子躺在散落的木头中的姿态，背景是观测楼。这幅画是用一种明箱（Camera lucida）绘制的，其原理可以追溯到开普勒时期。明箱由一个安装好的棱镜组成，艺术家可以通过棱镜同时看到描绘的场景和他正绘制在纸上的图像。明箱已于1807年由威廉·海德·伍拉斯顿（William Hyde Woolaston）获得专利，并得到了广泛使用。

赫歇尔的摇摇欲坠的望远镜管的画作标志着一个在光学层面上意义非凡的主题与通过一个小型光学装置的感知到的它的内容相吻合。他的观察和绘画方式与他的兴趣一致。在前一年，也就是1839年，在赫歇尔离开南非数年后，他用照片记录了望远镜的木质结构。在南非期间，除了植物学研究，赫歇尔还对恒星和星云进行了编目。望远镜管已经被放了下来，纵横交错的横梁出现在小小的负片上，高耸入云的姿态仿佛一种大型军事武器，预示着不祥的战争，但里面并没有弹药。在赫歇尔的笔记本上，他记录了使用"消球差"镜头拍摄的画面；经过两个小时的曝光，他在深褐色背景上创造了一幅白色的图像，然后将其冲洗并定影，"制造一个完美的画面，并且可以被拍摄下来"。在一天之内，赫歇尔就尝试从负片上制作出正像，[1]他立即将进展写在信中，寄给他的科学伙伴威廉·亨利·福克斯·塔尔博特（William Henry Fox Talbot）。

赫歇尔与塔尔博特、路易斯·达盖尔和尼塞弗尔·尼埃普斯（Nicéphore Niépce）一样，都是通过一系列事件走向可复制摄影媒介目标的先驱。赫歇尔1839年的照片是第一张用感光乳剂在玻璃负片上拍摄的照片，这一过程将在数字时代到来之际应用于天文观测，并成为后者的基础。赫歇尔在1839年3月向皇家学会发表了一篇关于摄影的论文，随后在1840年2月发表了一篇题为

《太阳光谱射线对银制品和其他物质制品的化学作用》（*Chemical Action of the Rays of the Solar Spectrum on Preparations of Silver and Other Substances*）的论文，[2]在文中他定义了摄影术语"正片"和"负片"。赫歇尔提到了"正像"或"反转像"，他解释说"相机会在白纸上留下一张反转的照片"。"摄影"（photography）这个词是赫歇尔发明的，它在英文中的字面意思是"用光画画"，还有"正片"和"负片"这两个词也是赫歇尔发明的。

媒介的起源很复杂。1826年或1827年，尼埃普斯在索恩河畔沙隆附近使用暗箱，通过曝光涂有沥青的锡板，拍摄出了现存最古老的照片——《在莱斯格拉的窗外景色》（*View from the Window at Le Gras*）。他早期的实验没成功。事实上，这张照片本身一直被认为已经遗失了，直到1952年被摄影历史学家赫尔穆特·盖恩斯海姆（Helmut Gernsheim）重新发现。慢曝光时间曾经被认为需要几个小时，实际上可能需要几天。尼埃普斯把他的过程称为"日光刻蚀法"，也就是用太阳来作画。他与达盖尔合作，寻找一种用相机拍摄永久图像的方法，但他在成功之前就于1833年去世了。

直到1839年1月，路易-雅克-曼德·达盖尔（Louis-Jacques-Mandé Daguerre）才正式向法国科学院展示了他的发明——银版摄影法（达盖尔式摄影法），即在镀银的铜板上用碘蒸汽感光，用水银蒸汽显影，用硫代硫酸钠（当时被称为海波）定影。8月，也就是仅仅8个月之后，在法国科学院和法国美术学院联合会议上，达盖尔对银版摄影法过程进行了解释。他拍摄的主题范围从艺术作品的研究（雕塑作品很上镜），到岩石、化石、以及显微镜和望远镜下的图像。达盖尔的大部分作品在同一年的一场大火中被毁，但在那些给强烈支持达盖尔的巴黎天文台台长弗朗索瓦·阿拉戈（Francois Arago）留下深刻印象的照片中，有一张是关于月球研究的。[3]

在赫歇尔1840年1月提交给皇家学会的论文中，他承认了达盖尔的发现，但也指出他自己早在1821年就主张使用硫代硫酸钠溶剂来进行定影，并且提到了自己在1839年3月发表的论文。赫歇尔断言，最好的照相机需要拥有"平场、在视觉光线倾斜度很大的情况下的精准焦点，且能够完美地消色差"。他指出，这

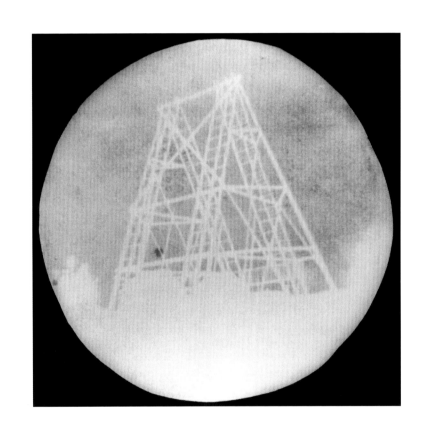

上图：约翰·赫歇尔爵士，《第5号上镜实验图片》（*Experimental Photogenic Drawing 5*），1839年，卡罗法纸版负片显示了他的父亲威廉·赫歇尔建造的望远镜的木质结构，直径9.2厘米，牛津大学科学历史博物馆。约翰·赫歇尔还以相同的视角在玻璃上制作了第一张照相负片，但到现在几乎已经看不见了

项新技术的主要目的是 "在获得一张原版照片之后，可以对其进行无限次的精确复制，且仅凭这一点就可以实现原版照片的出版"。达盖尔的照片 "无法实现这样的复制"。银版照片非常精致，但也是独一无二、无法复制的。

赫歇尔在他的论文中坚定地宣布，他无意干涉塔尔博特在某些相关领域长期以来的主张。塔尔博特是数学家、古典主义者、植物学家和国会议员，他从1824年就认识赫歇尔了，并在1831年参加了一次重要的早餐期间的演示，在这场演示中，他的朋友利用光在铂盐溶液中创造了图案。[4]赫歇尔在第二年的一篇论文中描述了这个实验。[5]塔尔博特并不擅长赫歇尔通过使用明箱而表现出的绘画风格，显然，他不擅长使用铅笔作画。1833年秋，塔尔博特在科莫湖畔的贝拉焦小镇度蜜月，他在努力通过明箱的棱镜描绘周围的壮观风景时突然灵机一动。贝拉焦位于伸入湖心的岬角上，面对着远岸的群山，而山顶下方是清晰可辨的17世纪卡洛塔别墅。西边是瑞士，东边是奥地利和巴尔干半岛。这个有着鹅卵石和狭窄的山阶的美丽小镇后来吸引了摄影师阿尔弗雷德·施蒂格利茨（Alfred Stieglitz）。在这片奥地利帝国的边缘地带，塔尔博特想象到，如果投射到纸上的影像能忠实地记录下大自然的景象，如果这一影像就像通过明箱拍摄出来的那样精巧，能永远地保留下来，定格在那一瞬间，将是一件多么美妙的事情。[6]蜜月旅行和意大利的湖泊所带来的浪漫情调将会成为永久的风景。科莫湖和环绕的山脉充满了19世纪的浪漫，甚至能让人联想拜伦式的风格，这些景色构成了超乎想象的背景，由此开启了摄影时代，一切有关机械复制的意义也随之而来。

在不到一年的时间里，塔尔博特就实现了将阳光在光敏表面上产生的负片反转过来，开发出了他所说的 "光蚀成像法"或 "光绘成像法"。他可以通过反转负片的影像来制作出正片。塔尔博特最初是通过应用氯化银和硝酸银来制备感光纸。事实证明，用碘化钾冲洗可以稳定负片图像，防止其在阳光下进一步变暗，实际上是在减少感光盐类的感光性（如前所述，赫歇尔后来在1839年3月提交给皇家学会的第一篇论文中提到自己使用过亚硫酸钠作为定影剂）。有了稳定的负片，塔尔博特就可以自由地制作大量定影后的正片图像，这就产生了复制的机械过程。1839

年1月达盖尔的发明宣布时，塔尔博特正在耐心地改进他的方法，并保存了可以追溯到1835年的实验实例。同月，迈克尔·法拉第（Michael Faraday）展示了塔尔博特在皇家研究院的研究成果。1月底，塔尔博特在皇家学会发表了他的论文《解读光绘成像法》（Some Account of The Art of Photogenic Drawing）。接下来的一个月，也就是达盖尔发表声明的几周后，他披露了这个过程的工作原理。[7]

这场视觉革命的本质在于阳光的效果。画面的呈现就好像是用阳光绘画的产物。塔尔博特在1844—1846年分期出版的《自然的笔迹》（The Pencil of Nature） 实际上是摄影史上的第一本书。书中包括24张黏附插页，是用他在1841年获得专利的工艺制作的，他将这种工艺命名为卡罗式摄影法。塔尔博特称这些作品是 "光"的产物，进一步限定了书名。他扮演了一个被动的推动者的角色，而这里的艺术家是大自然的 "本身"，尽管他知道他是在 "记录一种新艺术的开端，在……时期之前……在英国人才的帮助下走向成熟"。[8]遗憾的是，这次的出版并不成功，原本打算大量出版的这套丛书，只出版了六卷就结束了，存世量极少。当阿尔弗雷德·施蒂格利茨的带有精美的凹版照片的《摄影作品》（Camera Work） 同样于1917年停刊时，大部分未售出的副本都被捣成了纸浆；施蒂格利茨收到的报酬只够给他的秘书买一双手套来捣纸浆。这些代表着所谓的民粹主义和民主媒介的珍品在生产出来的时候缺乏公众支持，这一点非常致命。对施蒂格利茨来说，最高形式的照明来自他对光线通过变化的，且时而在夜间出现的云的小而集中的摄影研究，这在20世纪初奠定了美国现代主义的基础；他认为这些照片 "等同于"一种更高层次的意识，就像巴赫作品的音乐结构一样深刻，以此呼应天体和谐的先例。摄影为我们提供了一个通往外部可见世界的窗口，包括微观的和天上的。在塔尔博特早期的实验性作品中，一个反复出现的主题是他在拉科克修道院的家中的一组宏伟的窗户，阳光透过这些窗户照亮了这座古宅阴暗的内部。现存最早的负片是塔尔博特在1835年通过铅窗玻璃拍摄的一扇凸肚窗的景色，与尼埃普斯之前在莱斯格拉的窗户上拍摄的正片相对应。塔尔博特的焦点又回到了窗户上，不仅仅是将其作为一个明显的光源，更是作为一个反复出现的主题。窗格和窗框在视野中表现为真正的缝隙。

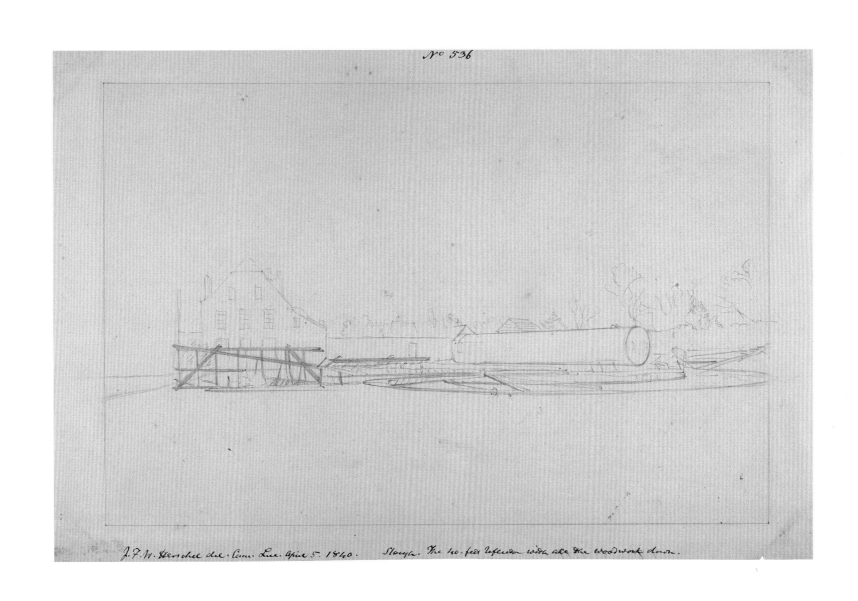

上图：约翰·赫歇尔爵士，《威廉·赫歇尔爵士拆卸后的望远镜》（ *Sir William Herschel's Telescope after being Dismantled* ），
1840年，纸上铅笔画，24.4厘米×37.7厘米，国家航海博物馆，格林尼治，赫歇尔收藏

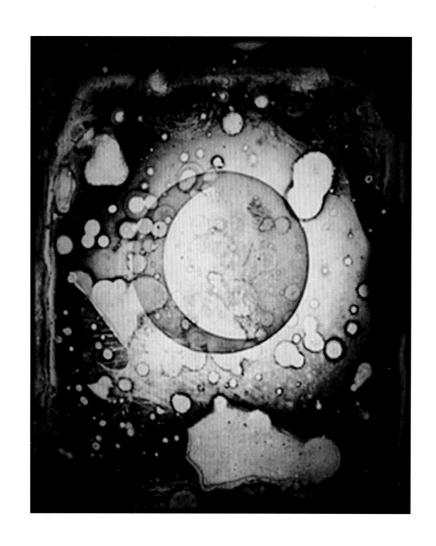

上图：约翰·威廉·德雷珀，现存最早的月球照片，1840年，银版照片，纽约大学存档

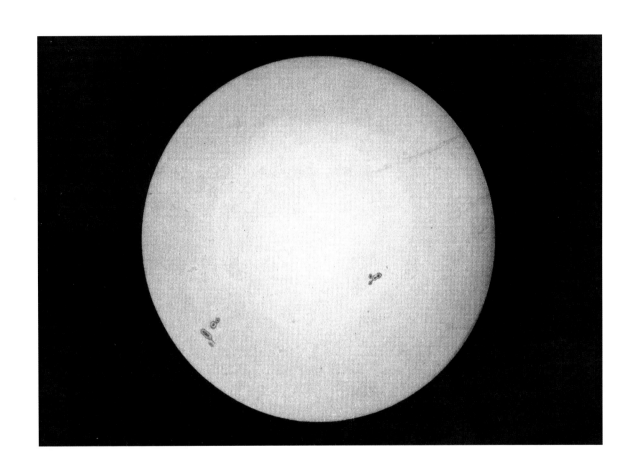

上图：莱昂·傅科（Leon Foucault）和伊波利特-路易·斐索（Hippolyte-Louis Fizeau），太阳的第一张银版照片，1845年，直径：12.1厘米

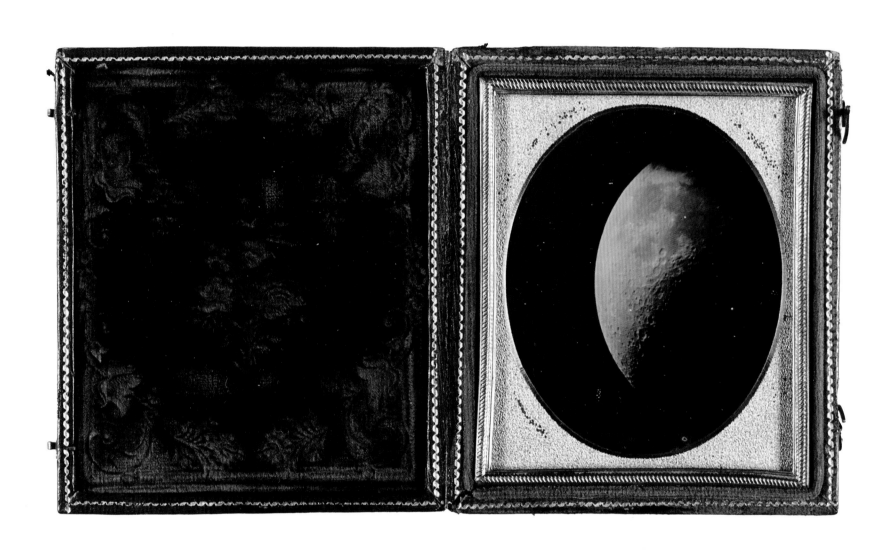

上图和第189页图：约翰·亚当斯·惠普尔（John Adams Whipple）《月球》（*The Moon*），1851年，哈佛大学天文台制作的两张装裱好的银版照片，剑桥市，马萨诸塞州，未装裱的版本为11.4厘米×8.3厘米，国立媒体博物馆，布拉德福德

在大西洋彼岸，在1839年这个关键的年份，威廉·克兰奇·邦德（William Cranch Bond）这位技艺精湛的钟表匠和天文学家被任命为哈佛大学的天文观测员。19世纪40年代，哈佛大学根据邦德的设计建造了一座天文台，安装了一个38厘米的折射望远镜，这是当时世界上最大的望远镜。1846年6月天文台建成后，第一个观测的对象是月亮。同样在1839年，原籍兰开夏郡的英国化学家约翰·德雷珀（John Draper）在弗吉尼亚州定居，然后到费城学习医学，并在纽约大学担任教授。德雷珀长期以来对光的化学作用，特别是对植物的化学作用很感兴趣，他注意到光能使某些金属盐类改变颜色。

银版摄影法的公布让他兴奋不已，于是开始制作自己的银版照片。这个过程需要很长的曝光时间，只能记录下最亮的物体。他发现，在阳光明媚的日子里，制作一张坐着的人物肖像需要5至7分钟的曝光时间。在天文照片曝光期间，望远镜要以恒定的速度旋转，再加上望远镜管的刚性，这些都是技术上的难题。望远镜越长，管内发生移动的可能性就越大，导致焦距偏移。1840年3月，德雷珀向纽约科学院赠送了一张从大学天文台屋顶上制作的月球的银版照片。这张照片宽约1英寸，是在曝光20分钟后制作的。如果不算达盖尔自己遗失的月球研究，这是已知的最早的月球照片。9

德雷珀成功五年后，法国物理学家莱昂·傅科和伊波利特·路易·斐索制作了一张约9厘米宽的太阳银版照片。考虑到太阳作为光源本身的明亮度，曝光时间大大缩短。他们使用的镜头焦距越长，所能制作出的图像就越大。斐索听过达盖尔的讲座，对内容非常感兴趣。他意识到，通过提高感光板的灵敏度，可以减少曝光时间。他要面对的数量级单位不是分钟，而是秒。随后，傅科在斐索的研究之上做出了改进。他意识到了摄影可能的用途，正在开发一种医学标本（如人类血液）的显微摄影法。两人在太阳图像上的合作是1843年的反复实验的结果。10弗朗索瓦·阿拉戈在他的《大众天文学》（Astronomie Populaire）一书中收录了一幅1845年太阳银版照片的版画作品，11并以此将这张照片定位为在科学史上与德雷珀的月球照片相对应的作品。斐索和傅科都研究出了测量光速的方法，并都具有优良的准确性。1851年，傅科在巴黎通过他的钟摆（一个悬挂先贤祠穹顶上的电线末端的铜制摇杆，高度在61米以上的）演示了地球的旋转，这一演示非常著名。改善摄影过程的挑战吸引了那些拥有可以应用于乳剂感光性的化学知识的人，也吸引了能够利用自己对物理学的理解而对光的粒子或波的性质及其随之而来的速度问题提出质疑的人，也就是那些可以使公认的地球运动原则成为可证明的事实的人。

让我们回到哈佛，约翰·亚当斯·惠普尔在邦德的指导下参与了新天文台的建设。早在1840年，惠普尔就利用一个简单的镜头、一个蜡烛盒和一个作为感光板的勺子，成功地制作了自己的银版照片，成为美国第一个为银版摄影法制造化学品的人。邦德和惠普尔合作拍摄了月球，并且从1849年开始生产最高质量的银版照片。哈佛大学的折射望远镜装有发条装置，可以跟踪月球、减少行星运动的柔化模糊效果。1851年，在伦敦水晶宫举行的万国工业博览会上，其中一张惠普尔的月球银版照片获得了金奖，这进一步证明了他的作品卓越。

1850年，也就是约翰·赫歇尔用玻璃负片拍摄他父亲的望远镜结构的十多年后，惠普尔就获得了一项专利，在玻璃上用蛋白乳剂制作负片，由此制成盐印照片。他将这些称为透明玻璃片。在与威廉·布莱克（William Black）的合作下，惠普尔开始用他最初的月球银版照片进行印刷，其中有一些保存了下来。这些照片质量极佳，但显示出在月球边缘有一个圆盘的痕迹，这大概是由于银版摄影法中用来遮蔽空白区域的反光表面的物体产生的。这些盐印照片在更大程度上显示了月球的图像。月球表面的细节更加清晰，照片上的阴影质量接近约翰·罗素在世纪之交的月球版画遗作。惠普尔和布莱克的伙伴关系发展火热，他们的波士顿工作室一直持续到了1859年。惠普尔的声望如此之高，以至于他接到委托，为1860年总统竞选拍摄亚伯拉罕·林肯（Abraham Lincoln）在伊利诺伊州斯普林菲尔德的住宅。在他的天文学研究中，有木星的银版照片和第一张恒星（织女星）的照片。除了用于记录，摄影已经迅速成为政治媒介，甚至可以说是用于宣传，由此它的天文研究也提升到了一个崇高的层次。

早在1842年，也就是塔尔博特的卡罗式摄影法获得专利一年后，赫歇尔就已经应用了这种摄影法。他的印刷作品中至少有两幅的主题是月球，但这些照片并不是直接通过望远镜拍摄的，而是月球表面的石膏模型的图片，这无疑是为了展示他所能达到

上图：约翰·亚当斯·惠普尔，《月球》，1852年，银版照片，拍摄于哈佛大学天文台，剑桥市，马萨诸塞州，11厘米×8厘米，哈佛-史密松天体物理中心

上图：约翰·亚当斯·惠普尔，《月球》，1853—1854年，盐印银版照片，拍摄于哈佛大学天文台，剑桥市，马萨诸塞州，18.4厘米×15.2厘米，纽约现代艺术博物馆

上图：约翰·亚当斯·惠普尔和詹姆斯·布莱克，《月球》，1857—1860年，用玻璃负片制作的盐印照片，21.1厘米×15.8厘米，银版照片的复制品，哈佛大学天文台，剑桥市，马萨诸塞州，纽约大都会艺术博物馆

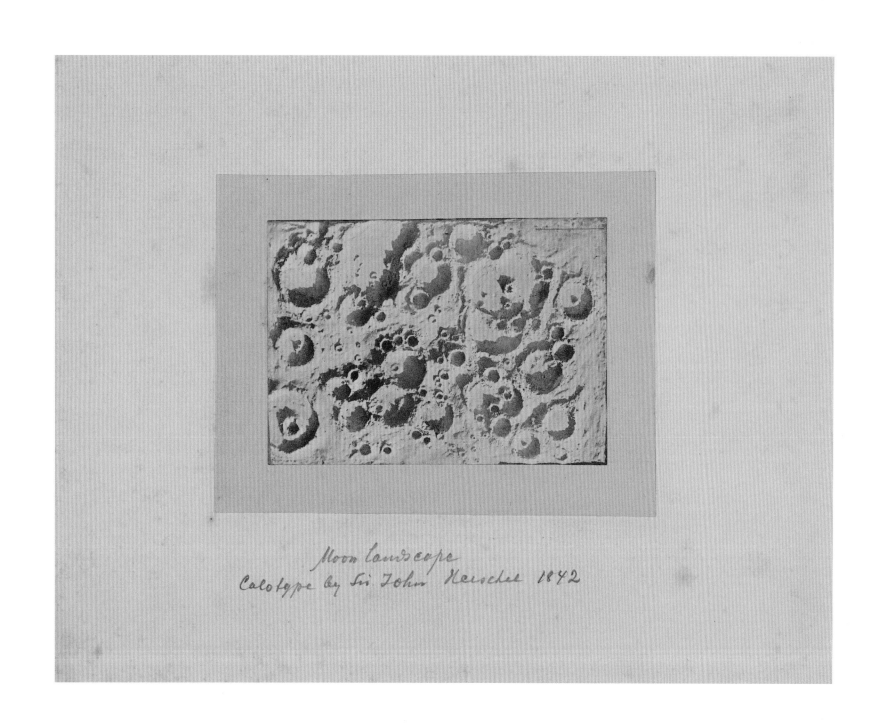

Moon Landscape
Calotype by Sir John Herschel 1842

上图：约翰·赫歇尔爵士，月球表面模型，1842年，卡罗式摄影法照片，7厘米×10厘米，J.保罗·盖蒂博物馆，洛杉矶，加利福尼亚

Photograph of the Moon
Calotype made by Sir John Herschel 1842

上图：约翰·赫歇尔爵士，《月球上的哥白尼环形山模型》（*Model of the Lunar Crater Copernicus*），1842年，卡罗式摄影法照片，13厘米×16.5厘米，

J. 保罗·盖蒂博物馆，洛杉矶，加利福尼亚

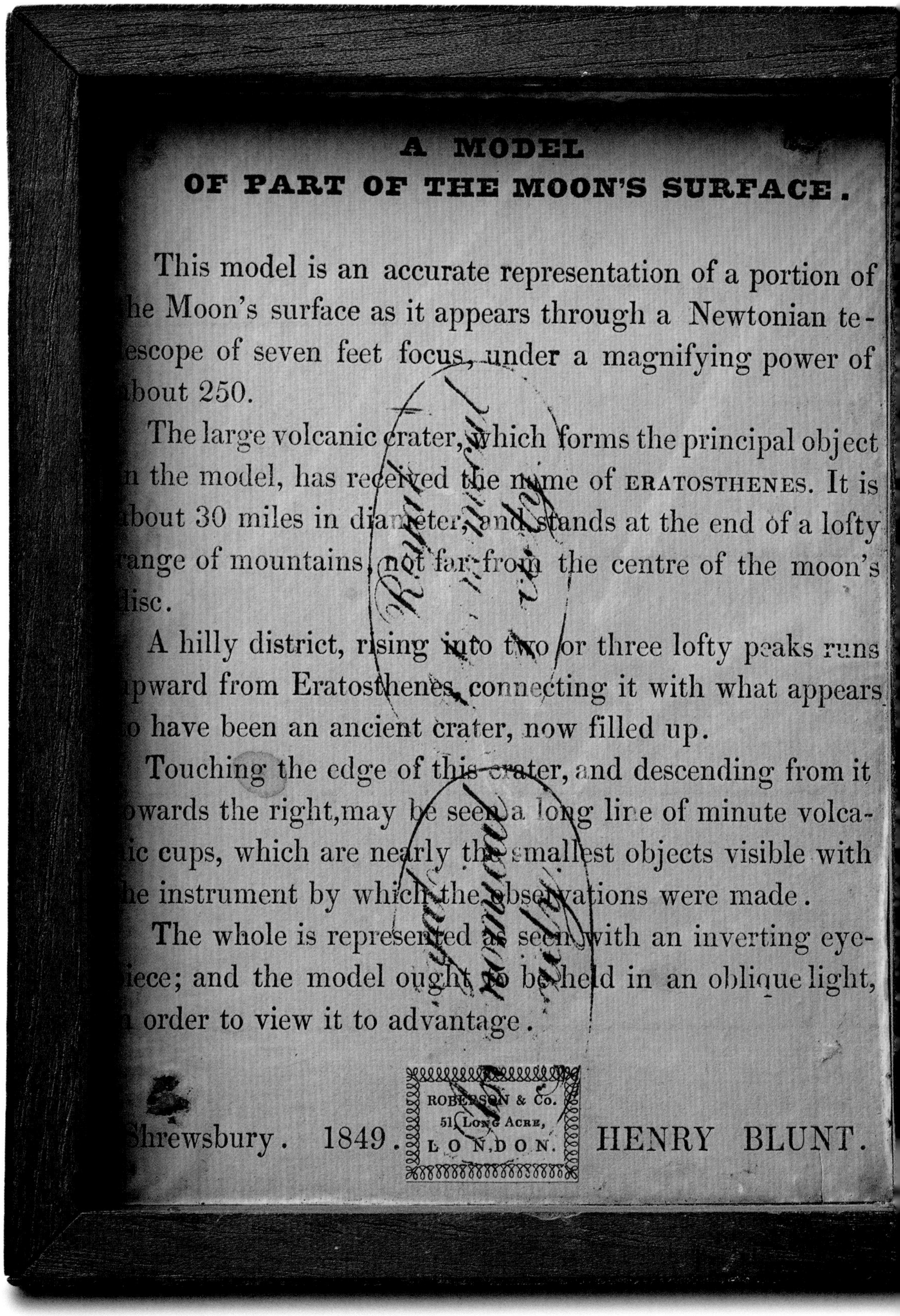

A MODEL
OF PART OF THE MOON'S SURFACE.

This model is an accurate representation of a portion of the Moon's surface as it appears through a Newtonian telescope of seven feet focus, under a magnifying power of about 250.

The large volcanic crater, which forms the principal object in the model, has received the name of ERATOSTHENES. It is about 30 miles in diameter, and stands at the end of a lofty range of mountains, not far from the centre of the moon's disc.

A hilly district, rising into two or three lofty peaks runs upward from Eratosthenes, connecting it with what appears to have been an ancient crater, now filled up.

Touching the edge of this crater, and descending from it towards the right, may be seen a long line of minute volcanic cups, which are nearly the smallest objects visible with the instrument by which the observations were made.

The whole is represented as seen with an inverting eyepiece; and the model ought to be held in an oblique light, in order to view it to advantage.

ROBERTSON & Co.
51 LONG ACRE,
LONDON.

Shrewsbury. 1849. HENRY BLUNT.

第196—197页图：亨利·布伦特（Henry Blunt），《月球表面的一个部分的模型》（*Model of a Section of the Moon's Surface*），1849年，放在一个木盒子里的石膏作品，25.2厘米×16.2厘米，如图所示，英国皇家天文学会，伦敦（RAS Add. MS 210/2）

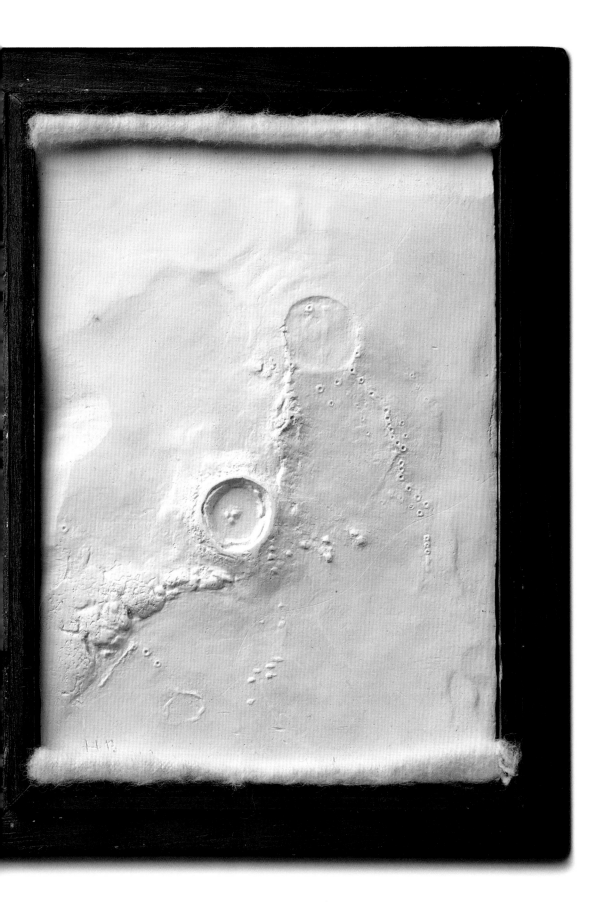

上图：詹姆斯·内史密斯（James Nasmyth），《折射望远镜和月球表面的两个石膏浮雕模型》(*Refracting Telescope and Two Plaster Relief Models of the Lunar Surface*)，1858年，卡罗式摄影法照片，21.4厘米×19厘米，科学博物馆，伦敦

上图：詹姆斯·内史密斯，《亚里士多德环形山和欧多克索斯环形山的浮雕模型》（*Relief Model of Aristotle and Eudoxus Craters*），
来源于詹姆斯·内史密斯和詹姆斯·卡彭特（James Carpenter），《月球》，约翰·默里（John Murray），伦敦，1874年

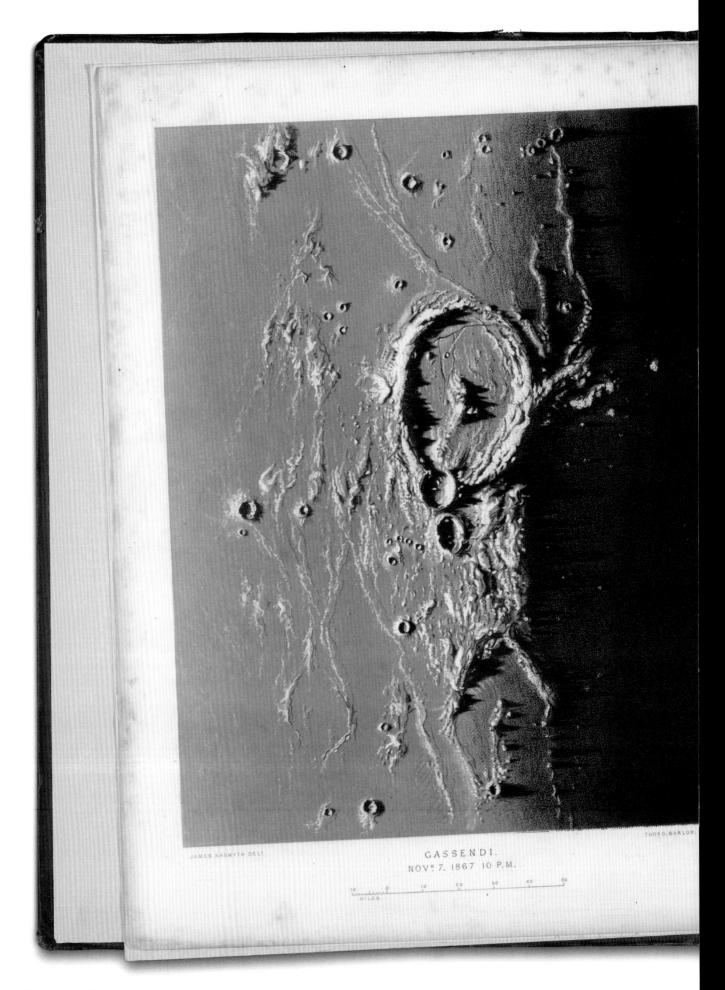

GASSENDI.
NOVᴿ 7. 1867 10 P.M.

JAMES NASMYTH DEL.ᵀ

THOᴿD. BARLOW.

第200—201页图：詹姆斯·内史密斯和詹姆斯·卡彭特，《月球》，约翰·默里，伦敦，1874年

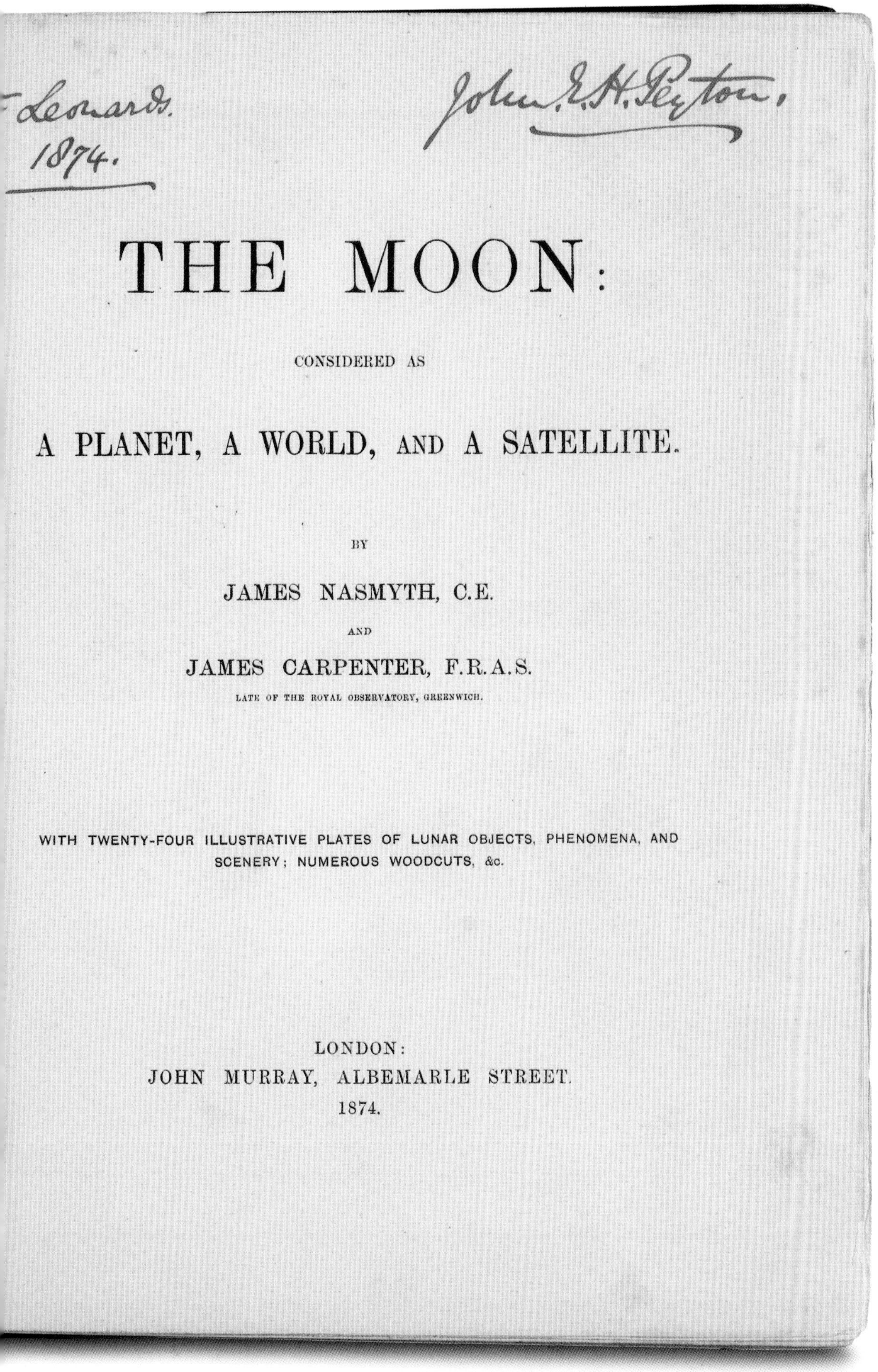

Leonards.
1874.

John E. H. Peyton,

THE MOON:

CONSIDERED AS

A PLANET, A WORLD, AND A SATELLITE.

BY

JAMES NASMYTH, C.E.

AND

JAMES CARPENTER, F.R.A.S.

LATE OF THE ROYAL OBSERVATORY, GREENWICH.

WITH TWENTY-FOUR ILLUSTRATIVE PLATES OF LUNAR OBJECTS, PHENOMENA, AND SCENERY; NUMEROUS WOODCUTS, &c.

LONDON:
JOHN MURRAY, ALBEMARLE STREET.
1874.

的图像的清晰度，而不是为了体现出任何原始的观察结果。当时摄影技术刚刚诞生，其能力也很有限。惠普尔的盐印银版照片还需要好几年的时间才会出现。在现存的两张赫歇尔的卡罗式摄影法照片中，哥白尼环形山的照片几乎可以以假乱真，浮雕效果因印痕的阴影而更加突出。19世纪望远镜的放大率和分辨率不断提高，进一步使根据详细的月球草图建立月球模型成为可能。

爱丁堡工程师詹姆斯·内史密斯是天文建模阶段的佼佼者，他在机械方面的智慧在蒸汽和铁路的萌芽岁月中得到了成功的运用，并在1842年为他的蒸汽锤设计申请了专利。到1856年退休时，内史密斯的蒸汽锤已经有了全球市场。富裕起来的他回到了位于肯特郡彭斯赫斯特附近的汉默菲尔德的家中，这样他就可以把时间投入到自己对天文学的热情中。1858年在哈默菲尔德制作的一张卡罗式摄影法照片展示了内史密斯的折射望远镜和两个石膏模型，其中一个代表月球地形，另一个代表环形山，很像赫歇尔拍摄的哥白尼环形山模型。内史密斯对模型的使用使他能够为《月球》一书绘制插图。该书是与格林尼治皇家天文台的詹姆斯·卡彭特合写的，于1874年出版。[12]这本月球专著是多年观察的结果，包含了24张月球照片，都是将月球表面的草图费尽心思地转变成精确的石膏浮雕，并在合适的光照下拍摄的，以增强地形的效果。内史密斯对月球表面下的火山形态感兴趣，他提到要超越地形学，进入他所谓的地文学领域，实际上就是月球的宇宙史。这些照片的细节表明，内史密斯对此有着近乎痴迷的关注，正是这种关注使他多年来一直持续参与其中。在书的最后，内史密斯谈到了月球上可能存在生命的问题，他否定了这个可能性，并进一步生动地描述了他优雅地称之为"旅居"的东西，他个人的洞察力超越了月球景观的细节，看到了穿越月球景观的历程。他所提出的一个更深刻的建议表现出他的洞察力具有一定程度的预言性，那就是全面描述从月球上看到的地球在陆地昼夜的过程中的情况。近一百年后，阿波罗任务中的宇航员对月球地形的探索很可能证实了内史密斯的描述，这是一种现实情况，而不是通过一种出于知识，但富有想象力的预测。但是，在宇航员们分享的最有力的观察中，太空旅行和最终登陆月球使人类的目光能够回到地球的起源状态——从阿波罗11号上看到的地球景色与宇航员们前往的月球景色一样令人难忘。内史密斯在他的著

作中对地球表现出了相当的敬畏。

月球建模在19世纪即将结束的时候达到了顶峰。19世纪中叶，来自汉堡的天文学家、雅典国家天文台台长约翰·F. J. 施密特（Johann F. J. Schmidt）专注于月面学研究；月球成为他一生工作的主题。他于1874年出版了他的月球图，并继续进行月球研究，直到1884年在雅典去世。在1894年于芝加哥开馆的菲尔德自然史博物馆，参观地质学展区的游客会看到一个超过人高两倍的月球半球，似乎要冲破博物馆的墙壁。这个巨大的木质和石膏模型放在金属框架上，由116个部分组成，是施密特晚年的作品。它的地形细节令人印象深刻，其规模令人生畏，让人想起约翰·马丁（John Martin）的画作《他愤怒的伟大日子》（*The Great Day of His Wrath*，1851—1853年）中的雷电，或者朱利奥·罗马诺在16世纪的曼托瓦的得特宫的巨人厅里的一幅壁画。这个月球的尺寸符合施密特的心意，于是，月球观测从崇高转向了荒诞和超现实。

内史密斯是一位具有远见和创新精神的人物，即使在早期阶段，他也看到了摄影作为一种复制手段的价值——赫歇尔也是如此，他的早期实验涉及创造雕刻的正像。从赫歇尔的摄影事业一开始，复制艺术作品和为印刷商提供制版手段的可能性就显而易见。两位重要的维多利亚人都成了摄影的对象。1844年，爱丁堡的摄影师大卫·奥克塔维厄斯·希尔（David Octavius Hill）和罗伯特·亚当森（Robert Adamson）在建立历史性的合作关系后不久，为内史密斯拍摄了一幅肖像。1867年，朱莉娅·玛格丽特·卡梅隆（Julia Margaret Cameron）为赫歇尔拍摄了肖像，使他在19世纪的典籍中与查尔斯·达尔文（Charles Darwin）、托马斯·卡莱尔（Thomas Carlyle）、G. F. 沃茨（G. F. Watts）和阿尔弗雷德·丁尼生勋爵（Alfred Lord Tennyson）等名人齐名，他的脸几乎获得了标志性的地位。赫歇尔的肖像的脸部线条凝重，摄影师为了配合坐姿而使他的白发蓬松起来。这是卡梅隆找到阴影和光线范围的能力的一个例子，使摄影作品具有伦勃朗最黑暗和最辉煌时的深度。赫歇尔与卡梅隆的关系由来已久，可以追溯到19世纪30年代，当时他们在南非首次相遇。卡梅隆将她在这位科学家身上所看到的伟大赋予了她的拍摄对象，而这位科学家凭借她柔和的镜头和戏剧性的光线，以先知的眼光注视着世界。

上图：约翰·弗里德利希·朱利叶斯·施密特，月球模型，安装于菲尔德自然史博物馆，芝加哥

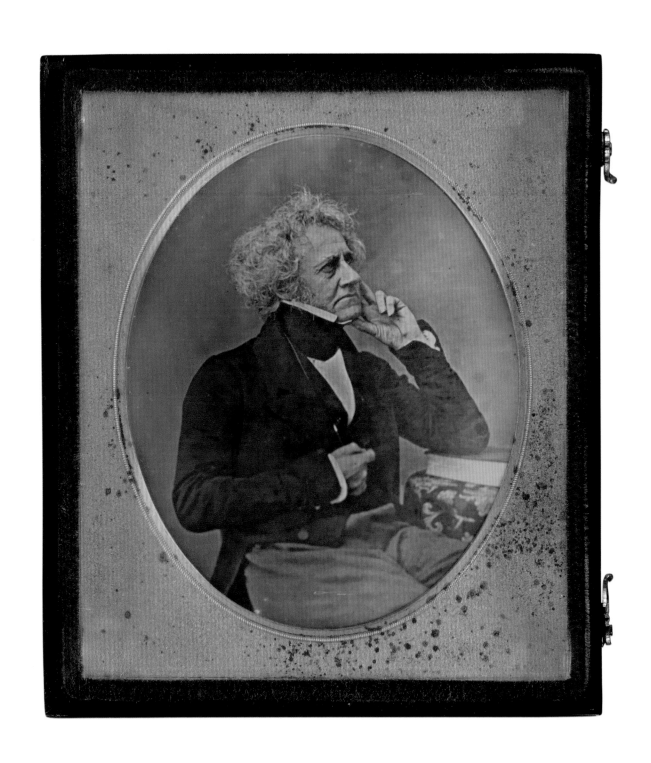

上图：约翰·杰贝兹·埃德温·梅奥尔（John Jabez Edwin Mayall），已知最早的约翰·赫歇尔爵士的照片，约1848年，银版照片，8.6厘米×7厘米，国家肖像馆，伦敦

第205页图：朱莉娅·玛格丽特·卡梅隆，《约翰·赫歇尔爵士》（Sir John Herschel），1897年，用玻璃负片制作的蛋白银印照片，31.8厘米×24.9厘米，纽约大都会艺术博物馆

Photographed by MAULL & POLYBLANK, 55, Gracechurch Street and 157A Piccadilly, London.

上图：亨利·莫尔（Henry Maull）和乔治·亨利·波利布兰克（Georg Henry Polybank），《沃伦·德拉鲁》（*Warren De La Rue*），1855年，蛋白相印照片，19.7厘米×14.6厘米，国家肖像馆，伦敦

上图：沃伦·德拉鲁，《月球》，1857年9月7日，蛋白相印照片，8厘米×6.2厘米，皇家天文学会（B1/5），伦敦

内史密斯对天文学的热情是有感染力的。1840年，一位名叫沃伦·德拉鲁（Warren De La Rue）的年轻科学家拜访了他，并在离开后投身于这一事业。德拉鲁1815年出生于根西岛，在巴黎接受教育，并在他父亲的伦敦文具公司工作，但他的志向在科学方面。他在机械方面有很高的造诣，也是一个超级制图员。德拉鲁早期的论文涉及电池、电学研究和金属的相关化学研究。他发明了一种电灯泡。1864年，德拉鲁在给内史密斯的回信中说："没有人对我的劳动成果有如此大的要求；是你给我灌输了观星的爱好，并在计算规格方面给予我宝贵的帮助和建议。"[13]

德拉鲁最初拜访内史密斯的原因与其开发的一种生产白铅的工艺有关。那天，内史密斯正在铸造一个33厘米的反射镜，德拉鲁被深深地吸引了。他写道：

> 他以极大的兴趣和高度的注意力注视着我的工作。
> 多年后，他告诉我，正是因为看到我铸造优良反射镜的特殊工艺，才使他转而思考实用天文学。在这一课题上，他表现出了崇高的奉献精神和精湛的技艺。在他来访后不久，我有幸为他铸造了一个13英寸的反射镜，随后他用自己的方法对其进行了打磨和抛光。[14]

德拉鲁在研磨反射镜方面的技术进步包括用普通石板取代内史密斯使用的德国青石。德拉鲁的13英寸反射镜被打磨得近乎完美，焦距为3米。到1850年，他的望远镜已经完全投入使用，在随后的两年里，他得以向皇家天文学会展示精美的火星图和土星图。1851年，德拉鲁参加了万国工业博览会，这是他职业生涯的下一个关键时刻。他不仅见到了惠普尔和布莱克的获奖作品月球银版照片，还对威廉·克拉奇·邦德用38厘米的哈佛折射望远镜制作的月球银版照片的印象特别深刻，此外，当年5月皇家天文学会的一次会议上也展出了几幅惠普尔的银版照片。恰好在这个时候，英吉利海峡两岸都开发出了一种新的火棉胶法，包括在镀膜玻璃上制作负片，然后在蛋白相纸上印刷。塔尔博特卡罗式摄影法和他的纸基负片现在变得多余了，虽然塔尔博特通过诉讼手段来进行抵制，结果却失败了。便携式暗室的出现使火棉胶法能够当场进行，因为干燥时间很快。此外，这个过程相对便宜。

银版摄影法被淘汰了。德拉鲁被月球的图像所吸引，作为他复杂而辛苦的制图技术的进步，实现"天体摄影"的可能性对他提出了挑战，他有幸获得了将摄影从曲高和寡的起源带入视觉再现主流的发明。事实上，这种媒介正在成为一种大众化的资源。

1857年，德拉鲁从伦敦北部的卡农伯里搬到了环境更开阔的米德尔塞克斯的克兰福德。他找到了一种方法，在没有借助机械装置来旋转仪器的情况下，通过设置一个转仪钟，利用他的13英寸望远镜，使用火棉胶法成功拍摄了月球。拍摄出的照片在当时被认为是无与伦比的。接下来，通过使用查尔斯·惠斯通（Charles Wheatstone）发明的立体镜（惠斯通在1838年发表的一篇论文中对双眼视觉进行分析的产物），[15]德拉鲁发现他可以将月球照片置于立体镜下，使观者能够获得三维体验。用一对与观者眼睛成45°的镜子，分别反射出同一物体的两张图片，大脑将这两张图片融合成一张图像，具有三维实体的效果。德拉鲁使用了两张月球在同一相位，但处于不同天平动点的照片，即显示月球表面略微不同的景象。天平动是由于月球围绕地球的椭圆轨道而产生的振荡。

德拉鲁意识到这一应用中潜藏着商业收入，他并不是唯一一个了解这种潜力的人：1854年，伦敦立体影像公司（London Stereoscope Company）成立，到1859年，该公司英文名称改为London Stereoscopic and Photographic Company。到1862年，德拉鲁的月球立体影像由仪器制造商R & J贝克（Smith, Beck and Beck）在伦敦广泛出版。立体视觉就像20世纪50年代的3D电影一样，是一种很有吸引力的光学现象。当赫歇尔通过观景器看到德拉鲁的图片时，他也被这种效果所折服：

> 在德拉鲁先生用他那强大的反射望远镜拍摄的这些照片中，其中一些传达出来的真实形态给人留下了无与伦比的印象。这些照片的制作（在某种程度上就像是一个人在地球之外拍摄的一样）是科学艺术最非凡和出人意料的胜利之一。[16]

赫歇尔在括号里提到，这些照片好像是"一个人在地球之外拍摄的一样"，这一点很特别。这句话如此清晰地指向未来，

上图：沃伦·德拉鲁，《月球立体影像》(*Stereoscopic Lunar Photographs*)，1862年，立体玻璃幻灯片，由R&J贝克出版，8.2厘米×17.2厘米，皇家天文学会，伦敦

上图：沃伦·德拉鲁，对开本《月球》的第9号图，1862年，蛋白照片，80厘米×61厘米，英国皇家天文学会，伦敦

上图：大卫·吉尔（David Gill），《月球》，1869年5月5日，玻璃幻灯片，24厘米×18厘米，皇家天文学会，伦敦

彼时"人类有一天会到达地球之外"这一概念会成为现实。立体镜的效果所展现出来的三维性将变得越来越重要，因为在我们这个时代，照片印刷品的二维平面已经被屏幕上旋转的三维图像所取代，当然在科学分析领域也是如此。

在赫歇尔的鼓动下，1854年，有人提议德拉鲁将注意力转移到太阳上，并设计了一个合适的望远镜，供邱园天文台使用，以每天记录太阳的情况。皇家学会提供了资金来开发这个仪器。德拉鲁称他的望远镜为太阳照相仪。它是一个安装在赤道附近的摄影仪器，在两个透镜之间安装了一组测微尺[17]，这是为了校准太阳表面的一些位置点。主透镜，也就是物镜，一开始的孔径接近9厘米，后来德拉鲁将其缩小到7.6厘米，以便在太阳的明亮度下获得更高的清晰度。此外，还有一个次级放大镜。

1858年，德拉鲁开始了他的观测工作，这台望远镜一直运行到1872年，然后被转移到格林尼治。1859年，德拉鲁在英国科学促进会的一次演讲中，以"英国天文摄影的现状"（On the State of Celestial Photography in England）为题，总结了他在天文摄影方面的立场。19世纪60年代，他在邱园进行的关于太阳的研究被英国皇家学会接受，并以"太阳物理学研究"（Researches on Solar Physics）为题发表在他们的《自然科学学报》上。德拉鲁推动了摄影观测科学的发展，并通过一系列太阳负片提供了无可争议的摄影事实。

据计算，日全食将于1860年7月18日发生，它的到来在北美、欧洲和非洲引起了极大的轰动。当天的《纽约时报》(New York Times）向读者详细介绍了该情况。月球的本影（即全部阴影）将首先出现在太平洋上空，然后向东北方向移动，穿过哈得孙湾，穿越拉布拉多，于当地时间中午到达格陵兰岛一角。这条轨道将直接从西班牙北部上空向东南移动，然后越过地中海到达阿尔及尔和的黎波里。它将从埃及西南部进入努比亚，并在日落前于红海附近进入人们的视线。早在几个月前，埃及总督就指示成立一支探险队，在非洲各地观测日食。两周前，美国政府派出测量船到华盛顿州和拉布拉多的海岸。作为唯一一个直接处于这条路径上的欧洲国家，西班牙成了一个非常活跃的地方。西班牙女王伊莎贝拉二世（Isabella II）宣布这个国家对所有外国天文学家开放，设备也将被免除任何进口关税，地区长官将全力协

助。各大学的校长将任命"精确科学"教授，为天文学家提供任何有助于他们观测的数据。英国方面对此的反应是如此之大，以至于海军部派了两艘蒸汽船前往毕尔巴鄂和桑坦德。

在中国、美索不达米亚和巴比伦的记录中，我们能明显看出日全食对古代世界的意义。"正午的黑暗"是一个拥有不可否认的力量的事件，它增强了人们对神的全能的感觉，也增强了人类在面对日夜颠倒时的脆弱。对于那些对预测历法感兴趣的人来说，日食是记录时间流逝的重要节点。公元前2世纪，希腊天文学家喜帕恰斯利用日食计算出日月之间的距离。牛顿的《自然哲学的数学原理》提高了人们准确预测这些事件发生时间的能力，而埃德蒙·哈雷不仅绘制了一幅横跨英国的日食路径图，还用他的观测结果计算出了太阳的直径。1860年人们对日食的反应表明，望远镜的出现使感兴趣的业余爱好者军团能够像科学家一样进行天文观测。而在1860年，日食这一事件可以被拍摄下来。

1851年7月28日，随着一次日食的临近，位于柯尼斯堡的普鲁士皇家天文台（柯尼斯堡天文台）委托朱利叶斯·贝尔科夫斯基（Julius Berkowski）用银版照片记录了这次日食；他用小型折射望远镜在84秒的曝光时间内完成了拍摄。这张照片是第一张日食照片，从银版照片中可以清楚地看到日珥或火焰，以及从太阳表面延伸数百万英里的日冕。科学家认为，日珥是太阳本身的一部分，而不是分散的光区域。1860年，德拉鲁决定带着邱园的太阳照相仪，加入西班牙皇家天文学家乔治·比德尔·艾里爵士的行列。他的目的是通过摄影来确定贝尔科夫斯基的照片所显示的伴随着日冕的光辉出现的红色火焰的真正来源。他的关注点在于日珥和日冕在日食期间发出的光可能比满月发出的光要少。他计算了一下，将光圈开到最大，并进行3分钟的曝光，就能拍出微弱的日食效果。

据说，德拉鲁带着两吨设备到达西班牙。[18]他在靠近埃布罗河畔米兰达的里巴贝罗萨落脚，这里位于巴斯克自治区的北端。他和安杰洛·塞奇（Angelo Secchi）神父一起工作。安杰洛·塞奇神父是罗马学院天文台的台长，也是一位备受尊敬的科学人物。塞奇在距巴伦西亚约400千米的地方设立了观测点。尽管观测点位置不同，最终的照片显示了相同的日珥。如果这些耀斑不是在太阳表面，而是在月球表面，那么考虑到月球相对太阳与我

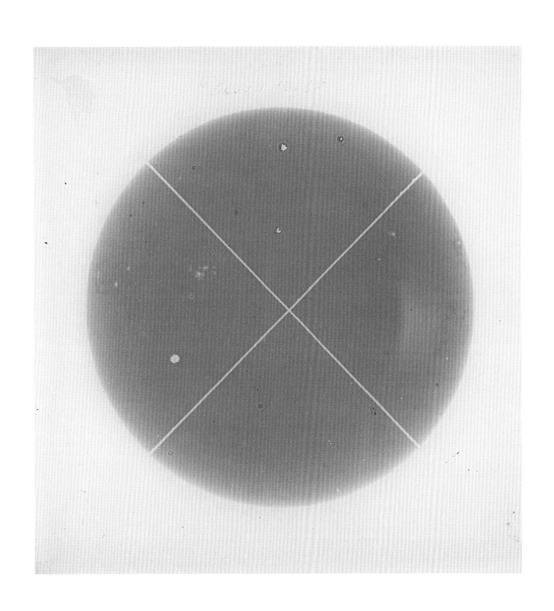

上图：沃伦·德拉鲁，《用太阳照相仪拍摄的太阳照片》（*Photoheliograph of the Sun*），1861年，玻璃负片，科学博物馆，伦敦

上图：观察1860年日食的西班牙远征之旅，14.2厘米×17厘米，来自这次远征的一本相册，其中包括沃伦·德拉鲁的日食照片，皇家天文学会，伦敦

上图：观察1860年日食的西班牙远征之旅，14厘米×16.5厘米，来自这次远征的一本相册，其中包括沃伦·德拉鲁的日食照片，皇家天文学会
（RAS MSS Add. 146, fo. 5 r），伦敦。皇家天文学家乔治·比德尔·艾里站在望远镜旁边，沃伦·德拉鲁斜倚在中间，用手托着头

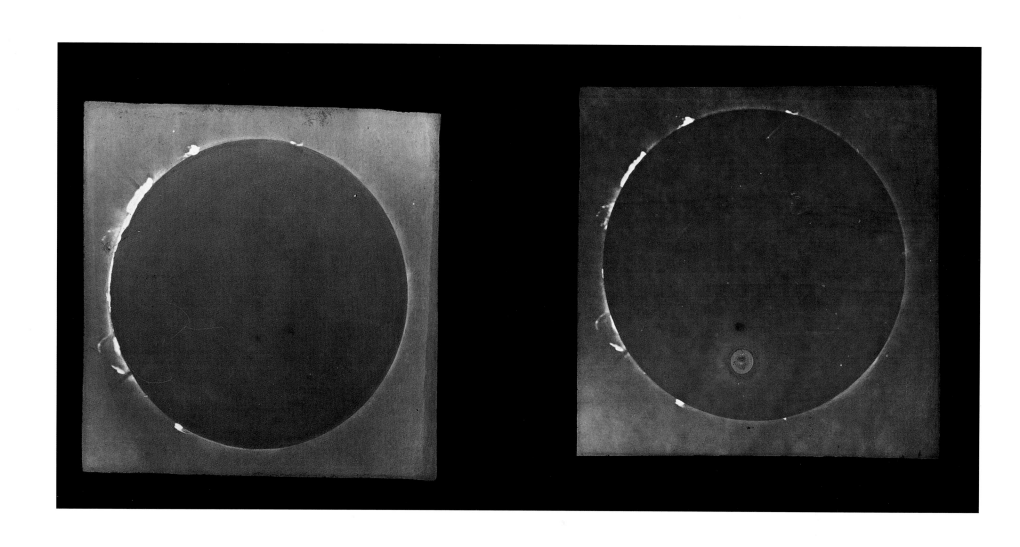

上图：沃伦·德拉鲁，《太阳》(*The Sun*)，1860年7月18日，玻璃幻灯片，16.8厘米×8.6厘米，拍摄于西班牙，皇家天文学会（A1/90），伦敦

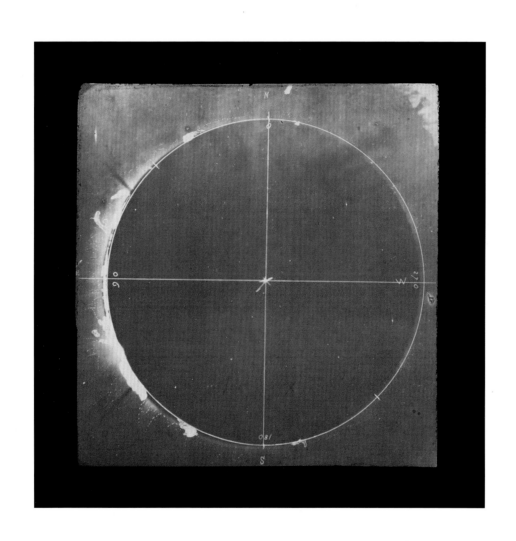

上图：沃伦·德拉鲁，《太阳》，1860年7月18日，玻璃幻灯片，8.6厘米×8.6厘米，拍摄于西班牙，皇家天文学会（A1／4），伦敦

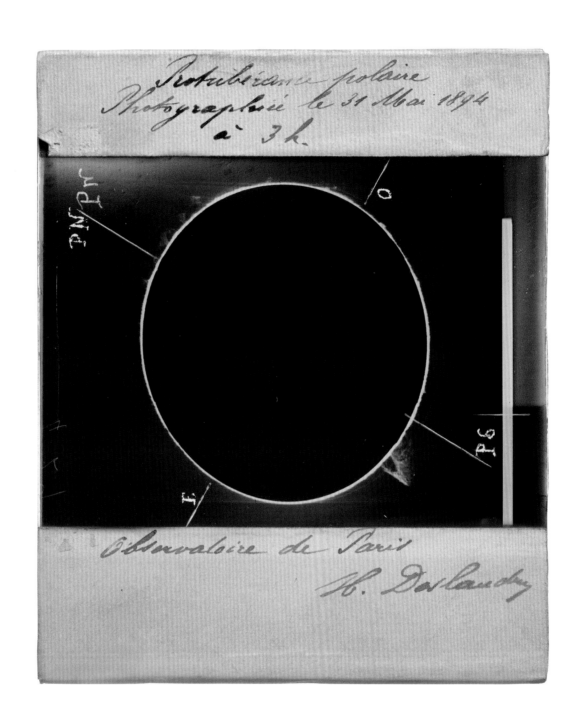

上图：H. T. 德朗德尔（H. T. Deslandres），《日珥的太阳单色照片》（*Prominence spectroheliogram*），1894年5月31日，玻璃幻灯片，10.2厘米×8.5厘米，拍摄于巴黎天文台，皇家天文学会（A3/038），伦敦

第219页图：H. 戴维斯（H. Davis），由希尔船长制作的复制品，《日全食中的日冕》（*Corona, Total Solar Eclipse*），1871年12月12日，玻璃幻灯片，16厘米×16厘米，拍摄于白库尔，印度，皇家天文学会（A4/017），伦敦

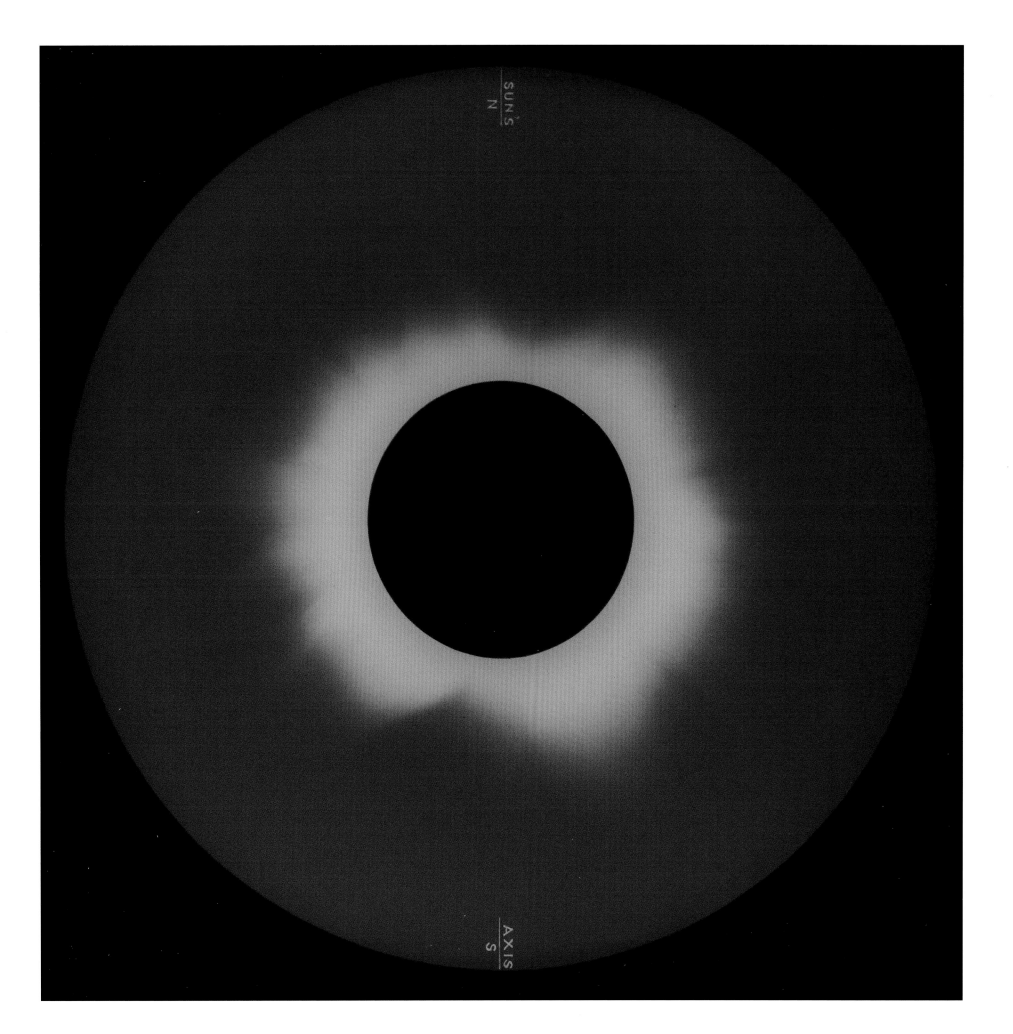

们更近，不同的视角就会显示出差异。而照片上并没有这种差异，证实日珥来自太阳。日冕本身现在已成为大量分析的对象，并被认为构成了太阳大气的最外层，在这个区域内，等离子体的温度远高于太阳表面的温度。

德拉鲁在里巴贝罗萨的照片超过了他的预期。1862年，他在皇家学会的贝克尔演讲中总结了自己的期望和结果。之后，在19世纪60年代后期，他把注意力转向了太阳黑子及太阳表面明显的米粒组织，内史密斯将其描述为一种效果，就像在太阳表面较暗的区域有一层明显的柳叶图案。

邱园的仪器是进行这种研究的最佳选择。在这十年步入尾声时，他计划每隔一段时间拍摄金星凌日的过程，试图用千分尺确定太阳视差——从地球中心测量的太阳位置与在地球表面倾斜角度测量的位置的差异。在这次尝试中，1874年，五台改良的太阳照相仪被送往地球周围的不同地点，其中一个地点远至新西兰；但这次考察是一次代价高昂的失败，德拉鲁为此承担了责任。至此，他已经退出了天文学工作。[19]

1854年，德拉鲁在机械学和光学方面的声誉被证明与皇家学会有关，当时，皇家学会为就一种超长焦距的物镜的事宜而与他联系。该物镜由克里斯蒂安·惠更斯在17世纪制造，并由艾萨克·牛顿爵士赠送给皇家学会。惠更斯设计了一套无管望远镜系统，短管中的物镜用缆绳悬挂，实际上形成了一种空中仪器。观者手持目镜，在引导下就位。德拉鲁最终使用了两款据说来自惠更斯的物镜，焦距分别为51.8米和37.2米。为了投入使用，德拉鲁提议在邱园找了一块合适的土地，建造了一座高塔。这样做的成本非常高，而且这座塔也没能建成，但皇家学会收藏了一块直径为25.4厘米、焦距为170英尺的物镜，上面刻有惠更斯、牛顿和德拉鲁的名字。[20]这枚透镜成了17世纪荷兰光学世界与19世纪先锋之间的标志性联系。

在大西洋彼岸，出身于显赫家族的纽约律师刘易斯·莫里斯·拉瑟弗德（Lewis Morris Rutherfurd），和德拉鲁一样，对天文学产生了浓厚的兴趣。因为他在经济上已经有了保障，所以1849年便放弃了自己的职业。他在第11街和第二大道的房子里打造了一个精美的工作室，里面有车床和必要的工具，还在花园里建造了一个天文台。[21]拉瑟弗德的第一项研究是光谱学，其基本原理是白光在通过棱镜后分解成组成它的颜色，正如牛顿所观察到的那样。罗伯特·本生（Robert Bunsen）和古斯塔夫·基尔霍夫（Gustav Kirchoff）进行实验后，这一领域引起了极大的兴趣，他们系统地记录了光谱中不同化学元素及其化合物的变化。这些光谱提供了一种分类形式，拉瑟弗德将其应用于记录月球和恒星的光谱。1863年，他在《美国科学杂志》（*American Journal of Science*）上发表了自己的发现。拉瑟弗德对光谱学的研究帮助他在第二年研制出一种直径为28.5厘米、焦距为4.5米的物镜。这种物镜并不能用于视觉观测，但却非常适合摄影。拉瑟弗德开始拍摄月球，并取得了不俗的效果，他的技术非常熟练，可以让月球表面的不同区域有不同的曝光时间。拉瑟弗德在1868年以前获得的照片都是用这种镜头拍摄的。在那之后，他使用了一个33厘米的物镜，后来他又用这个物镜致力于拍摄太阳及其表面和斑点。

德拉鲁于1871年拍摄的一张太阳表面米粒组织的照片，比法国天文学家朱尔·让森（Jules Janssen）从1876年开始在巴黎西南郊的默东的新天文台拍摄的关于太阳的不朽作品还要早。德拉鲁本人认为，1865年3月6日拍摄的月球负片是他最杰出的作品。[22]1889年4月，他去世后在《纽约时报》上的讣告称德拉鲁的月球照片"在全世界同类作品中脱颖而出，因为它美轮美奂，而且在细节方面无与伦比"。[23]月亮和任何崇高的浪漫主义场景一样令人难忘。1890年，拉瑟弗德将自己的负片连同相关数据以20个对开本的形式给予哥伦比亚学院。这些对开本每卷200页，他的目录显示，在1858年至1877年，他制作了435张月球照片；在1860年至1874年，他制作了175张太阳照片。自从大约30年前第一张月球的银版照片以来，拉瑟弗德将摄影的视觉潜力扩展到了新的宏伟领域，就像先锋摄影家们拍摄美国西部新开辟的风景一样，他拍摄了绿地和广袤的森林，人类侵占的铁轨和尘土中的马车痕迹成了这些绿地和森林的突出标志。这些摄影家先锋向西行进的拍摄方法是一种调查，其含义是客观中立的——相机从不说谎，它只是呈现出不加掩饰的事实，无论这样的事实是光辉的还是令人绝望的。拉瑟弗德的坚持和他的编目规模与这个系统观察和大调查的时代是一致的。

根据约翰·赫歇尔在1839年的记录，威廉·赫歇尔的木材结构被拆除，就像橡树时代的过去一样具有象征意义，暗指一个正

上图：刘易斯·莫里斯·拉瑟弗德，《月球》，1865年3月6日，　蛋白照片，50厘米×37.5厘米，皇家摄影学会收藏，维多利亚和阿尔伯特博物馆，伦敦

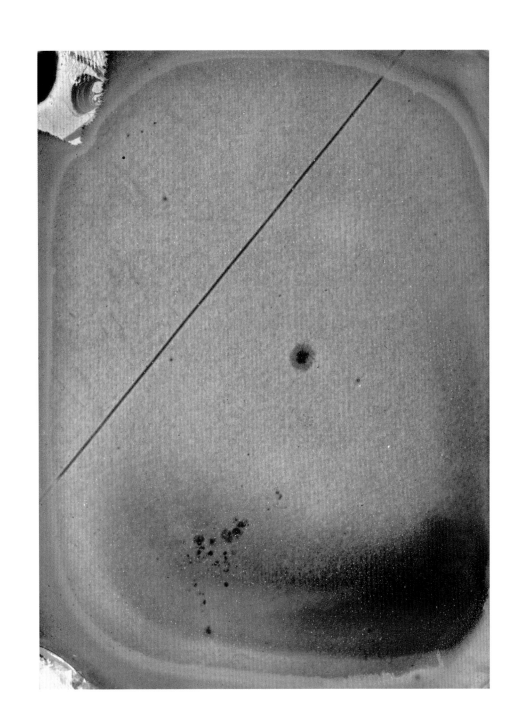

上图：刘易斯·莫里斯·拉瑟弗德，《太阳表面》（*Sun, Surface*），1871年，玻璃版照片，11厘米×8.2厘米，纽约，皇家天文学会（A3／1B），伦敦

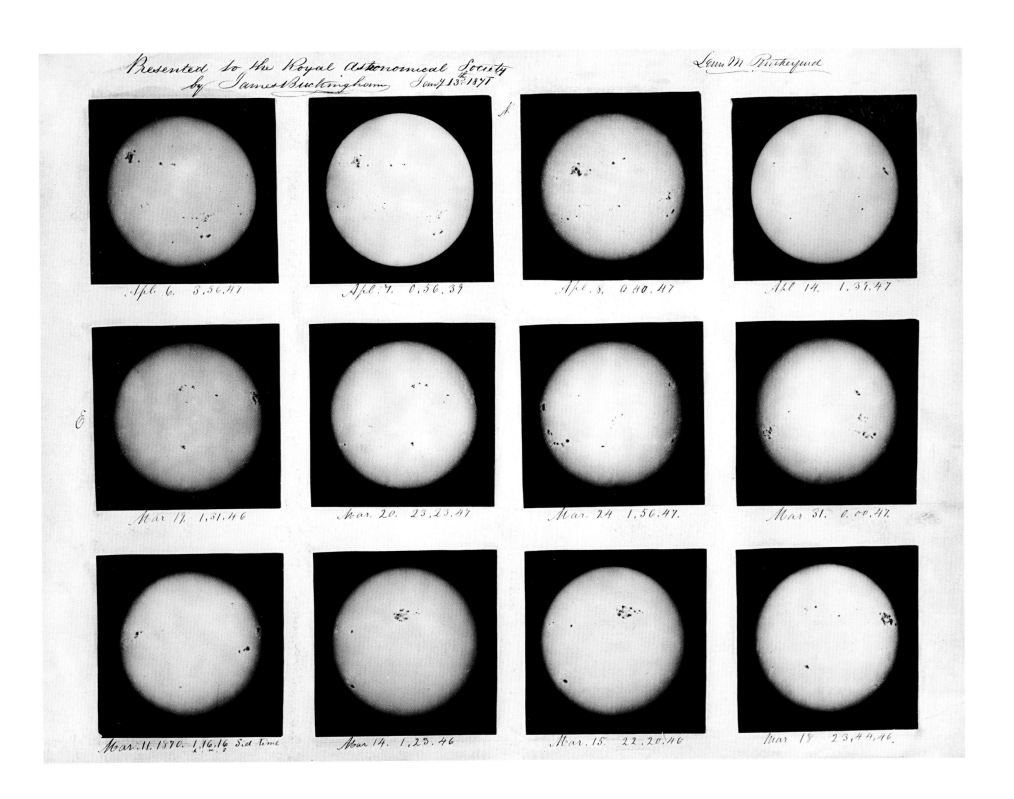

上图：刘易斯·莫里斯·拉瑟弗德，《太阳观测》(*Observations of the Sun*)，1870年3月和4月，皇家天文学会，伦敦。从左下角开始，按时间顺序从左到右排列

上图：罗斯勋爵（Lord Rosse）的反射望远镜，"帕森城的利维坦"，位于爱尔兰奥法利郡，于1845年至1870年运行

第225页图：63.5厘米的纽沃尔折射望远镜，1873年，由托马斯·库克（Thomas Cooke）为罗伯特·纽沃尔在盖茨黑德的家建造。

折射仪的圆盘于1862年投入使用，该仪器于1870年完成，并于1899年捐赠给了剑桥大学天文台

在消失的英国被一个粗犷的新企业时代所取代。这个时代的进步是以铁梁的长度或数英里的轨道来衡量的，只有来自新统治区深处的桃花心木和硬木才能点缀其中。维多利亚时代是一个属于巨大规模的时代。桥梁横跨大河，烟囱穿透云层。伊桑巴德·布鲁内尔（Isambard Brunel）在能够驾驭巨大力量的锚链旁摆出姿势。天文学的进步体现了当时的愿望。帝国横跨陆地，天空为我们留下了更多未知的东西，有待发掘、合理化。作为这一切的回报，天空将成为标记在地图上的领空。

望远镜的结构随仪器的长度增加而变得复杂。罗斯勋爵在爱尔兰奥法利郡的反射望远镜被称为"帕森城的利维坦"。罗伯特·斯特林·纽沃尔（Robert Stirling Newall）是一名工业家，他的运输、采矿和深海作业电缆是在英格兰北部的盖茨黑德制造的，1862年，他以自己的名字命名了折射望远镜，该望远镜的直径为63.5厘米，这是一个长约9米的管，由三台寻星望远镜辅助，重9吨（9144千克）。这是世界上同类仪器中最大的一台，原打算供他私人使用。1891年剑桥大学接受了它，自1957年以来，它一直在雅典国家天文台。1876—1887年，在加利福尼亚州圣何塞郊外的汉密尔顿山山顶附近，海拔约1219米的地方建造了一座古典风格的天文台，出资人是从木匠转为房地产大亨的詹姆斯·里克（James Lick）。里克折射望远镜长17.4米，有两个镜头，每个镜头的直径为91.4厘米。为了方便维修仪器，设置了一个可移动板，连同转仪钟，都由山坡上的水库提供水力动力。这个设施代表了建筑设计、圆顶建造、水利工程、平衡器制造的机械工程、供应管理（因为现场只有马匹和骡子才能到达）和光学精度的精密结合，其规模在当时是前所未有的。这些镜头源自法国，然后在马萨诸塞州进行研磨和抛光。其中一对镜片在上山途中被摔坏，花了8年的时间才完成更换。在里克折射望远镜建造的同时，英国政治家爱德华·克罗斯利（Edward Crossley）为他在哈利法克斯的家购置了一台91.4厘米的反射望远镜。该望远镜及其圆顶最终都捐赠给了里克天文台，克罗斯利在19世纪末前开始运营这里。里克天文台的照片为天文图像树立了标准。随后，约瑟夫·摩尔（Joseph Moore）和弗雷德·查普尔（Fred Chappell）于20世纪30年代在天文台完善了月球图像。

皇家天文学家威廉·克里斯蒂（William Christie）在格林尼治的山顶上，紧邻雷恩的八角室的地方，于1893年用其71.1厘米的透镜建造了大赤道折射望远镜。19世纪临近尾声，以新时代交接处的维多利亚女王的葬礼而告终。时代的宏伟和雄心壮志传给了爱德华七世时代，继而又传给了新的乔治王时代，因为在工业方面爆发了全球冲突的恐惧。进取精神与聪明才智为满足不断增长的机械战需求而带来了更庞大的武器。

在1894年的巴黎，莫里斯·洛威（Maurice Loewy）和皮埃尔·皮瑟（Pierre Puiseux）开始在巴黎天文台拍摄月球，并宣布他们打算制作规模巨大的《月球摄影地图集》（*Photographique de la Lune*），并通过照片进行完整说明。《月球摄影地图集》的页面高约76厘米，在1896年至1910年之间分批出版，总共有71张凹版印刷照片，比原版负片大很多。装订在其中以覆盖并保护这些印版的几乎透明的组织带有轮廓草图，可以用来识别月球景观的特征。凹版印刷是一种昂贵的印刷工艺，现在需要在滚筒上涂一层铜，通过深黑色的油墨完成印刷，柔软性是该工艺的特征。凹版印刷将成为20世纪中叶照相印刷的最终媒介。使用凹版印刷制作月球照片取得了惊人的结果，几乎就在同一时间，里克天文台制作了类似的中等比例的地图集。

在默东天文台工作了20年后，1896年，朱尔·让森发表了他对太阳表面进行摄影研究的第一批成果。1868年在印度目睹日食时，让森意识到研究太阳发出的光谱线的可能性。他了解到可以在未发生日食的情况下观察日珥，于是开始用分光镜进行广泛研究。随后，他发现了一种方法，通过增大图像的尺寸，将曝光时间缩短到只有1/300秒，拍摄出来的太阳照片拥有前所未有的精细度。让森的照片以非凡的清晰度揭示了太阳表面的米粒组织。1904年，在他去世前三年，让森宣布他已经收集了6000张照片。他挑选了其中的29张图片，作为精美的大型米粒组织和太阳黑子照片，收录在他于当年出版的《太阳图集》（*Atlas de Photographies Solaires*）的第一对开本中。

巴黎的这些天文摄影事业的规模和它们的完成，标志着自达盖尔、塔尔博特和赫歇尔察觉到机械复制的可能性以来的60年里，摄影技术所取得的进步。在那个时期，也就是半个多世纪的时间里，一张月球照片已经从一个可以拿在手里的物品，变成了放在图书馆桌子上的巨著，具有重要的历史价值。

上图：里克天文台，汉密尔顿山，加利福尼亚，1902年，彩色照片，国会图书馆，华盛顿特区

第228—229页图：91.5厘米折射望远镜，里克天文台，汉密尔顿山，加利福尼亚，1880—1888年

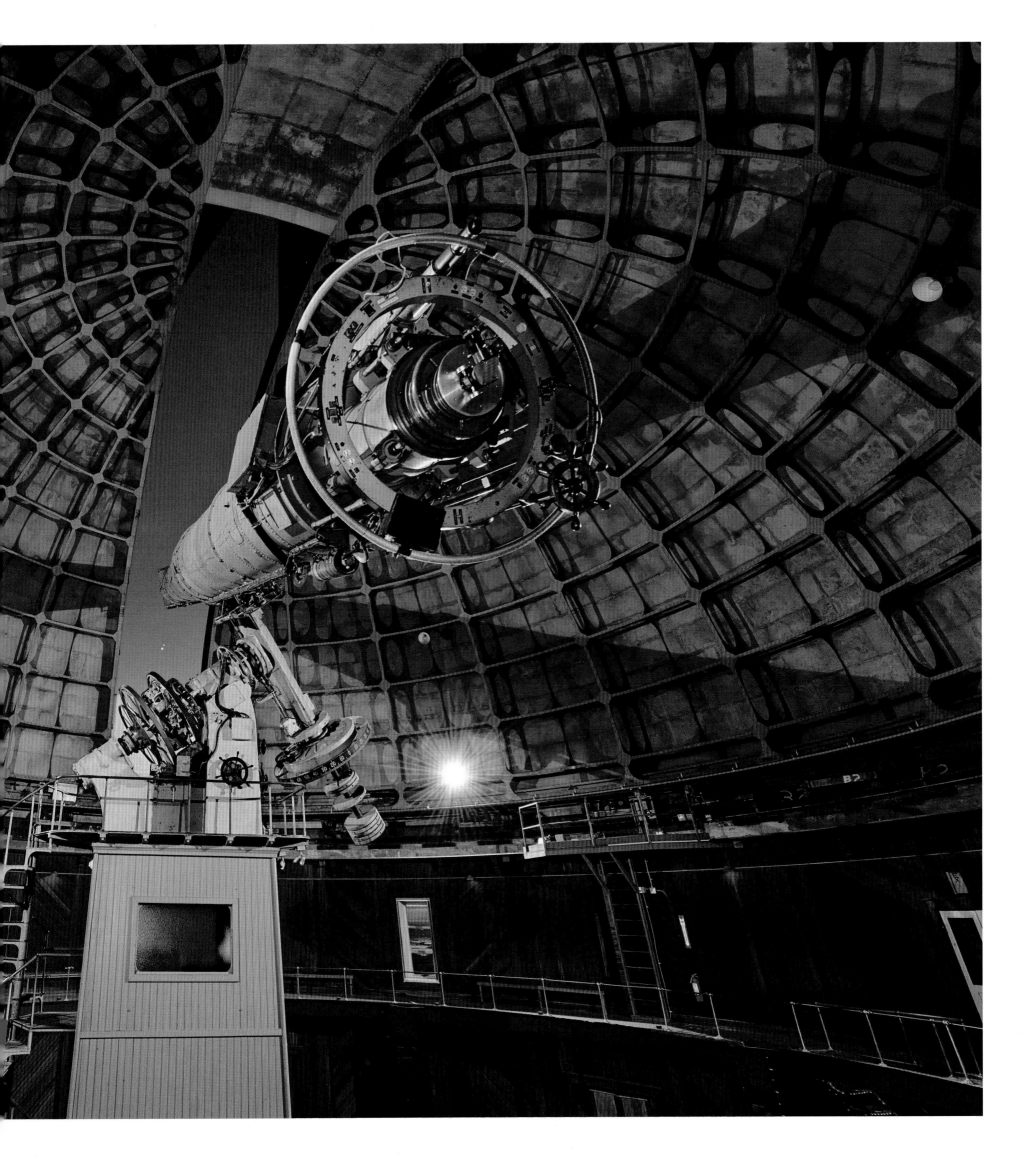

上图：克罗斯利的91.5厘米反射望远镜，里克天文台，汉密尔顿山，加利福尼亚，1895年

The Crossley Reflector—a wonderful mirror of the Stars—under small Dome, Lick Observatory, Mt. Hamilton, California.　　Copyright 1902 by Underwood & Underwood.

上图:《克罗斯利反射望远镜——星星的奇妙镜像》(*The Crossley Reflector – A Wonderful Mirror of the Stars*),里克天文台,汉密尔顿山,加利福尼亚,1902年,安德伍德&安德伍德出版社 (Underwood and Underwood Publishers),9厘米×18厘米,国会图书馆,华盛顿特区

第233页图:《月球》，1890年10月27日，玻璃幻灯片，25厘米×20厘米，拍摄于加利福尼亚汉密尔顿山的里克天文台，皇家天文学会（B6/017），伦敦

1890 Sept. 21. 6ʰ55ᵐ P.s.t. Moon's age 7ᵈ3ʰ — exposed 3.ᵒ0. E.S.H. +J.E.K.
aperture 8 inches (0 str.) A₀B₀C₀
Moon's Decl. = −24°.6 !

上图：《月球》，1890年9月21日，玻璃负片，25厘米×20厘米，拍摄于加利福尼亚汉密尔顿山的里克天文台，皇家天文学会（B6/001），伦敦

1895 Aug. 13, 15ʰ 16ᵐ 28ˢ-28.ˢ5 P.s.t. ALC, CDP.
Aperture 15½ inches, Age 23ᵈ6ʰ, δ = +25°, σδ = +8″

I'7798/ALC

上图：《月球》，1895年8月13日，玻璃负片，25厘米×20厘米，拍摄于加利福尼亚汉密尔顿山的里克天文台，皇家天文学会（B6/014），伦敦

上图和第237页图：大赤道望远镜，71.1厘米折射望远镜，皇家天文台，格林尼治，1893年，由皇家天文学家威廉·克里斯蒂授权

上图和第239页图：《月球》，1897年10月7日，玻璃版照片，16厘米×16厘米，用由安斯利·康芒（Ainslie Common）为格林尼治皇家天文台的汤普森赤道望远镜（Thompson Equatorial Telescope）制造的卡塞格林反射镜进行观察，皇家天文学会（B5/06 B5/05），伦敦

第240页图：《月球》，1902年6月6日，玻璃负片，24厘米×17.3厘米，用巴黎孔代望远镜（Paris Condé Telescope）拍摄，皇家天文学会（B5/22），伦敦

第241页图：皮埃尔·亨利·皮瑟（Pierre Henri Puiseux），《月球》，1904年2月23日，玻璃负片，21.4厘米×16.3厘米，拍摄于巴黎天文台（B5/07），皇家天文学会，伦敦

第242—245页图：莫里斯·洛威和皮埃尔·亨利·皮瑟的扉页和印版，《月球摄影地图集》，76厘米×61厘米，巴黎天文台，1896—1910年

OBSERVATOIRE DE PARIS

GRAND ÉQUATORIAL COUDÉ

ATLAS PHOTOGRAPHIQUE DE LA LUNE

IMAGE OBTENUE AU FOYER
DE LA LUNETTE

Pl. c

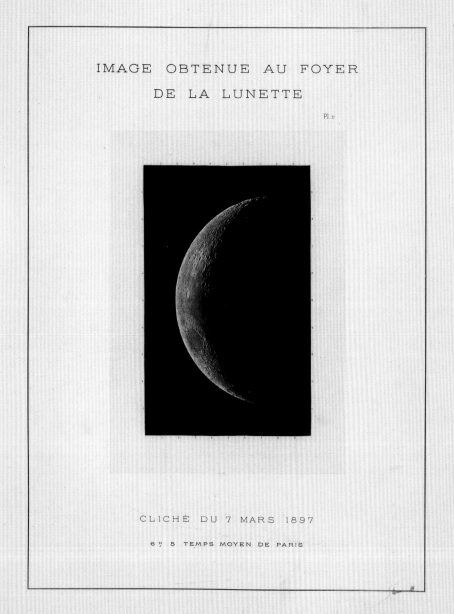

CLICHÉ DU 7 MARS 1897

6ʰ 5 TEMPS MOYEN DE PARIS

HÉLIOGRAVURES D'APRÈS LES CLICHÉS ET LES AGRANDISSEMENTS

EXÉCUTÉS PAR MM. LŒWY ET PUISEUX

ASSISTÉS DE M. LE MORVAN

PARIS 1898

Héliog. FILLON & HEUSE.

Grand Equatorial Coudé   Observatoire de Paris

1899 Février 17 6ʰ0 t.m.Paris   Agrandissement 14,2 fois   Diamètre Lunaire 2ᵐ29

PAR M.M. LŒWY ET PUISEUX

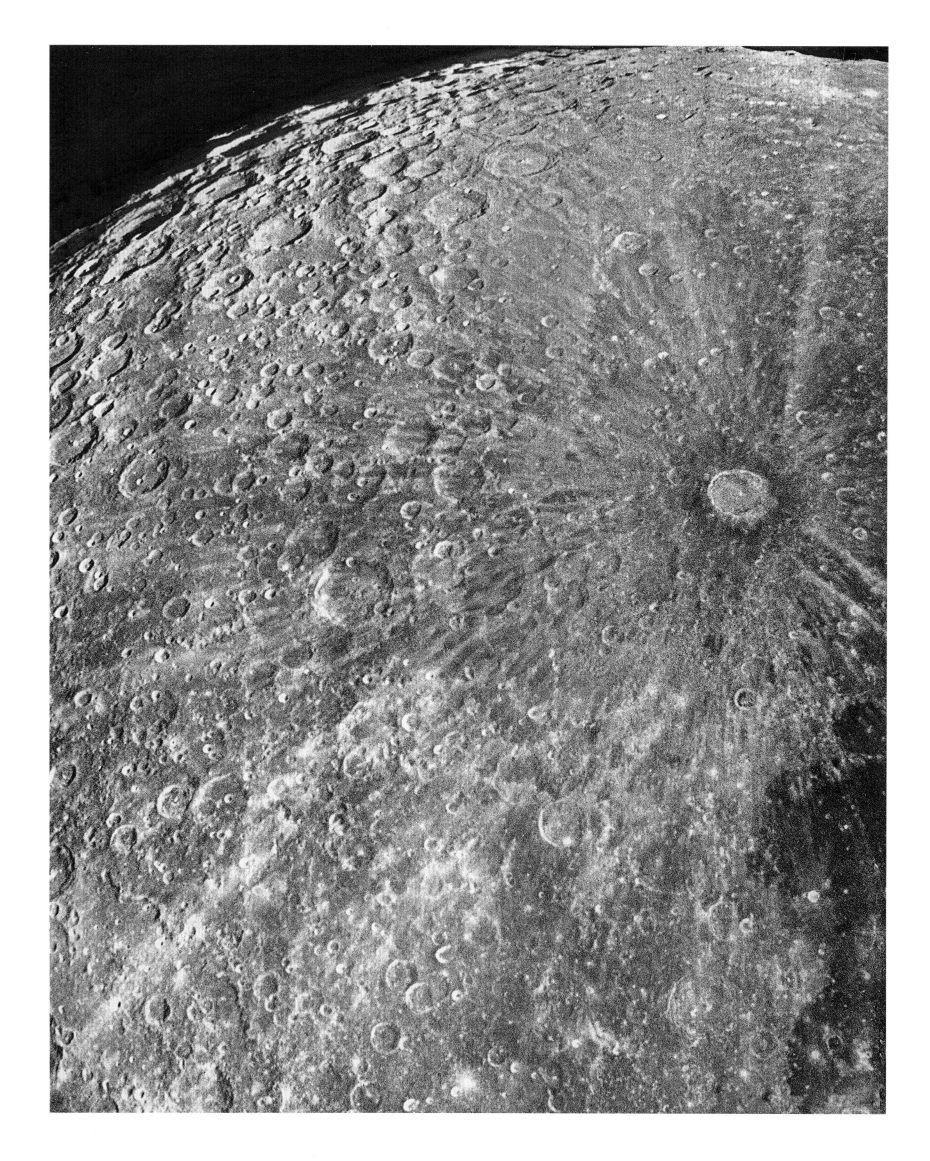

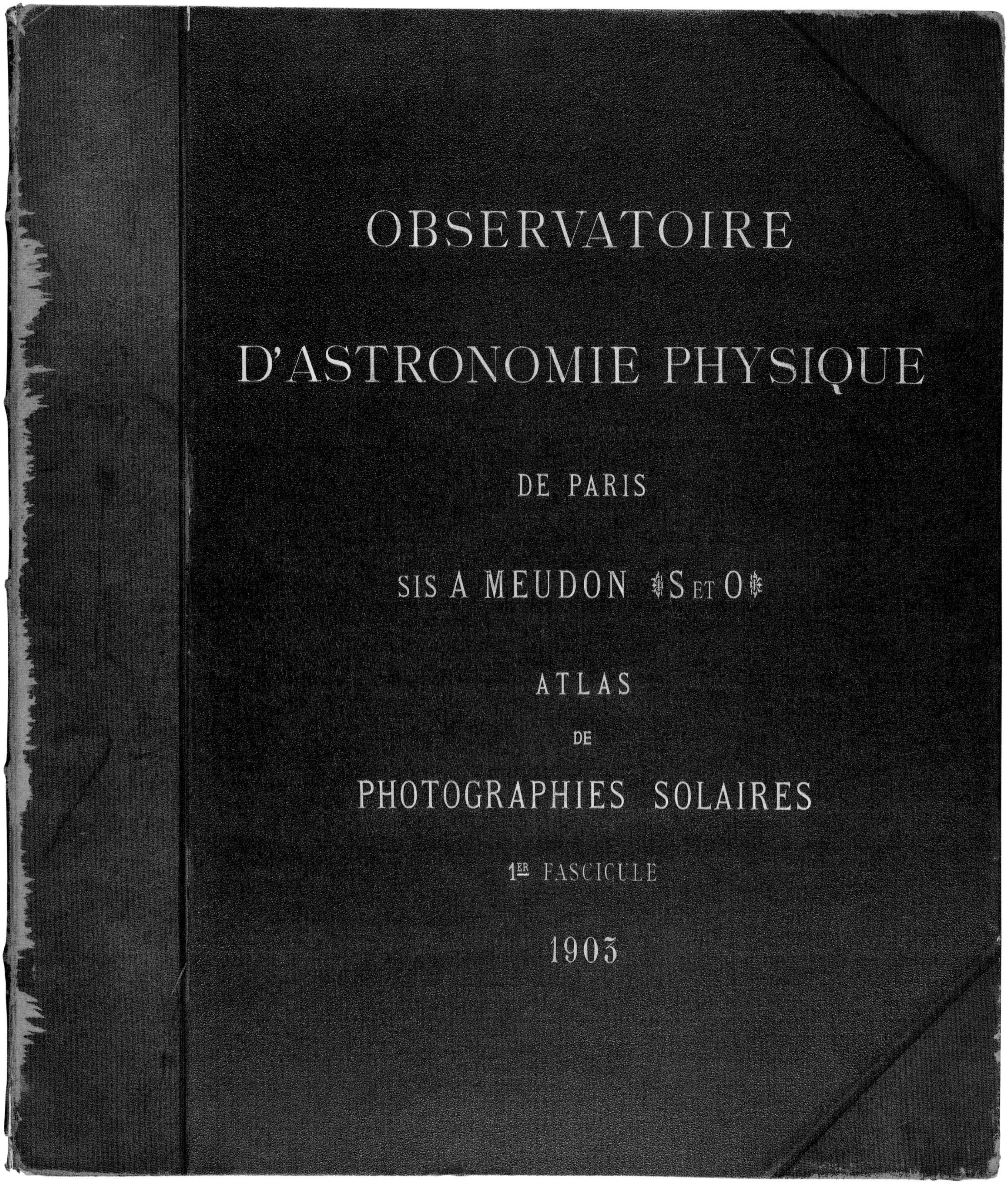

OBSERVATOIRE

D'ASTRONOMIE PHYSIQUE

DE PARIS

SIS A MEUDON ❖S ET O❖

ATLAS

DE

PHOTOGRAPHIES SOLAIRES

1ER FASCICULE

1903

上图：朱尔·让森，《太阳图集》，巴黎天文台，默东，法国，1903年，封面装订，72厘米×63厘米，皇家天文学会，伦敦

ANNALES

DE

L'OBSERVATOIRE D'ASTRONOMIE PHYSIQUE

DE PARIS

Sis PARC DE MEUDON (Seine-et-Oise),

PUBLIÉES PAR

J. JANSSEN,

DIRECTEUR DE L'OBSERVATOIRE.

———

ATLAS

DE

PHOTOGRAPHIES SOLAIRES.

———

PREMIER VOLUME DE L'ATLAS.

PUBLIÉ PAR M. J. JANSSEN

ASSISTÉ DE

M. PASTEUR, PHOTOGRAPHE DE L'OBSERVATOIRE.

PARIS,

GAUTHIER-VILLARS, IMPRIMEUR-LIBRAIRE

DU BUREAU DES LONGITUDES, DE L'OBSERVATOIRE DE PARIS,

Quai des Grands-Augustins, 55.

1903

上图和第249页图：朱尔·让森的印版，《太阳图集》，巴黎天文台，默东，法国，1903年，71厘米×62厘米，皇家天文学会，伦敦

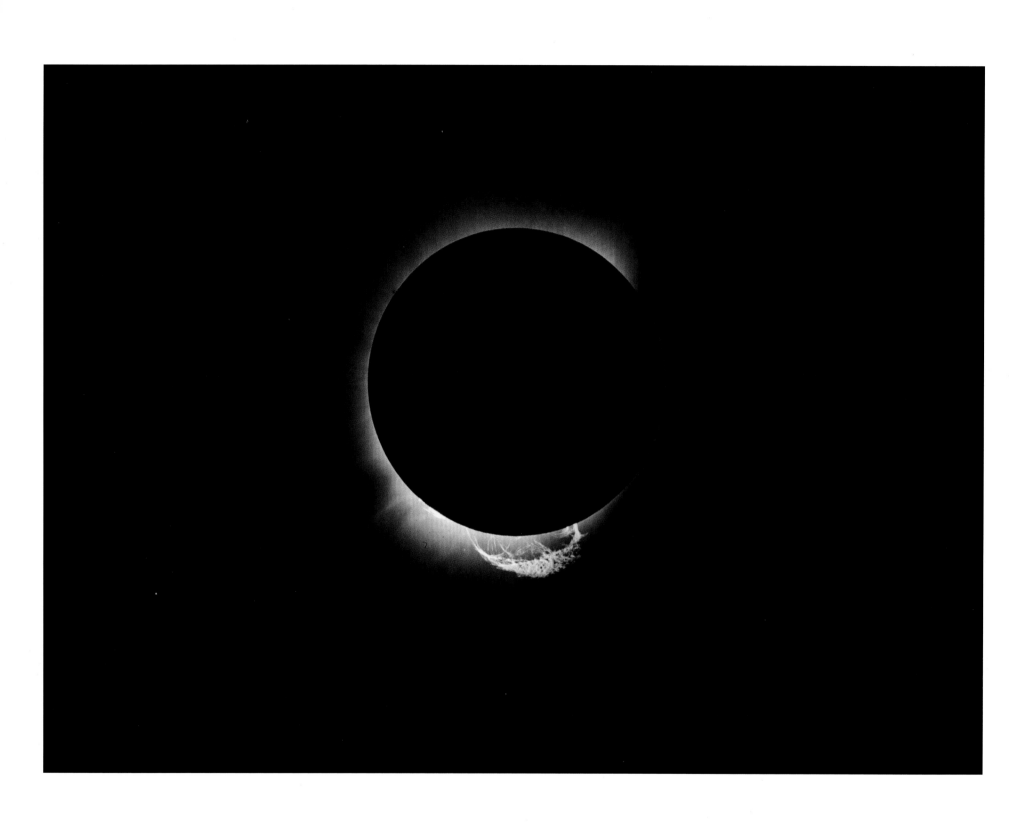

上图和第251页图：1919年的日食，玻璃正片，25.2厘米×30.3厘米，格林尼治皇家博物馆

第252页图： 约瑟夫·摩尔和弗雷德·查普尔，《月球》，1938年11月1日，里克天文台，汉密尔顿山，加利福尼亚，玻璃幻灯片，20.3厘米×25.8厘米，皇家天文学会（B6/076），伦敦

第253页图： 约瑟夫·摩尔和弗雷德·查普尔，《月球》，1937年10月24日，里克天文台，汉密尔顿山，加利福尼亚，玻璃幻灯片，20.3厘米×25.8厘米，皇家天文学会（B6/74），伦敦

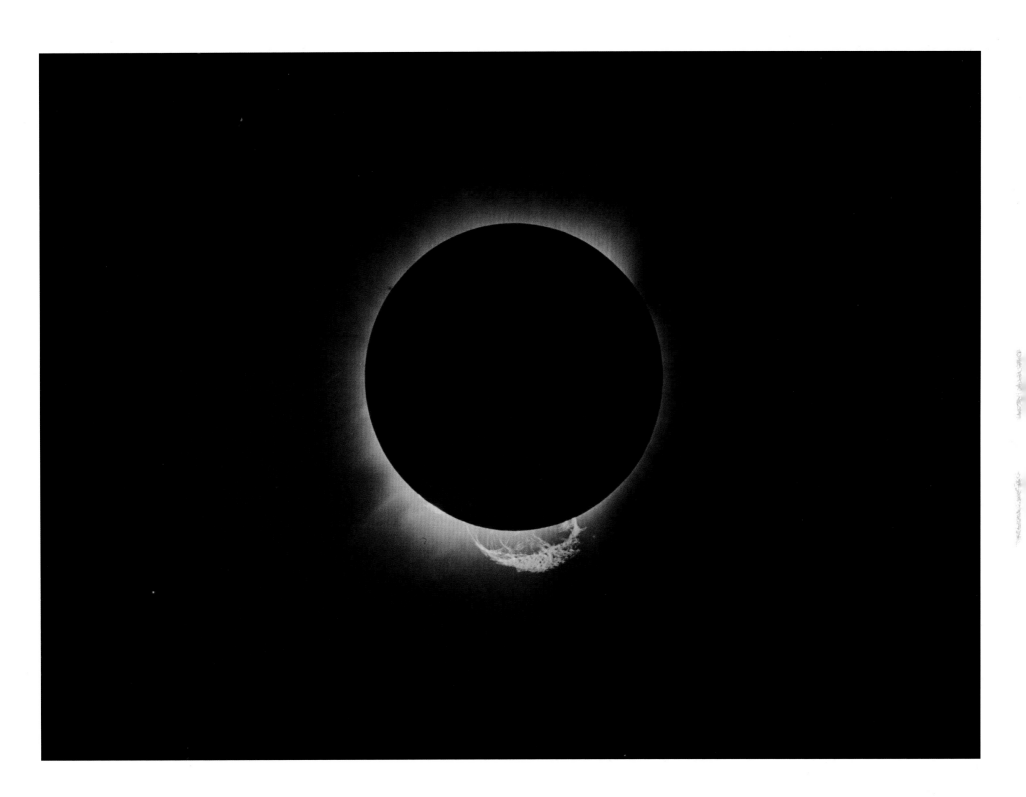

第255页图： 约瑟夫·摩尔和弗雷德·查普尔，《月球》，1936年3月8日，里克天文台，汉密尔顿山，加利福尼亚，玻璃幻灯片，20.3厘米×25.8厘米，皇家天文学会（B6/076, B6/74, B6/73），伦敦

V

太空人

1962年9月初的一天，约翰·F. 肯尼迪（John F. Kennedy）在休斯敦莱斯大学体育场的讲台上，向远比聚集在得克萨斯州阳光下的人群和扇着扇子的政要们更多的听众发表演讲。他向世界伸出了双手。在莫斯科更为凉爽的空气中，苏联的观测者们会注意到肯尼迪对苏联卫星技术为全球进步所做贡献的贬低。肯尼迪的愿景是无视政治分裂而拥抱地球，但他的观点挑战了他的苏联对手。在十年内，他不仅仅要将火箭送上月球，更是要把一个人送上月球。肯尼迪的言辞既鼓舞人心又具体明晰，表达了毫不犹豫地进入未知世界的共同使命。他用了大约17分钟的时间，用目的明确、言辞清晰的句子将这一切表达了出来。在1945年发生的两起预示着原子时代的毁灭性事件的背景下，这一宣言的分量显得尤为重要。科学可以毁灭我们，也可以让我们冲破地球的大气层。

但是，同胞们，我想说，我们将把一个巨型火箭送上距离休斯敦控制中心24万英里远的月球；这个火箭的高度超过300英尺，相当于这个橄榄球场的长度，由新合金材料制成，其中一些材料还没有被发明出来；它能够承受的温度和压力要比以往的水平高出数倍，装配精度比最精良的手表还要高。它会携带推进、制导、控制、通信、食物和生存所需的所有设备，执行一项前所未有的任务，前往一个未知的天体，再安全返回地球，以超过每小时25000英里的速度重新进入大气层，所产生的热量约为太阳温度的一半，就和今天一样热。我们要做到，要做好，还要赶在这个十年结束前就做出来，为此，我们必须要有勇气。

1961年7月，在休斯敦演讲前一年多，美国国家航空航天局宣布登月任务阿波罗计划开始。肯尼迪提到的火箭来自土星推进器家族，其中第一枚土星1号已于1961年10月发射。肯尼迪在演讲中形容C-1火箭具有10000辆汽车的动力。C-5火箭被称为土星5号，通过使用5个发动机增加第一级火箭的推进力，它成了登月任务的典范。在了解了第二次世界大战末期德国V-2火箭的破坏力和心理影响后，美国军方从20世纪50年代初就开始研制导弹的火箭系统。争取更大的火箭推进力的竞赛也推动了将卫星用于导航和观测目的的想法。计划中的第一颗美国卫星"先锋号"的发射，被苏联在1957年10月宣布的完全出乎意料的"斯普特尼克号"卫星远远甩在后面。俄国人在这场你追我赶的竞赛中处于领先地位，这使那些将卫星命名为"先锋号"的人感到十分羞辱。1958年1月31日，美国的另一颗卫星——火箭形状的"探险者1号"由卡纳维拉尔角发射的"朱诺1号"火箭成功送入轨道。航天界的最高领导人韦恩赫·冯·布劳恩（Wernher von Braun）与他的同事威廉·海达德·皮克林（William Hayward Pickering）和詹姆斯·范·艾伦（James Van Allen）在美国国家科学院举行了一次气氛欢腾的新闻发布会。冯·布劳恩将以"导弹手"为题出现在2月份的《时代》（Time）杂志的封面上。[1]当时，冯·布劳恩最能感受到美国的民族自豪感，他有着复杂的背景，其中包括在战争年代的一段时期，当时这种发射卫星的事业还处于萌芽阶段，但却造成了严重的破坏。

据信，冯·布劳恩从童年时期对天文学的兴趣到进入更高层次的机械工程领域，特别是对火箭推进器的关注，是受到他早期阅读赫尔曼·奥伯特（Hermann Oberth）的《火箭进入行星空间》（Die Rakete zu den Planetenräumen）的启发，该书于1923年出版。[2]通过奥伯特的作品，他开始思考太空旅行的理论和实践原则。青年时期的冯·布劳恩在柏林期间的学术进步备受关注。从他的角度来看，他的每一步，包括他在20世纪30年代末与纳粹党的关系，都是在为他对火箭的狂热服务，而他的火箭技术恰恰不在结束第一次世界大战的《凡尔赛和约》的条款范围内。冯·布劳恩的传记细节没有任何表明他缺乏信念的迹象。1939年，27岁的冯·布劳恩成为佩内明德陆军研究中心（Heeresversuchsanstalt Peenenmünde）的技术总监，这个位于波罗的海的秘密军事研究机构研制了V-2火箭，并在此进行远程导弹项目的初步工作。1940年，在海因里希·希姆莱（Heinrich Himmler）的特别要求下，冯·布劳恩加入了党卫军。他在科学上的专注已经使他锋芒过盛，无法避免进一步的政治纠葛。冯·布劳恩被征召到纳粹最黑暗的部门，无论他后来如何否定其

上图：韦恩赫·冯·布劳恩站在土星5号第一级火箭F-1发动机前，美国太空和火箭中心，亨茨维尔，亚拉巴马州，1959年

第260—261页图：位于马歇尔太空飞行中心的建设中的火箭发动机试验场，亨茨维尔，亚拉巴马州，1963年

上图：阿波罗计划土星5号火箭的一部分从亚拉巴马州亨茨维尔的马歇尔太空飞行中心的建造地点，运往佛罗里达州卡纳维拉尔角肯尼迪航天中心的发射台，1967年1月16日

第263页图：第二批次的第一架土星1号火箭准备发射，肯尼迪航天中心，卡纳维拉尔角，佛罗里达州，1964年1月29日

第 264—265 页图：土星 5 号火箭的第一级装配，米丘德装配厂，新奥尔良，路易斯安那州，20 世纪 60 年代

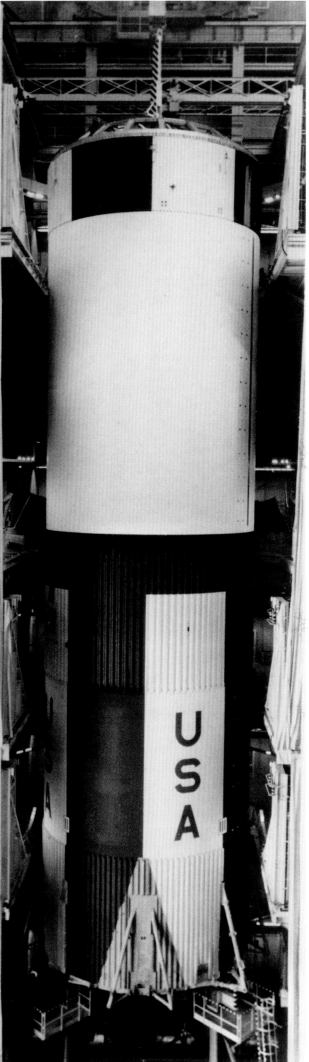

第266—267页图：F-1发动机，其中五个安装在土星5号火箭上，20世纪60年代

第268页图：万向架，多轴空间测试惯性设备（MASTIF），用于训练宇航员在早期水星任务（1958—1963年）
中控制俯仰和滚动，格伦研究中心，刘易斯菲尔德，克利夫兰，俄亥俄州，1957年

上图：动态的万向架

意义，在他看来，这都是促成技术持续进步的一种手段。

在这个阶段，希特勒非常欣赏火箭武器的潜力，并指定伦敦为其目标。1942年10月，第一架V-2火箭发射。英国人对这一令人震惊的情报做出反应，他们在1943年夏天对佩内明德进行了大规模的空袭。德军前进的脚步受阻，但没有停止。V-2工厂转移到了米特尔维克工厂，这是一个位于德国中部的地下综合工厂，是利用附近集中营提供的奴隶劳工建造起来的，名声非常不好。

冯·布劳恩不可能不知道他心爱的导弹是在什么条件下孕育和制造出来的。1944年春，他曾被盖世太保短暂关押，当时他的忠诚度受到了质疑，但很快就获释了，由此证明他似乎拥有不可撼动的地位。他的角色太过重要，不能失去他。佩内明德终于在1945年3月落入苏联人之手，但冯·布劳恩抵达奥地利，并于5月向美国人投降。据说，在佩内明德发现的他的个人物品中，有一本写着大量注释的康斯坦丁·埃杜阿尔多维奇·齐奥尔科夫斯基（Konstantin Eduardovich Tsiolkovsky）的书，他是一位富有远见的苏联空间理论家，早在1903年就计算出利用液氧和氢作为燃料将航天器送入绕地球轨道所需的速度。事实上，火箭科学的摇篮并不在波罗的海的阴冷海岸，而是在莫斯科西南约145千米的卡卢加镇，在那里，没有接受过正规教育的齐奥尔科夫斯基奠定了苏联人能够实现其从斯普特尼克号到宇航员尤里·加加林（Yuri Gagarin）的航行的宇宙雄心的基础。尤里·加加林最终于1961年4月成为第一个进入地球轨道的人。

从北极到高加索，从波罗的海到太平洋，俄罗斯幅员辽阔。"生存空间"（Lebensraum）的概念对德国人而言有着致命的吸引力，就如同它曾吸引了以前的侵略者梦想着用积累的面积数来衡量胜利的宏伟，结果却发现他们的军队在回家的漫漫长路上衣衫褴褛，饱受俄罗斯冬天的折磨。空间的规模，以及计算吨位或水电功率大小的数量级，代表了俄罗斯的一个特点。向远方进发的骑士在乌拉尔山脉以外的空旷草原上来来往往。在1904—1905年的日俄战争之前，连接莫斯科和太平洋的铁路的到来，让西伯利亚的前哨站可以了解到莫斯科发生的事情，而以前他们距离西边的莫斯科有数周的路程。内陆湖的湖水是最深的，森林也是最黑暗的，就连俄语的结构也像大河边起伏的平原一样。这样一片

广袤的领土孕育了来自极端气候或地理的特征，使这一地貌与北欧的温柔田野区别开来。萨满教传统依然存在，圣人、愚人和先知都在19世纪的文学中占有一席之地，正如他们在俄国革命前的宫廷中一样。接着，工业化继农奴制之后生根发芽，工厂的烟囱向天冲破封建主义的阴影。机器时代的到来，仍然与俄罗斯早期不可磨灭的身份的残余纠缠在一起。

康斯坦丁·齐奥尔科夫斯基是在非传统教育培养出来的本土智慧的化身。他没有接受过正规的学校教育，在远离大都市中心的地方生活和工作。他是一个有远见的人，试图将技术革命的成果应用于人类社会的未来利益，在他看来，这样是完成了一种使命。齐奥尔科夫斯基把宇宙探索与人类福利，甚至是幸福的条件联系在一起。到1917年10月的布尔什维克革命时，他的影响更加明显。此后，一代艺术家将在图形方面取得新的发展，并拥抱在设计、电影、建筑和戏剧方面的变革。在一个充满无限可能性的时代，太空旅行是一个完美的愿望。投身革命事业的大师们与齐奥尔科夫斯基的观点一致。太空旅行是有可能实现的，就像推翻几个世纪的苦工奴役，或者就像字面意思上那样，冲进冬宫的大门。

1857年，齐奥尔科夫斯基出生在莫斯科东南边的梁赞省时，农奴解放的法令尚未颁布，托尔斯泰和陀思妥耶夫斯基才开始成为出版作家，而俄国刚刚在克里米亚战争中战败。21年后，刚刚取得省立学校教师资格的齐奥尔科夫斯基正在绘制火箭推进后突破地球大气层的无重力运动图。儒勒·凡尔纳（Jules Verne）的文学作品培养了齐奥尔科夫斯基的想象力，他正在考虑将文学形象转化为科学的可能性。在与世隔绝的卡卢加，他利用风洞探索了空气动力学的形式，将可膨胀的金属飞行器的想法理论化，并得出了一个数学公式，即今天人们所熟知的火箭方程或齐奥尔科夫斯基公式，将火箭的排气速度与其变化的速度和随之而来的质量变化联系起来。提出质量是一个变量就等于是开辟了一种新的力学形式，而对齐奥尔科夫斯基来说，这是开辟了通往星际旅行的路线[3]。1903年，齐奥尔科夫斯基在圣彼得堡一家科学杂志上发表了《用火箭推进器探索宇宙》（*The Investigation of Cosmic Space by Reactive Devices*）一文，但直到近10年后重新发表，

上图：康斯坦丁·齐奥尔科夫斯基，卡卢加，俄国，1909年

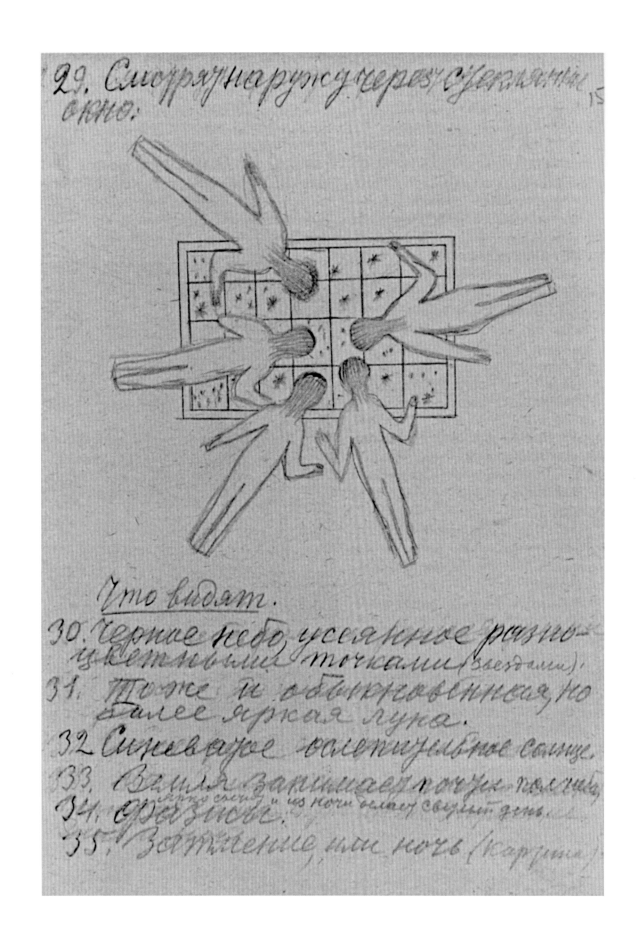

上图和第273页图：康斯坦丁·齐奥尔科夫斯基，《宇宙旅行专辑》的页面，1932年，纸上铅笔画，俄罗斯科学院存档，莫斯科

36. Надеваю предохранительные
оболочки для жизни в пустоте. Это подобие скафандра с источниками кислорода и поглощающими газы.

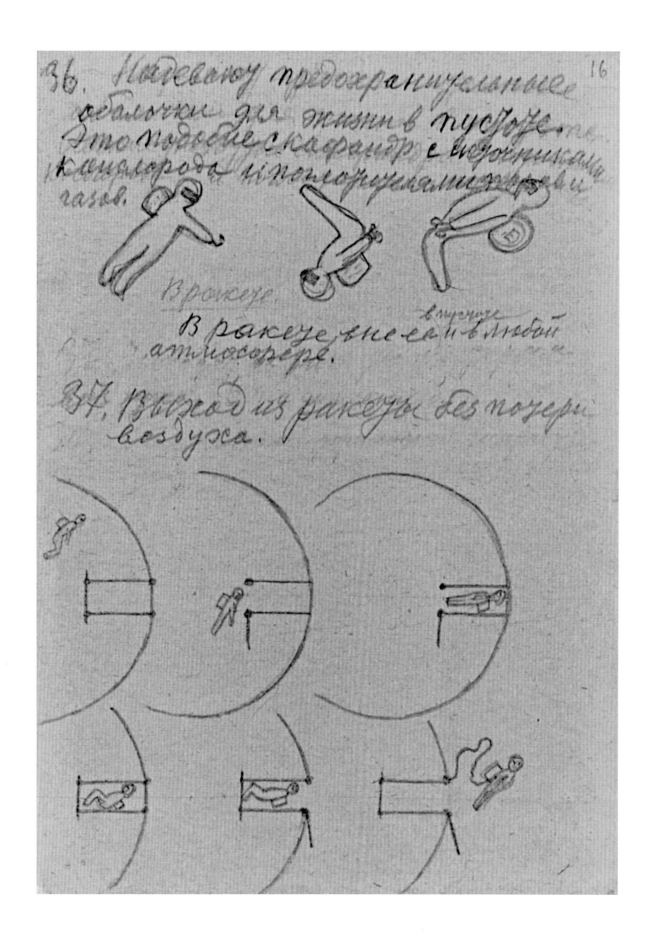

В ракете.

В ракете, вне её и в любой атмосфере.

37. Выход из ракеты без потери воздуха.

才引起人们的注意。[4]1923年，奥伯特的《火箭进入行星空间》出版后，齐奥尔科夫斯基在原有文章的基础上进行了扩展，出版了《火箭进入行星空间》(*The Rocket into Cosmic Space*) 一书，成功进入国际读者的视野。在整个20世纪20年代，他发表了一系列的火箭研究报告。他的想法包括火箭列车的可能性、多级火箭的概念，甚至还有气密门。1936年瓦西利·柴拉夫列夫 (Vasili Zhuravlyov) 执导了《宇宙旅行记》(*The Cosmic Voyage*)，该片主要是对齐奥尔科夫斯基1932年的《宇宙旅行专辑》(*Album of Cosmic Journeys*) 的设想，作者在该书中生动地描述了宇航员在太空旅行限制下的日常生活。齐奥尔科夫斯基在19世纪末构思、1920年出版的科幻小说《地球之外》(*Beyond the Planet Earth*)，就是为了打动第一代宇航员。具有远见卓识的小说的出现成了后来鼓舞人心的现实的最初一步。

齐奥尔科夫斯基于1935年去世，他的宇宙哲学当然以一种与托洛茨基的不断革命论等概念并不完全对等的方式来考虑人类的进化。进化是一种不可避免的过程，在齐奥尔科夫斯基看来，进化并没有导致另一种辩证法斗争，而是引发了对太空的占领。太空飞行并不是进化过程的顶点，而仅仅是完成了第一个历史性的步骤，这一步骤最终将引领人类在太阳系中我们所熟悉的行星区之外，到宇宙更远处定居。1926年，齐奥尔科夫斯基为太空探索的进程提出了16个具体步骤。与当时正盛行的暴政相比，在近一个世纪后，我们可以看到，齐奥尔科夫斯基的意图似乎极具良性和智慧，拥有高度的针对性：

1. 制造带机翼的火箭飞机。
2. 逐步提高这些飞机的速度和高度。
3. 生产真正的无翼火箭。
4. 能在海面上着陆。
5. 能达到逃逸速度（每秒约58千米）和首次进入地球轨道的速度。
6. 延长火箭在太空的飞行时间。
7. 实验性地利用植物在宇宙飞船中制造人工大气层。
8. 利用加压航天服进行舱外活动。
9. 为植物打造轨道温室。
10. 在地球周围建立大型轨道栖息地。
11. 利用太阳辐射来种植作物、加热太空服，并在整个太阳系中进行运输。
12. 小行星带的集群。
13. 整个太阳系及其他地区的集群。
14. 实现个人和社会的完善。
15. 太阳系的过度拥挤现象和银河系的集群。
16. 太阳死亡和太阳系中剩余人口前往其他类似太阳系的地方。[5]

齐奥尔科夫斯基的启蒙进步意识与叶甫盖尼·扎米亚金 (Yevgeny Zamyatin) 的小说《我们》(*We*) 的前提形成了明显的对比。《我们》于1924年以英文出版，常被称为乔治·奥威尔 (George Orwell) 的极权主义国家小说《一九八四》(*Nineteen Eighty-Four*) 的文学先例。扎米亚金的中心人物是一位生活在当局眼皮底下的太空工程师。他受雇建造一艘新的宇宙飞船，用它来占领更多的星球。经过对一个非人类政权的多次观测，有人建议通过殖民和侵略，而非和平的形式向地外扩张。太空旅行的想法始终提供了一种具有深刻洞察力的手段。在一个压抑或僵化的社会中，想象中的太空旅行是一种超脱的工具，否定了世俗生活的枷锁。社会秩序越是残酷或压抑，这种投射作为一种精神生存的方法就越是重要。同样，苏联的诗歌也在肃反和处决的悲痛和恐怖中飞速发展。波兰作家斯坦尼斯瓦夫·莱姆 (Stanislaw Lem) 1961年出版的小说《索拉里斯星》(*Solaris*)，1972年被安德烈·塔可夫斯基 (Andrei Tarkovsky) 改编为电影。在这部小说中，宇航员们凝视着浩瀚的星球之海，反衬出自己潜意识里的苦难。地外体验以凝视一面心灵之镜的方式呈现出来。对齐奥尔科夫斯基来说，离开地球是人类不可避免的一步，符合自然发展的规律。在他的想象中，他不是在逃避政治恐怖或个人面临的灾难，而是在逃避明显的资源枯竭。在1911年卡卢加的一封信中，他有一句名言："地球是心灵的摇篮，但我们不可能永远活在摇篮里。"

俄国的艺术家正像革命倡导者受到世界大战灾难的刺激一样，狂热地拥抱着创造性的进步。1915年，卡西米尔·马列维

奇画了《黑方块》《黑十字》（*Black Cross*）和《旋转的平面》（*Plane in Rotation*）【《黑色圆圈》（*Black Circle*）】，完美地实现了他的至上主义运动；1920年，弗拉基米尔·塔特林（Vladimir Tatlin）以他的《第三国际纪念碑》（*Monument to the Third International*，塔特林塔）模型预示了三维建构主义，在这段时间里，新艺术语言的形成与齐奥尔科夫斯基的进步感相呼应。超验主义和建构主义是俄国在新世纪第一个十年挑战立体主义之后出现的具体运动——毕加索曾在1907年画过《亚维农的少女》（*Les Demoiselles d'Avignon*）。对马列维奇来说，将视觉经验剥离到扁平化的几何平面上，带来了一种新的现实，在这种现实中，至上主义的空间取代了人间的现实。[6]马列维奇的还原法通过生成标志性的形式（正方形、十字形、圆形），消除了与叙事参考的任何联系，这些形式除了空间焦点和内在的精神性之外再无其他意义。通过将形式纪念化，他又重返俄罗斯圣像画的境界，在永恒的白色和地狱般的黑色之间取得平衡。这些极简的图像成了超凡脱俗的作品。在1920年的一封信中，马列维奇在提到黑方块时写道："这是一个新的生命体的形式……不是绘画，而是另一种东西。"[7]当马列维奇在白色的地面上画了一个偏离中心的黑色圆圈，并宣称这个圆圈是在旋转的时候，他是在视觉上将旁观者带入了空间——将观者置于空间之中。

塔特林塔旨在成为一座比埃菲尔铁塔更高的功能性建筑，铁制框架被设计成包围着旋转的玻璃内部结构。这座建筑将作为一台真正的革命机器而存在，新秩序的执行者们在其中绕着不同的轴线旋转。塔特林将鲜明的图形对角线与螺旋形的高涨愿望结合起来，通过这种方式，建筑与画家和雕塑的形式相联系，但又为功利主义服务。其结果就像马列维奇的白底黑图一样具有标志性，即便它是一个从未建成的纪念碑的银漆胶合板模型。纵向的投射效果就像设计一个发射台一样清晰，通过这个发射台控制推力，由此开始将革命的愿望付诸实践。

在1920年塔特林模型在彼得格勒展出后仅几个月，亚历山大·罗琴科（Alexandr Rodchenko）就为在莫斯科一家沙龙举办的第三届俄国青年艺术家协会建构主义艺术展做出了贡献。照片显示，他将自己的结构悬挂在画廊的天花板上。一组彩绘的椭圆

形胶合板被组装起来，从平面形状变成了复杂的三维空间结构，让人联想到代表行星轨道的浑仪。根据现场人员的描述，罗琴科用灯光照射这些组合结构的具有反射作用的银漆表面。罗琴科紧跟塔特林模型，他可能设计了某种更伟大的天体艺术形式，他设想的这些结构就像真的飘浮在太空中，探照灯的光束从它们的多个平面上照射下来。这些建筑似乎摆脱了传统的重力，成为无质量的形式，起源于纯粹的数学表达。新的艺术不是空洞的幻想，而是根植于古典几何学的探索。马列维奇将他的还原艺术发挥到了极致，现在他将自己的图形感应用到了建筑图纸上，使他在1926年创造了三维模型，即"建筑"（Architektons）。如果将这些结构悬挂起来，它们看起来就像一个想象中的未来空间站。与安东尼·葛姆雷（Antony Gormley）今天创造的雕塑体量的进步相比，它们的模块化形式似乎很有先见之明。今天的几何学对于艺术家来说发生的转变就和对于建筑师来说的一样，通过计算机程序的力量，它的视觉呈现形式是在屏幕上作为一个可旋转的图像，而非在素描本的纸上。沿着一条涉及数学精确性和真正的未来主义雄心的路线所采取的这些步骤，发生在一个世纪前的俄国，即十月革命之前的时期及其之后的十年中。我们不能仅仅从政治的角度来考虑这场革命，而忽略这种无可比拟的，甚至是乌托邦式的目的所产生的更广泛的驱动远景的动力。

先是新经济政策，然后是几乎拥有无限规模的五年计划和工业化和农业集体化——所有这些都可以被看作是现实主义叙事的一步，不管它多么残酷，都与艺术幻想家和他们的抽象形式背道而驰。1930年，诗人弗拉基米尔·马雅可夫斯基（Vladimir Mayakovsky）的自杀已经成为广大的创作精神失败的象征，尽管他个人生活面临着复杂的情况。人们很难用诗意的口吻去描述一个水力发电计划，即便它按时完成了。[8]制造基地的熔炉变成了军火。入侵，以及随之而来的种种残酷行径，引发了一场伟大的卫国战争。在为战争、列宁格勒的围困和20世纪30年代死去的人谱写的安魂曲中，俄国的声音找到了它最为诗意的倾泻方式。[9]

1945年投下的两颗原子弹最终结束了太平洋战争。它们创造了一个起点，所有的现代历史都必须从这里开始。一旦这一代幸存者最终逝去，他们的伤疤组织就不再可见，这些事件的后遗

上图：伊利亚·恰什尼克（Ilya Chashnik），《黑底上的红圈》(*Red Circle on Black Surface*)，1925年，

纸上碳素墨水和水彩画，37.2厘米×37.8厘米，私人收藏

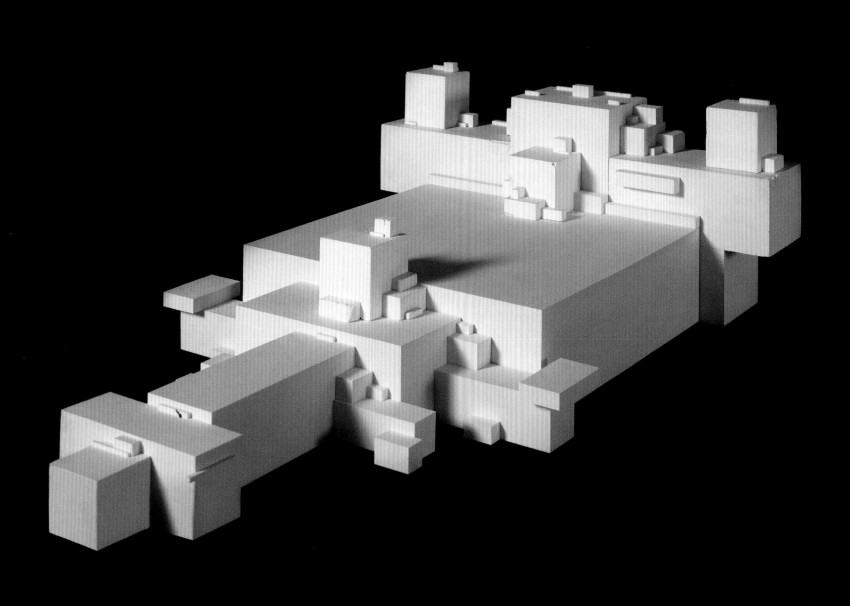

第278页图：卡西米尔·马列维奇，《贝塔建筑》（*Beta Architektron*），1926年，石膏作品，27.3厘米×59.5厘米×99.3厘米，保罗·佩德森（Paul Pedersen）重建，蓬皮杜国家艺术和文化中心，巴黎

上图：亚历山大·罗琴科，《第12号椭圆形悬挂空间构造》（*Oval Hanging Spatial Construction Number 12*），1920年，胶合板、铝漆和铁丝作品，61厘米×83.7厘米×47厘米，现代艺术博物馆，纽约

症将一直威胁着平民百姓的生命安全。随着第二次世界大战的结束，一个危险的新全球联盟出现了。1961年8月，德意志民主共和国开始修建柏林墙。1962年10月，肯尼迪在古巴导弹危机中挑战赫鲁晓夫。武器装备，特别是导弹的数量，成了一场数量越来越多的竞赛中的货币。火箭推进器似乎是用于调度导弹。公开在红场游行的威胁话语与生产线上的炸弹重量一样迅速攀升。

当尤里·加加林于1961年4月乘坐"东方号"航天器完成绕地飞行时，作为第一个进入太空的人，他取得了苏联的任何宣传都无法实现的成就。加加林有资格体现苏联人坚韧不拔的精神：他在斯摩棱斯克省格扎茨克附近生长大，1941年时他还是个少年，家里的房子被纳粹占领。加加林的父母是集体农场的工人，被迫在一间空荡荡的小屋里度过被占领的岁月，而他的哥哥和姐姐则作为奴隶劳工被驱逐出境。加加林从苏联飞行员到宇航员的转变，得益于他轻松掌握了空间力学和高等数学。

后来，他重新取得了喷气式飞机驾驶员的资格，并写了一篇关于空气动力学的论文。加加林从俄罗斯历史上的蹂躏中站起来，实现了飞行中的超凡人类的神话形象。从更广泛的历史时刻及其远超苏联国界的意义来看，用苏联英雄这一地位来描述他是不够的，其他任何奖项也同样不能、不足以说明他的意义。加加林的雕像耸立在莫斯科列宁大道的加加林广场上方根代表火箭尾气的约136.5米的柱子上。自2013年以来，在伦敦中心的水师提督门附近短暂停留后，他的锌铸像一直跨在格林尼治皇家天文台靠近本初子午线的地球仪上。同样，考虑到成就的大小，为庆祝瓦莲京娜·捷列什科娃（Valentina Tereshkova）于1963年6月成为第一位进入太空飞行的女性宇航员的胜利而举行的所有游行和庆祝活动也都是不够的，她在这次飞行中绕地球48圈。又过了19年，俄国人才将另一名女性宇航员送入太空。当捷列什科娃的飞船发射时，据说她念起了马雅可夫斯基的诗，对着天空高喊："天空啊，摘掉你的帽子吧，我来了！"未来主义梦想的语言变成了现实。

阿波罗计划的建立和肯尼迪1962年9月在休斯敦的宣言已经证实，在这两个超级大国之间的技术竞赛中，登月是最大的奖励。俄国人与美国人有着同样的野心。直到20世纪50年代末，

人们才看到月球的远端。像罗素的月球仪这样最精美的月球模型已经描绘了月球的一个半球。为了使月球模型成为一个完整的球体，航天器必须绕月飞行，并成功地记录下月球背面的景象。1959年，由无线电控制的苏联空间探测器"月球3号"拍摄了第一张这样的照片。一台有两个设置在不同的光圈上的镜头的35毫米照相机，由一节光电池触发，光电池会对远处的阳光做出反应。该相机在40分钟内，在月球上方近64400千米的高度拍摄了29张照片。这些照片被传回地球，到1961年，俄国人制作了一个月球仪，在这个月球仪上首次完整地再现了月球图。

在踏上另一个星球表面的重要一步迈出之前，人类计划对虚空进行初步探索。人类将首次走出太空舱，大约6米长的缆绳拴在身上，可以自由移动。这次走进未知的空间介质实现了多年来的模拟准备——苏联的宇航员计划于1960年启动。所有这些都是在航天器以每小时数千英里的速度绕地球运行时进行的。同样，首先实现这一点的也是苏联人。显然，他们在竞赛中获胜。在1963年6月的"东方5号"飞行任务中，宇航员瓦列里·贝科夫斯基（Valery Bykovsky）独自在轨道上待了5天，比此后任何一个人都要长；他原打算继续待8天。1965年3月，阿列克谢·列昂诺夫（Alexey Leonov）在"沃斯霍德2号"上完成他们的第一次绕地飞行后，离开他的同事帕维尔·别利亚耶夫（Pavel Belyaev）12分钟。他的徒步之旅从他们在北非上空旅行时开始，一直持续到他们到达西伯利亚东部上空。列昂诺夫后来描述了他对克里米亚的看法。他们的飞行距离从地球上空160至480千米不等。到同年6月，宇航员爱德华·怀特（Edward White）成为第二个在太空行走的人。他与在"双子座4号"飞船上的美国国家航空航天局同事詹姆斯·麦克迪维特（James McDivitt）指挥官分开了23分钟，到任务结束时，该飞船已经完成了66次轨道飞行。双子座4号的速度为每小时27350千米，轨道远地点为289千米，近地点为160千米。这次持续4天的任务为空间实验创造了机会，其中包括使用六分仪进行天体导航。这次的月球活动与探索地球上海洋的未知深度相比较的海洋类研究具有很强的可比性。

沃斯霍德任务的危险性和列昂诺夫行走的故事并没有立即为公众知晓。飞船上装有一个充气气闸，在列昂诺夫打开气闸舱门

上图：阿列克谢·列昂诺夫第一次太空行走，1965年

之前，气闸的压力会减小。宇航员戴着一个背包，接收他呼出的二氧化碳，并在太空中为他提供氧气，时间长达45分钟。他设法将一台照相机安装在气闸的边缘，以便记录下他的行走过程，但由于宇航服的膨胀，他没有办法碰到位于大腿上的快门，无法将照相机放在胸前。他的身体已经膨胀到无法再进入飞船，所以不得不给太空服减压，使他的膝盖能够适当地弯曲，同时也使自己暴露在多种生理方面的危险之中。由于热变形作用，舱门可能没有完全关闭。返回时并没有按计划进行：宇航员降落在距离目标约400千米的丛林密布的乌拉尔。尽管人类拥有将宇航员送入轨道的技术进步的综合体，但回过头来看，就像许多其他开创性的历史时刻一样，这项事业的原始主义感掩盖了它的先进性，使这项成就在许多方面更加不同寻常。

1965年美国的"双子座4号"任务旨在将宇航员在太空中停留的时间进一步延长，同时考虑到前往月球的38.6万千米所需的时间——1969年的"阿波罗11号"任务的行程共计66小时。

太空行走，在美国的术语中被称为舱外活动（EVA），鉴于俄国人在几周前才取得的成就，这次太空行走极为重要。与泰坦号运载火箭会合并同步移动的尝试已经失败了，与休斯敦控制中心进行联系的语音通信系统也没有发挥预期的作用。爱德华·怀特进行舱外活动的时候可以使用加压氧气枪，但令人担忧的是，氧气很快就消散了。他使用的相机是蔡司康泰瑞克斯35毫米照相机，安装在气枪的顶部。双子座4号即将进入黑暗，怀特被要求重新进入太空舱。从怀特与伊娃、舱内的麦克迪维特和休斯敦之间的交流记录中可以明显看出，拍摄照片是他们的首要任务。怀特拒绝进入太空舱，他说自己还要多拍一些照片：

"爱德华，进来吧！"他的指挥官喊道。
"好吧，让我先把相机装好，把枪架起来。"
"快点，天黑前回来！"
"好吧。这真是我一生中最悲伤的时刻。"[10]

在怀特走出舱门之前，舱门上的弹簧问题已经解决了。在他们返回时，弹簧必须正常工作，否则他们最后下降的时候会遇

到致命危险。两名宇航员的生命在那一刻可以说是取决于一个微小部件的压缩和伸展。国际商业机器公司引以为傲的计算机也失败了。在进行高还原度演练的操作过程中，他们必须保持一个稳定的机能水平，尽管压力、焦虑和恐惧本身是一种自然的反应。怀特提到当他不得不回到舱内时的情感程度，"最悲伤的时刻"，这仍然是整个记录过程中最突出的一句话。太空飞行任务是以火箭的推力、轨道的速度和范围、导航数据的范围，以及从各种飞行实验和测量中带回地球的大量信息来量化的。然而，这里最主要的评论是人类的情感，无疑来自从地球大气层与外太空的分界线之外观察地球的经验——他们一度在休斯敦上空飞行，麦克迪维特指出了加尔维斯顿湾的位置。更准确地说，这种悲伤来自他们无法继续观测，宇航员带着气枪和相机，在那23分钟的时间里真正地走到了"外面"。与随后的阿波罗11号着陆不同，尘土中没有留下脚印。宇航员四肢的运动和头盔下躯干的扭动，使他置身其中的太空之海就像羊水一样。他漂浮在无边无际的广阔天地中，连接着一根脐带。

1965年4月30日，从3月列昂诺夫在沃斯霍德2号任务中的行走，到6月的双子星4号任务之间，《生活》（Life）杂志用子宫内的照片震惊了世界，这些照片展示了人类的受孕和胚胎发育过程。从一个细胞分裂的那一刻开始，我们可以看到新生命的出现，一直到最后的产前状态。这是瑞典摄影师伦纳特·尼尔森（Lennart Nilsson）与德国光学专家卡尔·施托尔茨（Karl Storz）和瑞典光学专家荣格纳斯·奥普提斯卡（Jungners Optiska）多年研究的成果。以尼尔森为封面故事的杂志《出生前的奇妙生命》（Drama of Life Before Birth）几乎一发行就售出了全部800万册。通过对显微镜头和内窥镜的巧妙改进，拿着相机的人跨越了另一个边界，获得了画面并带回了证据，在全球范围内传播。在人类走出舱门，将他们的手伸向太空的这一确切的历史节点上，照相机的视野揭开了微观世界的影像的面纱。1969年7月25日，《生活》杂志的封面上，尼尔·阿姆斯特朗（Neil Armstrong）穿戴整齐，手臂一挥，标题是"前往月球"。8月8日，封面上写的是"在月球上"，还有一张美国国旗在月球表面的尘土上升起的照片。8月11日发布了一个特别版，标题是"往返月球"。在

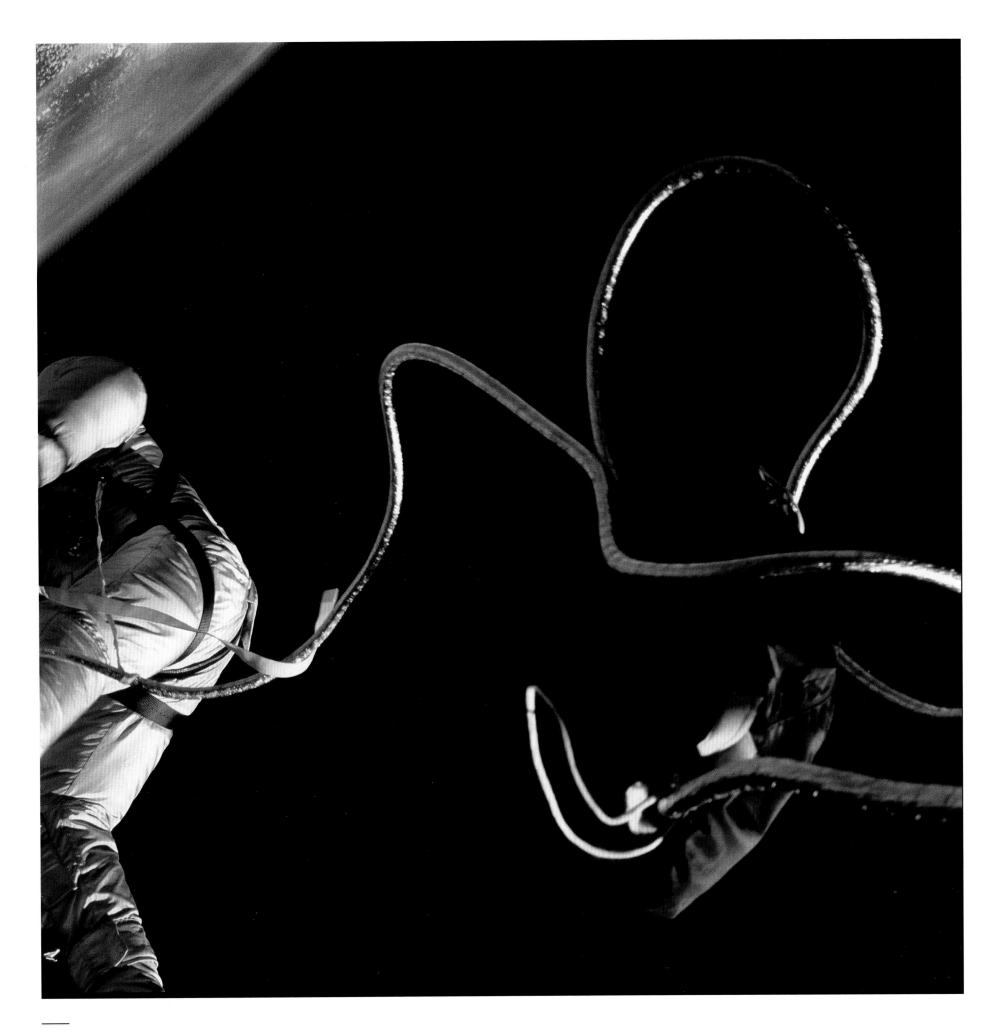

上图：詹姆斯·麦克迪维特、爱德华·怀特，美国人第一次太空行走，搭乘双子座4号，1965年6月3日，
《满月》（*Full Moon*），迈克尔·莱特（Michael Light），1999年

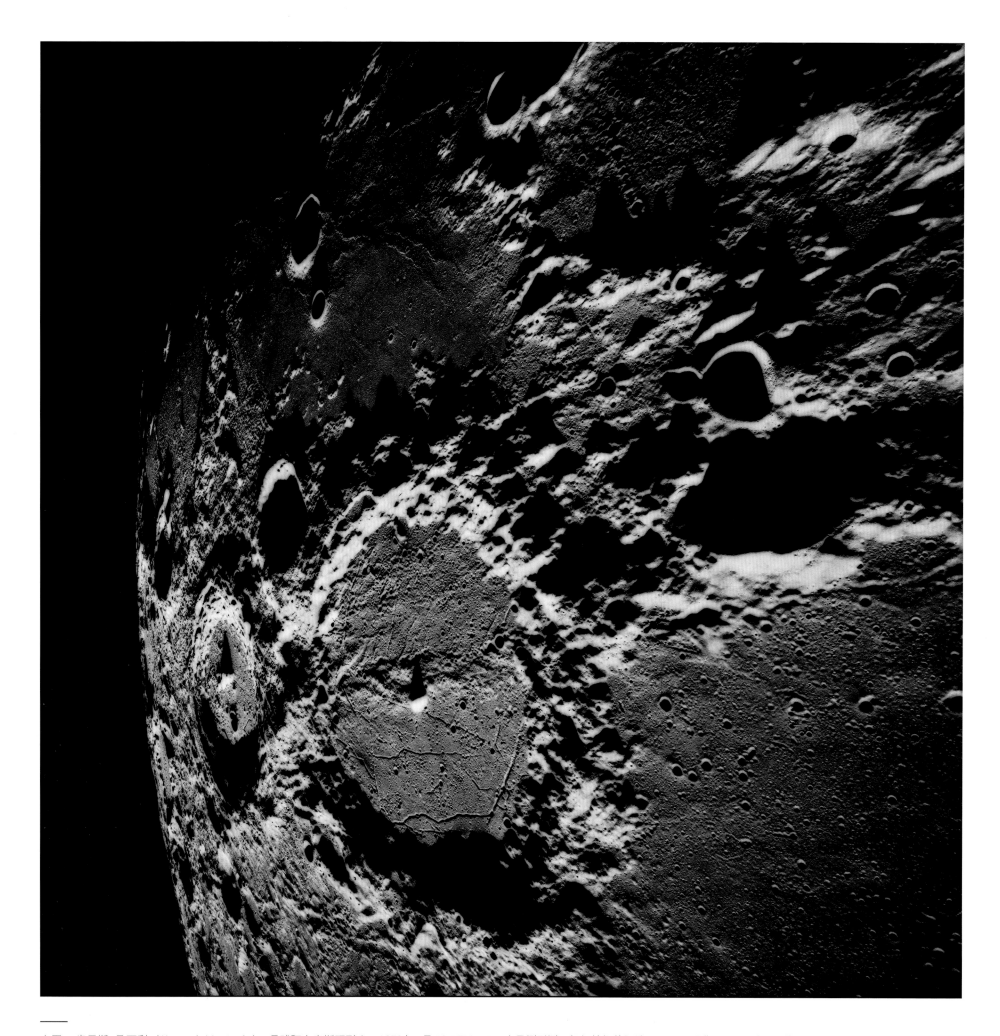

上图：肯尼斯·马丁利（Kenneth Mattingly），月球阿方索斯环形山，1972年4月16日至27日，由量测型测图相机拍摄的阿波罗16号，《满月》，迈克尔·莱特，1999年

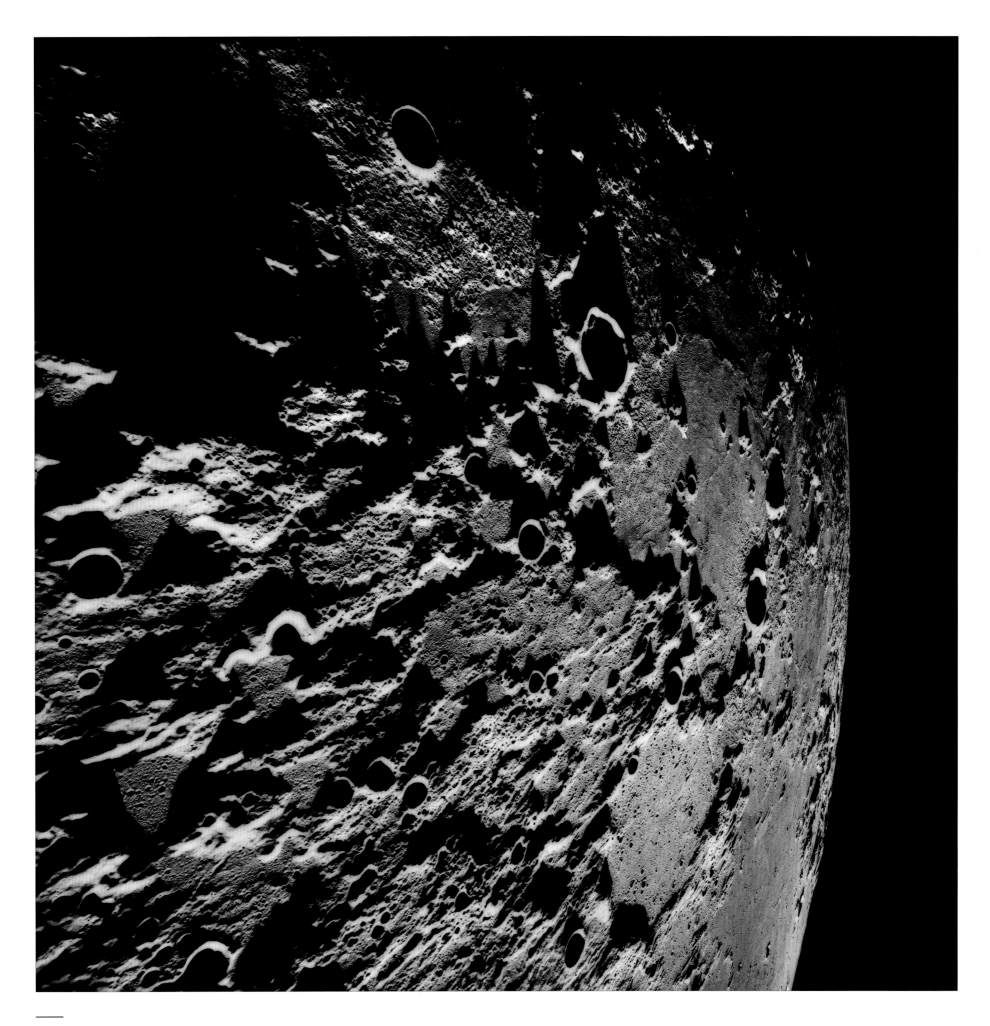

上图：肯尼斯·马丁利，伸向月球雨海的山脊，由量测型测图相机拍摄，阿波罗16号，1972年4月16日至27日，《满月》，迈克尔·莱特，1999年

上图：罗兰·米勒（Roland Miller），土星Ⅴ F-1 发动机试验台，约翰逊航天中心，休斯敦，得克萨斯州，1996年

上图：罗兰·米勒，土星VF-1发动机中心贝尔，肯尼迪航天中心，卡纳维拉尔角，佛罗里达州，1997年

此之前，照片证据从未使用到如此程度，而且从未以彩色的形式出现过。这本杂志的巅峰之作完全与这些事件的重大意义完全相称。一百多年前还只存在于银版照片和纸基负片领域的摄影工艺，已经成为本世纪的主流媒介。

从1967年1月注定要失败的"阿波罗1号"开始，到1969年7月"阿波罗11号"首次登月成功，再到1972年12月"阿波罗17号"的第六次，也是最后一次登月，阿波罗任务的历史可以说是在照相机镜头前进行的一次漫长而充满风险的旅程的集合。据计算，阿波罗号的工作人员多达40万人，其中宇航员是这个系统中最尖端的操作者。[11]照相机不仅仅是一种记录工具，它的使用被纳入了行动的战略规划内。为了确定可能的最佳着陆点，共拍摄了10万张照片。第一个月球探测器"徘徊者7号"于1964年坠入月球表面，但即使在它坠落之际也成功地传回了照片。1966年，探测器传回了月球表面的照片，就像在宇航员的高度观测到的一样。模拟观测行为是准备过程中的一个重要步骤。

通过月球轨道器对月球两侧进行了有条不紊的测绘，月球轨道器携带自动胶卷处理和扫描设备，以便将图像通过无线电传送回休斯敦。该方案由兰利研究中心管理，主要承包商是波音公司，分包商是美国无线电公司和伊士曼柯达公司。柯达公司为此制作了特殊的高分辨率航摄软片，用它来完成摄影和制图测量。到1971年，美国国家航空航天局制作了《月球轨道卫星照片地图集》(Lunar Orbiter Photographic Atlas of the Moon)。[12]

1968年圣诞节期间，阿波罗8号执行了首次绕月飞行任务。经过近56个小时的飞行，太空舱及其三名乘员进入了月球的引力场。地面生物此前从未感受过其他星球的引力。13个小时后，他们进入了月球轨道，然后以计算好的准确时间，在高度为112.6至114.2千米的地方，在几乎精确无误的圆形路径上环绕卫星，此时他们的无线电通信已经中断了。除了用16毫米胶片以每秒一帧的速度拍摄月球表面以最大限度记录细节外，这次飞行任务还使用了哈苏相机。该相机带有电动马达，除了能够设定距离、光圈和快门速度，还能自动完成拍摄程序。70毫米黑白负片和彩色透明胶片被装入易于更换的胶片盒中。这次任务成功拍摄了1100张月球和地球的照片。圣诞节前夕，指挥官弗兰克·博尔曼

(Frank Borman)在地球升至月平线以上时，用黑白胶片进行了第一次曝光。随后，威廉·安德斯（William Anders）迅速跟进，他用彩色胶片拍摄了这一美景，创造了有史以来最具代表性的图像之一。在照片《地出》(Earthrise)中，蓝色的光涡盘旋在月球坑坑洼洼的灰色表面上，在黑色的空间中闪耀。这张照片让每个人都能在各自不同的距离上思考一个点，我们都是从这个点出发的，我们的遗传历史在数个世纪的过程中也是从这个点上演化出来的。而这一次，我们看到了一个比以前令我们形成地域感的海洋和大陆群更为广阔的背景。

与这一认识的深度形成对比的是，安德斯和博尔曼在争先恐后地将相机安装到位的过程中充分认识到了月球被发现的那一刻的重要性，而第三位宇航员詹姆斯·拉弗尔（James Lovell）则用比较平淡的语言报告了月球的景色。他说月球是灰色的，其陨石坑阴影的对比度比预期的要小。他把月球表面的外观比作巴黎的石膏，而月球模型正是用这种物质制作的。拉弗尔以一种不加感情的语气陈述，而这种语气也的确适合一个从事一项极其复杂的任务的人。圣诞节前夕，在阿波罗8号的十次轨道飞行中的第九次飞行期间，在当时最广泛的一次电视广播中，博尔曼将月球称为"广阔的空虚"。[13]然而，这一场合被提升到了圣经的高度。人的声音和形象从天上传播出来，他们在谈论上帝。每个人都朗读了钦定版《创世纪》(Book of Genesis)的前十节。神创造了黑暗与光明，区分了昼与夜，之后说："天下的水要聚在一处，使旱地露出来。事就这样成了。"神称旱地为地，称水的聚处为海。神看着是好的。除了月球探测器的机械视角，他们以前所未有的近距离看到了月球，而且似乎也是第一次看到了地球。他们在月球的引力作用下旋转，穿越了被他们描述为仿佛是一片虚空的月球的黑暗面。提到地球，他们就会想到神的语言。

1969年7月的阿波罗11号机组人员已经是第二次执行飞行任务的老手了。指挥官尼尔·阿姆斯特朗和月球舱飞行员巴兹·奥尔德林（Buzz Aldrin）将降落并踏上月球表面，迈出他们历史性的脚步，而迈克尔·柯林斯（Michael Collins）则留在他驾驶的指挥服务舱上。7月16日，"土星5号"火箭从肯尼迪航天中心发射。火箭的第一级和第二级经过点火和分离阶段，然后指挥舱与

第289页图：希罗，阿波罗11号发射，肯尼迪航天中心，卡纳维拉尔角，佛罗里达州，1969年7月16日

登月舱对接，一起和第三级分离。发射三天后，组合飞行器进入月球轨道，又进行了30次绕月飞行。第四天，阿姆斯特朗和奥尔德林进入登月舱，留下柯林斯在指挥舱。在下降的过程，计算机发出警报，他们担心错过着陆目标。他们成功地在静海降落。7月21日，阿姆斯特朗在奥尔德林的跟随下，从梯子上下来，到达月球表面。他们的任务重点包括收集土壤和地质样本。奥尔德林用哈苏相机拍摄了他身下未经踏足的处女地，之后留下了他著名的靴底印记。据估计，这些人类存在的证据将因月球气候中的尘埃变化而保持100万至200万年不变。我们可以参考陆地上的一些研究，与之对比，拉斯科洞窟壁画估计只有大约2万年的历史，而它是人类标记历史的起点。苏美尔语是已知最早的文字之一，只有5000年的历史。当我们以百万年为单位来衡量可见的证据时，我们就进入了化石和史前岩层的领域。与人类脚踏异域的痕迹的相对持久性相比，我们的世界似乎愈发显得短暂。

从我们在外太空迈出里程碑式的第一步开始，我们必须调整历史时钟，重新配置时间。

我们还必须理解，这一事件的在世界范围内的调节作用的规模如此之大，以至于对宇航员取得的进步的观察曾一度将全世界统一起来。从白宫椭圆形办公室的办公桌到电视信号能到达的最远端，人们都在全神贯注地注视着这个从想象的可能性转变为未经过滤的现实的场景。有6亿人通过电视观看宇航员的行走，几乎占当时全球人口的五分之一。数百万人观看了发射过程。在一些没有电视的县，还有数百万人收听广播，了解这一正在发展的事件。

阿姆斯特朗在登陆月球后的第一句话是，这里的景观看起来像"美国大多数高原沙漠"。人类可能会有将壮丽的荒凉与已知世界的景象画等号的自然倾向，而对于阿姆斯特朗来说就是美国的风景。正如对于俄罗斯人的感觉来说，甚至是在那些习惯穿越大草原的人的语言中，可能已经根深蒂固地体现了对远方地平线的距离感。同样，地理空间感也是西进穿越美国的内在动力。从大西洋海岸线和新英格兰或宾夕法尼亚州较温和的内陆牧场出发，移居者穿过中西部的平原和犹他州的沙漠，在淘金的梦想或加利福尼亚的丰饶的刺激下，一路历经坎坷，来到太平洋。先驱者已

经深入到了内华达山脉。来自各地的男男女女带着相机，保存下被铁路或后来被移民为远离沙尘暴而踏上的公路所侵占的处女地的景色。在1971年和1972年的最后三次阿波罗任务中，由电池驱动的四轮车——月球车（LRV）登陆后，月球上的尘土留下的痕迹与1867年蒂莫西·奥沙利文（Timothy O'Sullivan）在内华达州卡森沙漠的沙丘上拍摄的马车痕迹相呼应。的确，奥沙利文笔下的卡森沙漠形象，现在看来就像静海中的陨石坑边缘的景色一样遥远。沙子看起来更白了，散落的岩石消失了，但依然有着广袤无垠的空旷地带。如果我们观察阿波罗计划的数千张照片所揭示的月球景观，我们的看法不可能不受埋藏在不可磨灭的摄影史中的美国广阔天地的记录所影响。

最著名的月球照片作为一个史无前例的新闻故事在世界媒体上散播，随后公民行使了获取阿波罗任务拍摄的照片的权利，如果不是加利福尼亚艺术家迈克尔·莱特在近30年后的调查，这个故事的视觉叙述就到此为止了。在整个阿波罗任务期间拍摄的32000张照片中，莱特说服美国国家航空航天局公布了900张"主"负片和透明胶片。事实上，"主"负片是原片的副本，因为实际的原片是永久封存的。所谓的"主"是尽人类所能处理得接近原片。20世纪90年代末，莱特在加利福尼亚州开始对关键图片进行系统的检查和扫描，在数字时代即将到来之际进行的这项工作取得了惊人的成果。最终，通过拼接框架，莱特能够制作出墙面大小的月球表面全景图像，清晰度无与伦比。然而，他的目标并不是一系列壮观的月球表面照片，而是根据整个计划中拍摄的照片，包括双子座4号太空行走的照片，构建一个分为三部分的故事。这个故事的形式是一本名为《满月》的书，包括发射和登月之旅，首先包括太空行走，其次是月球表面的探索，最后是重返地球。该书于1999年夏天出版，纪念阿波罗11号任务30周年，恰如其分地预示着旧千年的逝去和新时代的到来——数字革命将对这个时代产生深远的影响。与层出不穷的太空图像集相比，《满月》的叙事性及其制作规模，加上大折页的全景图，使全世界都能看到这一作品。这本书跨越了科学视觉证据的呈现与摄影师和艺术家的审美领域之间可能存在的任何界限。莱特立足于美国西部，着眼于崇高的概念。经过数小时对月球表

上图：威廉·安德斯，由阿波罗8号拍摄，1968年12月24日

第 292—293 页图： 尤金·塞尔南（Eugene Cernan），阿波罗 17 号，1972 年 12 月 7 日至 19 日，《满月》，迈克尔·莱特，1999 年

第294页图：詹姆斯·欧文（James Irwin），哈德利山和月球车轨迹，阿波罗15号，1971年7月26日至8月7日，《满月》，迈克尔·莱特，1999年

上图：埃德温·奥尔德林（Edwin Aldrin），奥尔德林和尼尔·阿姆斯特朗的足迹，静海，1969年7月16至24日，阿波罗11号，《满月》，迈克尔·莱特，1999年

上图：肯尼斯·马丁利，猎户座登月舱，金属外壳因从月球起飞的压力而弯曲，即将与指挥舱连接，阿波罗16号，1972年4月16日至27日，《满月》，迈克尔·莱特，1999年

上图：尤金·塞尔南，阿波罗10号指挥舱在月球轨道上准备与登月舱对接，作为登月的预演，阿波罗10号，1969年5月18日至26日，《满月》，迈克尔·莱特，1999年

第298页图：1969年7月20日，阿波罗11号指挥官尼尔·阿姆斯特朗在月球上所穿的宇航服，华盛顿特区，国家航空航天博物馆

第299页图：1971年2月5日，阿波罗14号，第三次登月任务的指挥舱，肯尼迪航天中心，卡纳维拉尔角，佛罗里达州

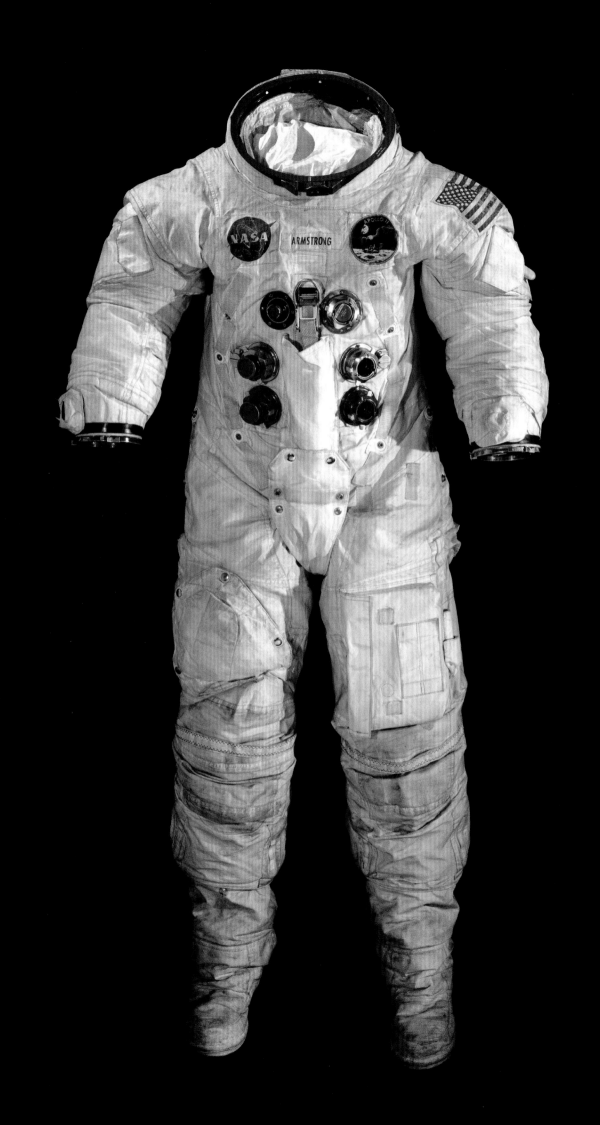

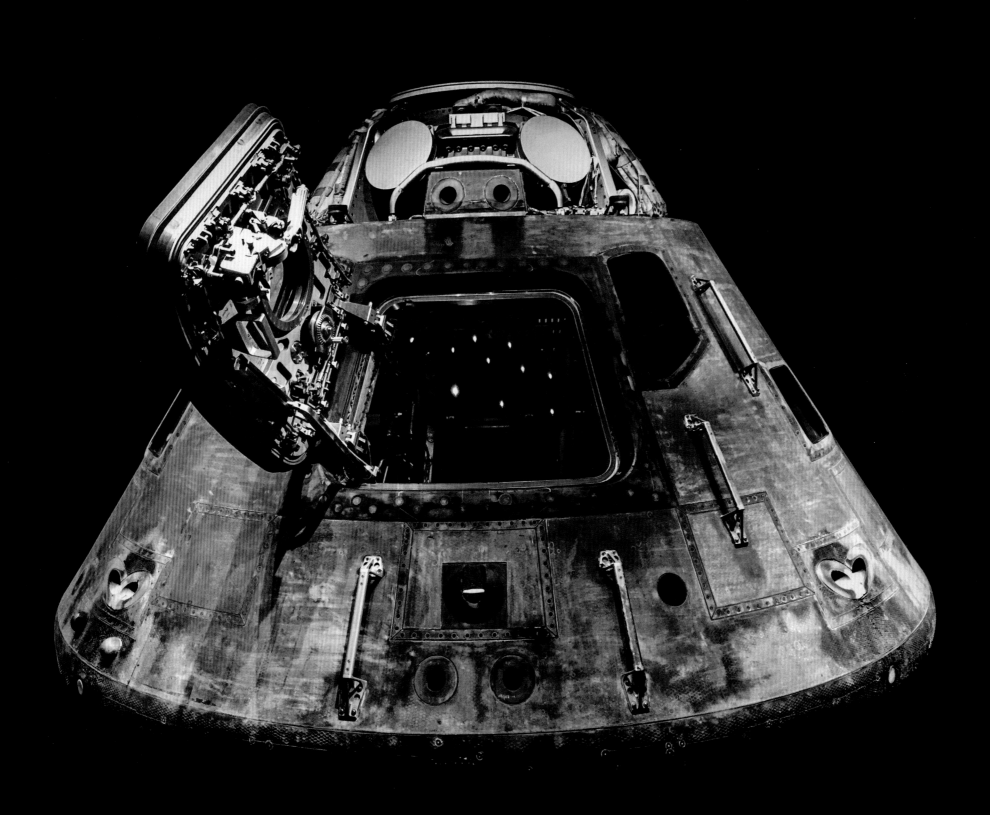

面最细枝末节之处的观察，他把焦点转向了地球。他强调，地外旅行只会让我们回过头来，更清晰地看待我们的地球。阿波罗计划消灭了扩张主义神话的最后一点残余信念，即认为地球可以继续为人民和国家提供无限的资源，认为进步意味着摆脱责任，或者认为我们可以在地球之外的任何一个地方成家。[14]

然而，人们很快就意识到，月球是进入太阳系及其他地区的更大道路上的一块垫脚石，这与齐奥尔科夫斯基的人类地外发展的16步计划相呼应。1977年9月，在阿波罗11号着陆8年后，两个进入外太阳系的探测器，旅行者1号和旅行者2号发射升空。在这之前，1972年和1973年的"先驱者10号"和"先驱者11号"探测器曾作为准备工作发射。40年后，我们可以在线跟踪"旅行者"号的持续运行情况和准确位置。旅行者1号将继续运行到2025年左右，届时其电池寿命将耗尽；它1979年飞过木星，1980年飞过土星及其卫星土卫六，现在已经进入星际空间。

旅行者2号的轨道于1986年进入天王星系，1989年进入海王星系；目前正在日鞘中，即太阳系的边缘。这些"太空之眼"已经传回了大气温度、密度和辐射水平的测量结果。"太空之眼"为我们提供了土星环和天王星环的景象，并发现了以往难以想象的景观，例如，天王星的一颗卫星米兰达（天卫五）的表面有地质断层，形成了深达20千米的峡谷。然而，当航天器继续穿过日球层，进入星际空间，旨在测量其等离子体的未知性质时，作为其起点的地球仍然是一个长久存在，但现在已经不可见的斑点。1990年2月14日，在距离60亿千米和黄道平面上方32°的地方，旅行者1号上的照相机转向地球，拍下了一张照片，照片中的地球仍然只是一个光带中的点，由于距离太阳较近而发生了散射。卡尔·萨根（Carl Sagan）1994年在康奈尔大学的一次演讲中谈到了这张照片："在我看来，也许没有什么比我们这个微小世界的遥远图像更能显示人类自负的愚蠢了。"对此，我们要"珍惜那个淡蓝色的圆点，这是我们所知道的唯一的家园"。[15]

两个"先驱者号"探测器的外部固定着一块阳极氧化铝板，上面印有用图形表示的数据，这些数据以通俗的方式界定了人类知识和人类性状况的衡量标准，即用一个男人和一个女人的轮廓表示，上面描绘了两个最常见的元素氢的原子。从地球的描绘来看，辐射线指向脉冲星的方向。由于脉冲星处于流动状态，相对脉冲星的位置确定了一个特定的时间框架。太阳系的行星沿着镀金铝板的底部绘制，使地球清晰可见。旅行者号以金唱片的形式记录了更详细的地球生命证据，其内容由萨根主持的委员会确定。鸟声、鲸鱼声、风声和海浪声与各种语言的人类问候声以及从巴赫到查克·贝瑞（Chuck Berry）的各种音乐一起出现在唱片中。唱片中的附带图片包括DNA的图像、牛顿的《自然哲学的数学原理》中的几页，以及由伦纳特·尼尔森（Lennart Nilsson）拍摄的人类生殖的图片。唱片的封面一侧有图解说明，解释了如何播放唱片、以什么速度播放、如何获取图像，以及先驱者号镀金铝板上的脉冲星和氢原子图像。唱片之后会安装在两个旅行者探测器的外部，其中心是用纯铀构成的类似钟表的结构，因为铀的衰变能够表明自唱片安装以来的时间长度。

1999年在萨克森州发现的内布拉星象盘，其历史可追溯到公元前2000年。通过它简单而又富有启示性的太阳、月亮和星星的排列，我们能够推断出其制造者的天文学知识，并得出关于青铜时代北欧部分部落先知的学识程度的结论。旅行者号金唱片是20世纪末的同类产品。现在的技术转变日新月异，唱针和唱片的概念已经过时了。但我们不仅把一个人送进了太空，还把我们的信、我们的信息装在瓶子里，送上了一条通往太阳系最外围的道路。我们在这一过程中定义了自己。信息是人类的一幅经过编码的自画像。

第301页图：地球，上方光带中心的一个淡蓝色圆点，距离60亿千米，旅行者1号，1990年2月14日

第302页图：镀金铝板，阳极氧化铝，位于先驱者10号，1972年；以及先驱者11号，1973年

第303页图：1977年旅行者1号和旅行者2号的旅行者金唱片封面，镀金铜盘，阳极氧化铝封面，带有电镀同位素铀238的样品，半衰期为45亿年，直径30厘米

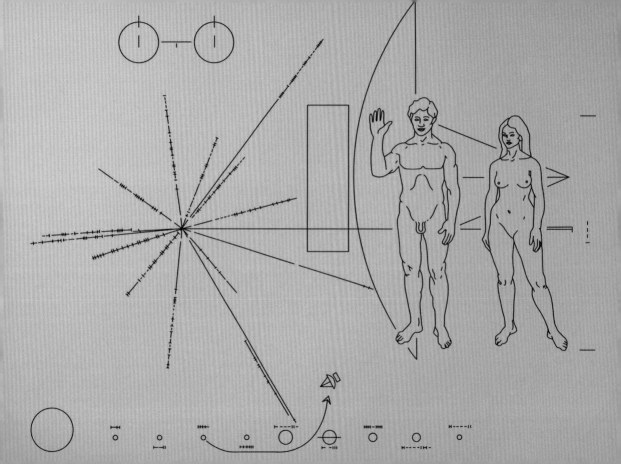

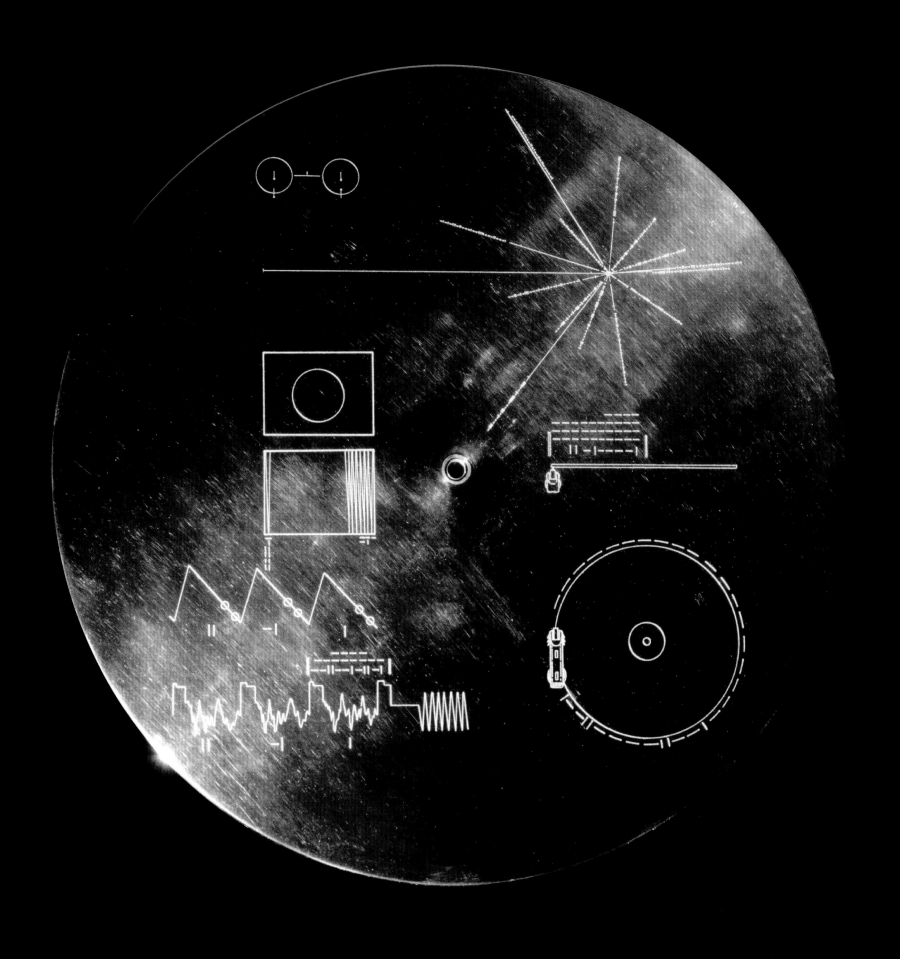

VI

太空之眼

上山意味着在身体或心灵上尽可能地走得更远。山顶是天与地的象征性交汇点，云的面纱掩盖了天与地的交接线。这条上升的路线遵循着通往觉悟的隐喻之路，对基督来说是如此，对今天的朝圣者来说也是如此。比如说，朝圣者在9世纪将佛经带到日本时，参观弘法大师传教的地点。沿途的寺庙有时会被建在人类几乎无法到达的高度，尽可能远离繁杂的世俗世界。登山从来不是散步。三个使徒在一座山的山顶上见证了耶稣显圣容。云朵降落，一道神秘的光穿过云层射了下来。这个场景的描述中多次使用了与光有关的词语。基督的身影被照亮了，先知摩西和以利亚的声音同时也宣告了他的身份，就像他受洗或随后进入耶路撒冷一样深刻。基督告诉他的同伴们，在他死之前，不要说出他们所看到的一切，之后他们便怀着敬畏之情下了山。基督下山是为了迎接他的命运。1968年4月3日，马丁·路德·金在他去世前一天，在孟菲斯的一个五旬节派教会宣布他自己也将走上这样一条道路，他说他"获准上山"，他"看了一眼，看到了应许之地"。由于他已经到达山顶，所以不会惧怕任何人。

在文艺复兴时期，人们经常用圣杰罗姆（St Jerome）代表与自然元素进行远程交流的正义人物。圣杰罗姆驯服了正静静地躺在脚边的狮子，然后在一座以天为顶、以石为墙的图书馆里继续学习。杰罗姆带着蜥蜴和野兔去了山里，远离了人类的喧嚣。周围野兽的嬉闹就像他面前摊开的书页里的语言一样，他的智慧正来自此。乔瓦尼·贝利尼（Giovanni Bellini）或他的追随者在15世纪末至少为他画过四次画。在600年前的中国唐代，隐士寒山在寒山的岩石上划下的数百首诗，说明他把寒山作为履行道统的精神目的地，以寒山为精神归宿。在到下面的山谷中论道和进行人际交流之前，在云雾的笼罩中度过日日夜夜，让水声"净化"自己的耳目，这些都是精神滋养的时刻。寒山本身就是一个国度，它是一种心境，而不是一个地理位置。我们并不知道应该怎么去寒山。

圣杰罗姆周围的风景成为人类肖像画的背景，其中有着细腻的岩石条纹和野草与灌木的细叶的细节。西方艺术仍然固守着中心的关键人物。风景为宗教叙事提供了背景。即使是锡耶纳周围的第一批世俗的田园场景，也是服务于道德教育的风景。在文字出现前的文化中，叙事依赖于图像而非文字，由于《圣经》的内容是拉丁文，而且只有神职人员才能读到，因此更是如此。岩石、水池和远处云雾缭绕的山峦只是构筑了莱昂纳多人物的优雅。人的形体在比例上被理想化，仍然是画家关注的焦点。直到16世纪，季节循环过程中的田野才成为勃鲁盖尔研究的对象；即便如此，风景还是作为人类活动的舞台呈现。荷兰人具有加尔文主义的倾向，他们很快就放弃了《圣经》的内容，直接描绘了广阔的草地，点缀着小村庄、蜿蜒的河流或海岸线，以及广袤天空下的河口，除了表达观察本身的纯粹性，没有任何意图。自然世界的光辉后来支撑起了浪漫主义的梦想，在这个梦想中，人的形象在视觉层次中的关键地位被削弱，成为令人敬畏的、宏伟的风景的从属。在透纳和康斯太布尔之后，天空、云层以及田野和海岸上的阳光成为画面的实质内容，而人类聚集地或人类努力发展的标志——屋顶、马车、码头的线条——则成了参照点，可以将意象固定在一个原本风平浪静或充满风暴的视野中。浪漫主义的天空有一种戏剧性的色调和刺眼的光芒。

在中国的山水画传统中，人的形象不过表现为一种笔触、一种偶然的姿态，其意义在展开的山水云雾中的一棵松树别无二致。景物的出现，就像缭绕在峭壁和山峰上的雾气一样变幻莫测。这些景物没有确定的轮廓边界，仿佛在挑战着构图原则。观者的目光并不像透过长方形的窗子看向后面的装饰空间，而是像透过一扇敞开的门一样被引向空间。绘画的空间笼罩着观者。作为旁观者的我们，不过是一个更大图景中的标志——在这个图景中，天和地是结合在一起的，并且暗示着与更为广阔的空间连接在一起的可能性。

在新大陆，西部沙漠无情的空旷之外的可能性激发了集体的想象力。令人生畏的岩壁、不断攀升的峭壁和山峰塑造了黄石或优胜美地的宏伟形象，它们引导人们的视线向上，看到天空的漩涡和光线的扩散。1848年，人们在加利福尼亚州发现了黄金，次年，淘金热如火如荼，随之而来的是棚户区文化带来的所有后果，包括卖淫和疾病。

第307页图：M16，即鹰状星云在哈勃望远镜下的观测图，鹰状星云是一个活跃的气态恒星诞生区，它位于巨蛇座，距地球7000光年。图中所示的结构最早是由杰夫·赫斯特（Jeff Hester）及其团队于1995年通过亚利桑那州立大学的哈勃望远镜记录的。这张图片是人类迄今为止所获得的最详细的鹰状星云图像

旧金山作为矿城而迅速发展。[1]10年后，画家阿尔伯特·比兹塔特（Albert Bierstadt）第一次向西旅行，陪同弗雷德里克·W.兰德（Frederick W. Lander）前往内布拉斯加州和落基山脉的温德河岭，后者现在属于怀俄明州。他回到东部，以全景画的方式绘制了西部风景。在他所谓的兰德峰的宽约3米的风景画中，积雪的山顶耸立在阳光普照的湖上，展现出一派高不可及之处的田园风光。这里是没有任何人类罪恶痕迹的伊甸园，它的确是一个虚构的场景。比兹塔特把握了地形的特征，并将其扩展到更大的高度，尽管这忠实于他的草图，但强化了置身于其中的情感。在这场旅行中的另一幅描绘兰德峰的较小的画作展现了从一片蓝色中迸发的光亮，穿过黑暗的天空。在这幅画中，风景的轮廓作为光辉的场所，以一种类似于《圣经》描述的方式穿过岩石和绿色植物，转移到下面的平原。光线描绘得非常尖锐，似乎有了实质的内容。这幅画可能暗示了耶稣显圣容的背景，并将其转移到新大陆的山坡上。比兹塔特常用的基调是一种照明手段，这样一来他就满足了当代的崇高概念。传统的美与"崇高"的内涵相比是浅薄的，崇高将审美经验提升到一种更雄伟的沉思，向着神圣的方向前进。

19世纪60年代，以1861年至1865年美国内战的灾难为主，预示着地理和地质调查的时代，摄影是最合适的新的记录媒介。就连比兹塔特也使用相机，并为他兄弟的工作室和蓬勃发展的业务提供立体照片。[2]摄影机镜头暗示了一种客观的中立性，非常适合用来记录。摄影机在战场上的应用产生了很强的冲击力，阵亡者的照片受到了大众的广泛关注。卡尔顿·沃特金斯（Carleton Watkins）是旧金山的一位摄影师，他已经掌握了使用大型照相底片的技术。1861年，他大费周章地将他的设备（相机、化学药品和底片）运到优胜美地，带到了高度大约1220米的地方，并能够使用火棉胶在现场条件下制造出湿版底片。他的一些底片大到46厘米×60厘米。作品的壮丽程度与其主题的雄伟性质相符，以至于1864年，一位受人敬仰的公众人物鼓励国会宣布优胜美地"神圣不可侵犯"。[3]沃特金斯最初为他的研究找到了市场，在旧金山的蒙哥马利街开了一家画廊。后来，他随加利福尼亚州地质调查局回到优胜美地。尽管他为后来成为美国

著名的风景之一的地方的拍摄打下了基础，而且这个地方特别适合摄影范围的色调微妙性，可以在最陡峭的岩壁上玩转阳光和阴影的游戏，但沃特金斯在1874年失去了对他的画廊的控制，也失去了许多负片。他面临着经济上的失败，视力日益下降，最终他的档案在1906年旧金山地震后的一场大火中被毁。他不仅瞥见了高山峡谷作为处女地的景象，还掌握了在美国多元文化中建立这种宏伟的中心线的手段。然而，沃特金斯重返商业却为他自己带来了残酷世界的束缚。[4]

比兹塔特在19世纪60年代中期来到优胜美地，在东方引起了批评，因为他把山谷（无论其真实特征多么崎岖）变成了一个戏剧性的背景。艺术家本人则以壮观的规模作画，将山谷视为伊甸园。1868年的两幅油画虽然不是严格意义上的一对，但却形成了对这一奇异天堂的描绘。第一幅《优胜美地河谷》（*Yosemite Valley*）在看似温和的光线中散发着透纳式的黄色；第二幅《优胜美地河谷的日落》（*Sunset in the Yosemite Valley*）将光线还原为白色的核心点，转为灼热的金色，融入聚向黑暗的黑云顶中。如果说这里是伊甸园，那么它是已经堕落的伊甸园。比兹塔特的戏剧不仅仅是一种宏伟的海报艺术，以吸引观众搭上西行的列车，就像欧洲人可能在他们的壮游中寻求阿尔卑斯山的壮丽一样。比兹塔特的作品中的寓意是天堂的脆弱。这部戏剧绝不会令人感到舒适，它有着末日启示的基调。

1867年至1872年间，美国第四十平行线地质调查队，即"国王调查队"，在克拉伦斯·金（Clarence King）的带领下，从新宣布的第三十六个州内华达州到大平原和怀俄明州的边缘，对加利福尼亚边界以东的土地进行了详细评估。地质调查涉及标本的积累，包括动植物在内。与探险队同行的是摄影师蒂莫西·奥沙利文（Timothy O'Sullivan），他曾为葛底斯堡的死难者拍摄了著名的照片，共制作了200多张大幅面照片。奥沙利文随后加入了由乔治·M.惠勒（George M. Wheeler）中尉率领的探险队，他从内华达州和犹他州前往亚利桑那州。与像比兹塔特这样的画家能够带到在他的作品中展现的自由相反，摄影仍然被视为一种客观媒介，并且其记录的内容被认为是既定事实。调查摄

上图：阿尔伯特·比兹塔特，《落基山脉，兰德峰》(*Rocky Mountains, 'Lander's Peak'*)，1863年，亚麻布油画，110.8厘米×90.1厘米，福格艺术博物馆，哈佛大学，剑桥市，马萨诸塞州

影师给这项工作带来了一种中立感，因为重点是收集数据，而不是一个场景可能暗示的美学联想。

摄影过程中的每一个阶段都受制于摄影师的调整，这一点并不像落在感光乳剂上的光线会提供确凿的证据那样明显。摄影将成为犯罪现场的重要取证工具，因为它展现了无可辩驳的真相，无论这一真相有多么残酷。摄影还没有偏离到艺术的范畴。照片构成了一种虚构的内容，后来对历史图片进行处理可以故意制造谎言，这种想法与大调查的时代并不相符。

奥沙利文的风景照片在20世纪30年代引起了安塞尔·亚当斯（Ansel Adams）的注意；他将这些照片发给了纽约现代艺术博物馆的博蒙特·纽霍尔（Beaumont Newhall）。新任命的博物馆摄影部主任约翰·萨科夫斯基（John Szarkowski）在1963年的"摄影师与美国风景"展览的目录中收录了4幅奥沙利文的作品。[5]他的作品的中立性符合现代美学，尤其是当时现代艺术博物馆所认可的美学。这种观点比较少见，它剥夺了所有赋予比兹塔特浪漫主义的宏大的情感成分。调查体裁是由它自己的形式语言确立的。与描述山上的光亮的语言的深刻性不同，调查是事实的集合体。调查中没有象征主义、隐喻，或者施蒂格利茨所认为的在云层背后的光芒中的普遍的真理或平等。在奥沙利文与克拉伦斯·金向东行进的过程中，延伸到地平线的景色已经足够戏剧化。随着勘测工作向落基山脉和大盆地推进，这些证据也无须放大。当阿波罗计划中的月球地形照片的印刷作品与大画幅照相机拍摄的照片一样拥有精美的细节时，月球的景观与内华达州卡森沙漠的勘测图是一致的。它们共同的精髓是对巨大规模只着寥寥数笔，而不是夸大其词。

作为数据的收集者，天文学家将光的宏伟和证据的冷静中立这两种倾向联系起来。望远镜产生了逐渐放大的视野。仪器的选址使天文学家们越爬越高，爬到山顶上去观测更清晰的天空，爬到本来会很隐蔽的地方，在那里进行系统的夜间观测，在加利福尼亚州尤其如此。他们在独立的环境中专注于最高精度的工作，有时他们无法否认自己对天文尺度会产生更抽象和更令人生畏的思考。为了在山谷进行更深层次的活动，他们必须进行一些心理

调整。里克天文台的建造从1876年开始，历时10年，位于圣何塞东部代阿布洛岭的汉密尔顿山上。1908年，帕萨迪纳附近圣盖博山脉的威尔逊山上建成了一座18.3米高的太阳塔，望远镜离地面的高度创造了分辨率更高的太阳图像。1949年，加州理工学院开始在洛杉矶附近圣迭戈县帕洛玛山的帕洛玛天文台运行508厘米的海尔望远镜，这是当时世界上最大的望远镜。望远镜的白色穹顶结构具有装饰艺术风格，成为相当于最宏伟的古典建筑的世俗建筑。穹顶的高度为41米，直径为41.7米，这与罗马万神庙穹顶43.3米的直径差不多。天文台的旋转部分重达1000吨（90.7万千克）。第一个将望远镜投入使用的天文学家是埃德温·哈勃（Edwin Hubble），他的成就都来自银河系外的领域。1949年1月，他观测到了后来被称为哈勃变光星云的NGC 2261，到5月，照片已经在大众媒体上发表。此前，哈勃从威尔逊山的254厘米望远镜中探测到了银河系以外的地方。经他确定，任意两个星系之间的距离越大，它们的分离速度就越快，这意味着宇宙在不断膨胀。天文学家在山顶上进行的观测与爱因斯坦在广义相对论方程中的表述是一致的。望远镜的逐步增多使天文学家能够进入宇宙学的领域。从历史上看，从日心说的建立到看到银河系的更远处，时间跨度很短，但在概念上却迈出了巨大的一步。之后，哈勃将参数进一步应用于不断膨胀的领域。

海尔望远镜的200英寸镜头的制造过程达到了单块玻璃所能达到的技术极限。镜子采用派热克斯玻璃铸造，可将由于温度波动而引起的膨胀降至最低。铸造过程面临巨大的挑战：冷却需要几个月的时间，而打磨则需要数年。下一项发展是使用一组较小镜头的新镜头技术。火箭先驱赫尔曼·奥伯特（Hermann Oberth）于20世纪50年代初写道，他认识到了地面望远镜存在的两个主要问题，并指出了关于海尔仪器的公认的问题。他认为问题有两个方面，首先，地球大气层、空气本身的振动造成了光的扩散，降低了视线的清晰度，大大抵消了放大倍数的益处——今天，洛杉矶等城市中心周围的污染进一步加剧了这一问题。其次，地球的引力限制了望远镜的长度——巨大的结构是支撑大型仪器的关键。

望远镜的长度与其焦距直接相关，焦距越短，对反射镜的

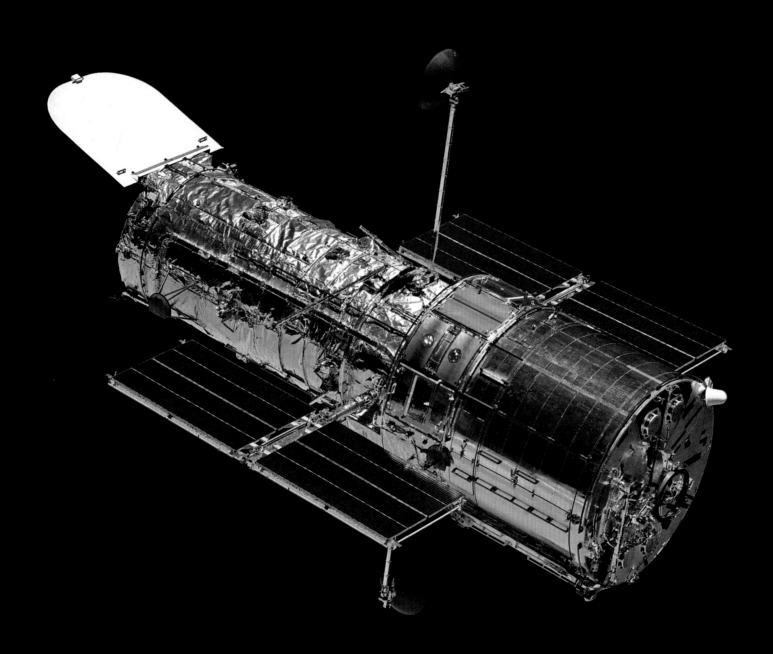

精度要求越高。如果望远镜变长了，那么它最终就会弯曲对奥伯特来说，解决办法是将望远镜放置在环绕地球的轨道上，天文学家莱曼·斯皮策（Lyman Spitzer）于1946年广泛地提出了这一想法，当他于1965年成为美国国家科学院的一个委员会的负责人时，这一想法得到了强化，该委员会确定了1965年一个可能实现的望远镜的目标。[6]奥伯特称，自1917年以来，他一直在研究制造和引导太空反射镜的复杂性。[7]他还支持用这种太空反射镜来观测地球。奥伯特宣称，利用这种放大倍数来仔细观察将使铁幕这样的政治界限变得多余，铁幕是当时正在进行冷战的权力集团之间的分界线。事实上，观测卫星的眼睛现在已经可以将地球上的任何一点都看得清清楚楚。

在1990年发现号航天飞机最终发射哈勃空间望远镜之前，以伟大的天文学家哈勃的名字命名的这一空间望远镜的准备工作已经进行了几十年。该仪器是基于卡塞格林设计的一个变体，后者又被称为里奇-克莱琴望远镜，正如这一设计原本打算用于200英寸的海尔仪器一样，直到里奇与海尔公司分道扬镳。该设计依赖于一个大型双曲面主镜和双曲面副镜。为该项目提供资金是一项艰巨的任务，1986年的挑战者号航天飞机灾难更使项目进一步延误。该望远镜在地球上空约550千米的低轨道可能会持续到2040年。哈勃的维护工作由五次单独的航天飞机飞行任务中派出的宇航员组成的维修团队进行，最后一次是在2009年。从其在地球大气层外的位置来看，该望远镜可以吸收波长较短的近紫外光和波长较长的近红外光，它们位于可见光谱的尖端。最终产生的高分辨率图像证实了奥伯特提出的当摆脱大气扭曲时，图像有可能变得更加清晰。然而，这些图片是数字时代的产物，并且在网上传播，其产生影响是奥伯特（尽管他是个天才预言家）无法预料的。

哈勃望远镜不仅通过隐喻的窗口向更深的空间打开了视野；它的运行，特别是通过遗产项目，还提供了定期的壮观的图像流，除了天文学专家，全世界都可以接触到它们。这些照片需要进行数字处理，但无论软件多么先进，为提高清晰度而做出的调整决定，特别是为使视觉数据更加清晰而使用的颜色，都是人的选择。这种来源科学的信息与当代艺术家工作室的任何图像一样，是一种媒介，甚至更甚于此。这些照片在范围和细节上都

是无与伦比的，在某些情况下，它们几乎成为一种通用的视觉词汇。这些照片会被定期上传，让任何能上网的人都能自由观察。哈勃数字图像成为激发公众想象力和传达数据的工具，因为公众的支持对于继续提供资金至关重要。对该企业的投资最终成为一项政治决定。2003年哥伦比亚号航天飞机解体后，第五次升级哈勃的任务被取消。重新恢复该任务或许已经成了政治游说的一部分，而这种政治游说来源于哈勃拍摄的照片的影响。[8]哈勃已经成为一个公共设施，因为虽然它是由美国纳税人资助的，但它的使用是公开的；每年有数千份申请，其中约有200份申请成功。通过这一过程，这一技术设施已成为民主结构的一部分，因此它具有一种机构功能。这个太空之眼最终是在管理分配预算的人的控制下运作的。

当肯尼迪于1962年首次宣布他的空间任务时，其目的已经确定。无论这场比赛多么艰巨，其雄心壮志都很简单。尽管结果很宏伟，但哈勃的目的却不太明确。视野的宽广意味着牺牲掉目的纯粹性。在一些图像中，纯粹的戏剧性有可能凌驾于科学目的之上。当然，公共领域的戏剧在当代具有特殊的时效性。全球的流行文化都是靠银幕形象的力量来维持的。科幻小说的叙事、系列电影的特许经营、数字世界越来越高的分辨率导致了Imax（最大影像）屏幕和3D效果的复兴，所有这些都显示了人们对壮观景象的无尽渴望。哈勃图像有可能满足人们的这种胃口。然而，还有一个方面：哈勃照片的视觉语言符合根植于更广泛的意识中的关于亮度的既定惯例，它将图像提升到中性、世俗数据的范畴之外。[9]与单纯的观赏性功能减弱的概念相反，哈勃所关注的主题是银河系规模的；它可以将观者带入恒星诞生或死亡的领域，并在这样做的过程中思考一个变化无常的宇宙最深奥的庞大计划。哈勃图像可同时跨越几个领域，它可以是崇高的、壮观的，也可以是艰难的、科学的探索。1995年哈勃拍摄的鹰状星云M 16正是实现了这一点。

哈勃主镜的打磨和抛光精度以微英寸为单位，足以接收紫外光线。

当阳光进出望远镜时，必须用精密的绝缘材料来应对温度的反复变化。照相机和光谱仪必须加以改进，计算机必须用以协调。

第313页图：NGC 3132的哈勃图像，它是直径半光年、距地球2000光年的行星状星云。该图像描绘了一颗垂死恒星喷出的巨大气体外层。在演化的早期，位于中心的明亮恒星在其右上角伴有一个较暗的恒星，行星状星云便是从后者发出的。颜色代表温度，蓝色代表中心温度最高的气体，红色代表边缘温度最低的气体

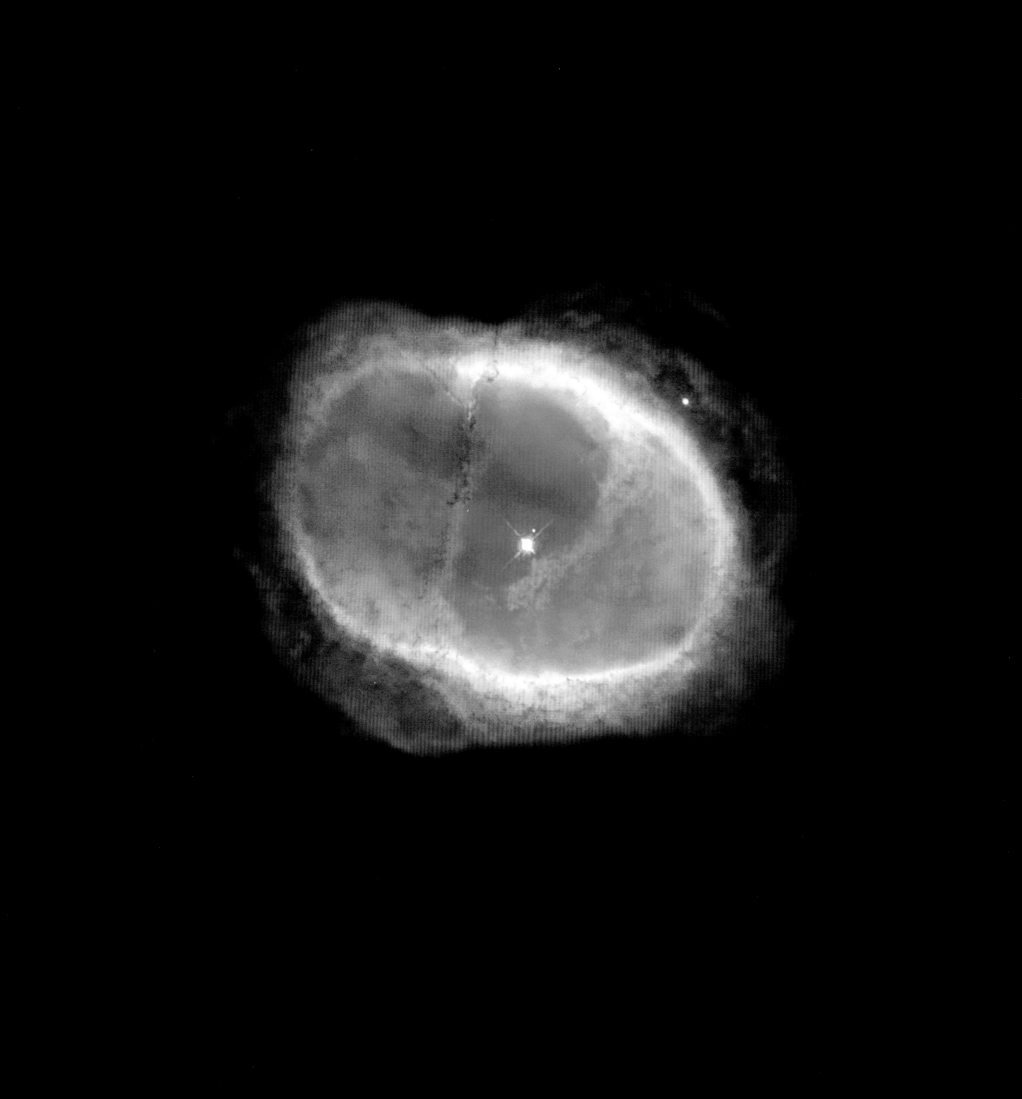

在操作哈勃的三个用于指向和在太空保持稳定的陀螺仪时必须完美精准；事实上，在陀螺仪发生故障后，工程师们现在已经编写了一个计算机程序，使一个陀螺仪就能实现定向功能。在绘制轨道图时，必须认识到高层大气的密度变化会对光线通过望远镜产生影响。我们积累了巨大的技术成就。尽管镜头的配置达到了前所未有的精确程度，但从哈勃望远镜那里收到的第一批照片却令人失望，以至于这项任务的价值受到了质疑。三年后，问题的根源和解决方案得以确定。误差在于镜片的形状，这种微观上的差异造成了球面像差，而里奇·克里斯蒂安的设计正是为了减少这种像差。由于我们不可能更换镜片，为了补偿畸变，光学元件被设计出来，并随后安装了上去。1993年的首次维修任务涉及长时间的舱外活动，非常复杂。随后拍摄的照片被赋予了巨大的意义，这些照片确实表明，此前所面临的挑战已经得到了解决。图像最终实现了能够为这次飞行任务的最初实施正名的清晰度。

把宇宙渲染成单色就像否认从太空看地球是蓝色的一样错误。早在数字时代之前，自20世纪70年代中期起就在澳大利亚工作的天文学家大卫·马林（David Malin），就从深空构建了彩色图像。在10多亿光年外的后发座，一个名为马林1的星系就是以他的名字命名的。传统的彩色胶卷有许多层不同的乳剂，不适合用于天文方面，因为需要更多的曝光次数。马林用黑白乳剂在不同的底片上分别进行了三次曝光，适合的曝光时间不是几分之一秒，而是几分钟，甚至一个小时或更长时间。每一次曝光都通过了不同颜色的滤镜——红色、蓝色或绿色。然后他在暗室里将这三张底片组合起来，形成彩色图像。马林此前曾将该技术应用于扫描电子显微镜，其放大倍数可达到50万倍的水平。在这种放大倍数下的细胞结构是没有颜色的，而染色是提高图像可读性的宝贵手段。瑞典摄影师伦纳特·尼尔森在研究人类受孕的过程中也面临着同样的问题。在受精过程中，卵子周围的众多精子是没有颜色的。在受精的确切位置上无法观察到真实的颜色。然而，我们在他的照片中看到的拥有海绵一样的表面的黄色球形就是卵子。尼尔森的照片需要色彩来支持叙事。他对色彩的引入是在前数码时代通过手工实现的，不可避免地带有他自己的审美观

念。当他后来尝试引入电脑生成的色彩时，其结果既巧妙又引人注目。

照相底片最终被CCD成像所取代。电荷耦合器件是数码相机革命的核心传感器，它将光转化为电荷。将以数值测量的光照水平形式的数据转化为视觉图像的过程是作为哈勃过程核心的一系列转换或转化过程之一。从本质上讲，从光探测器收集数据是从巴尔的摩约翰斯·霍普金斯大学太空望远镜科学研究所（STScI）安排观测开始。观测使用的望远镜本身由马里兰州的美国国家航空航天局戈达德太空飞行中心操作。[10] 来自哈勃的数据通过无线电传送到地球，然后可以下载。这些文件是以FITS格式创建的，这种格式是标准的天文图像格式。从校准数据中可以获得粗略的黑白图像。这些文件被传送到图像复原和分析软件（IRAF），这是一个用于天文数据的通用软件，由位于亚利桑那州图森的美国国家光学天文台（NOAO）编写和支持。接下来会使用适用于哈勃的软件，[11] 所有最终图像通常都会以复合马赛克的形式创建。可以使用图像的叠加来减少条纹和粒子杂乱。通过软件可以增加对比度，以提高图像中特定元素的可读性或清晰度，就像在摄影暗室中打印一样。色彩的引入是利用马林之前在他的照相底片上应用的三种不同的滤镜进行的。颜色的选择取决于光的波长：波长最长的是红色，最短的是蓝色，处于这两者之间的则是绿色。这样的决定不是随机做出的。当以数千张哈勃图像为背景下统一进行检查时，最终的这些图像就构成了一种不可避免的美感——这是数据通过共同的软件应用系统反复转化的结果——就像任何领域的数字图像都有一种可以通过其像素排列的清晰度，甚至是脆性，将其与传统的照片印刷品区分开来的外观。

来自亚利桑那州立大学的杰夫·海斯特及其团队于1995年在哈勃的第二代广域和行星照相机（WFPC2）上拍摄了鹰状星云的图像，它的发表引起了公众的极大兴趣，就像尼尔森拍摄人类受孕时刻的照片（单个人体细胞真正分裂成两个部分）一样，震惊了30年前的人们。

作为一种极其理性的描述，哈勃图像的意义与孕育有着平行的关联——星云是一个诞生地，我们可以看到新的恒星从这里

第315页图：NGC 524的哈勃图像，它是一个既非螺旋形也非椭圆形的透镜星系，位于双鱼座，距离地球9000万光年，里面有古老的红色恒星、尘埃和气体，由威廉·赫歇尔在1786年发现

第317页图：NGC 2392的哈勃图像，它一种行星状星云，位于双子座，距地球5000光年。NGC 239类似太阳的垂死恒星的残骸。图像中的颜色表示气体：氮气=红色，氢气=绿色，氧气=蓝色，氦气=紫色。该图像是在1999年12月完成SM3A维修任务后于2000年1月拍摄的。1787年，威廉·赫歇尔首次发现了这颗恒星遗迹

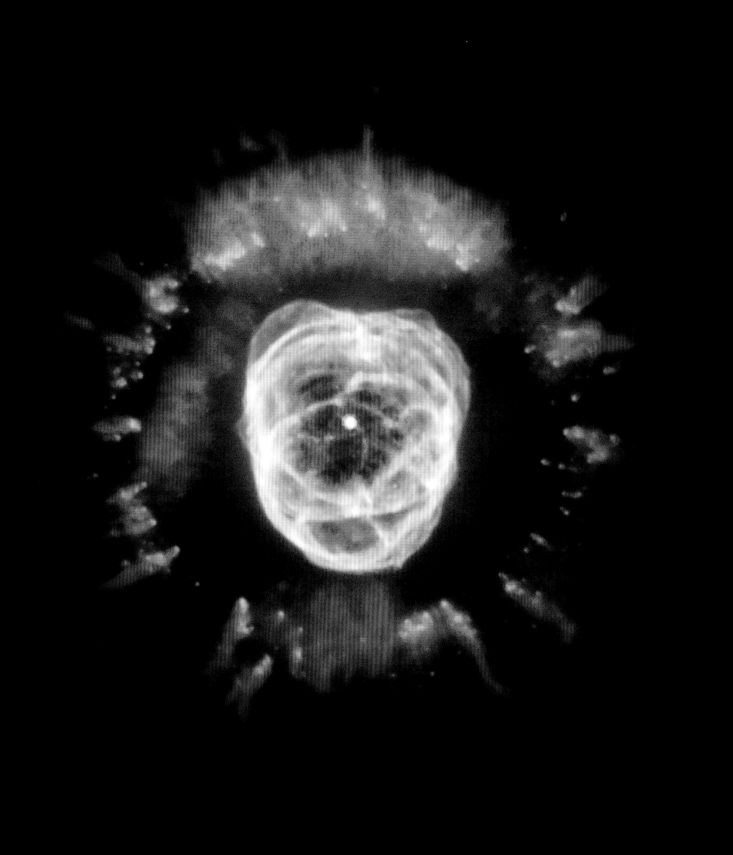

第319页图：鹿豹座U星的哈勃图像，它位于北极，是一颗 "碳星"：它的大气层中碳的含量比氧的含量多，而且它的生命即将结束。鹿豹座U星的实际大小可以用图像中心的一个像素来表示。它发出的气体外层是球形的。鹿豹座U星的亮度非常高，足以使相机的光感受器饱和

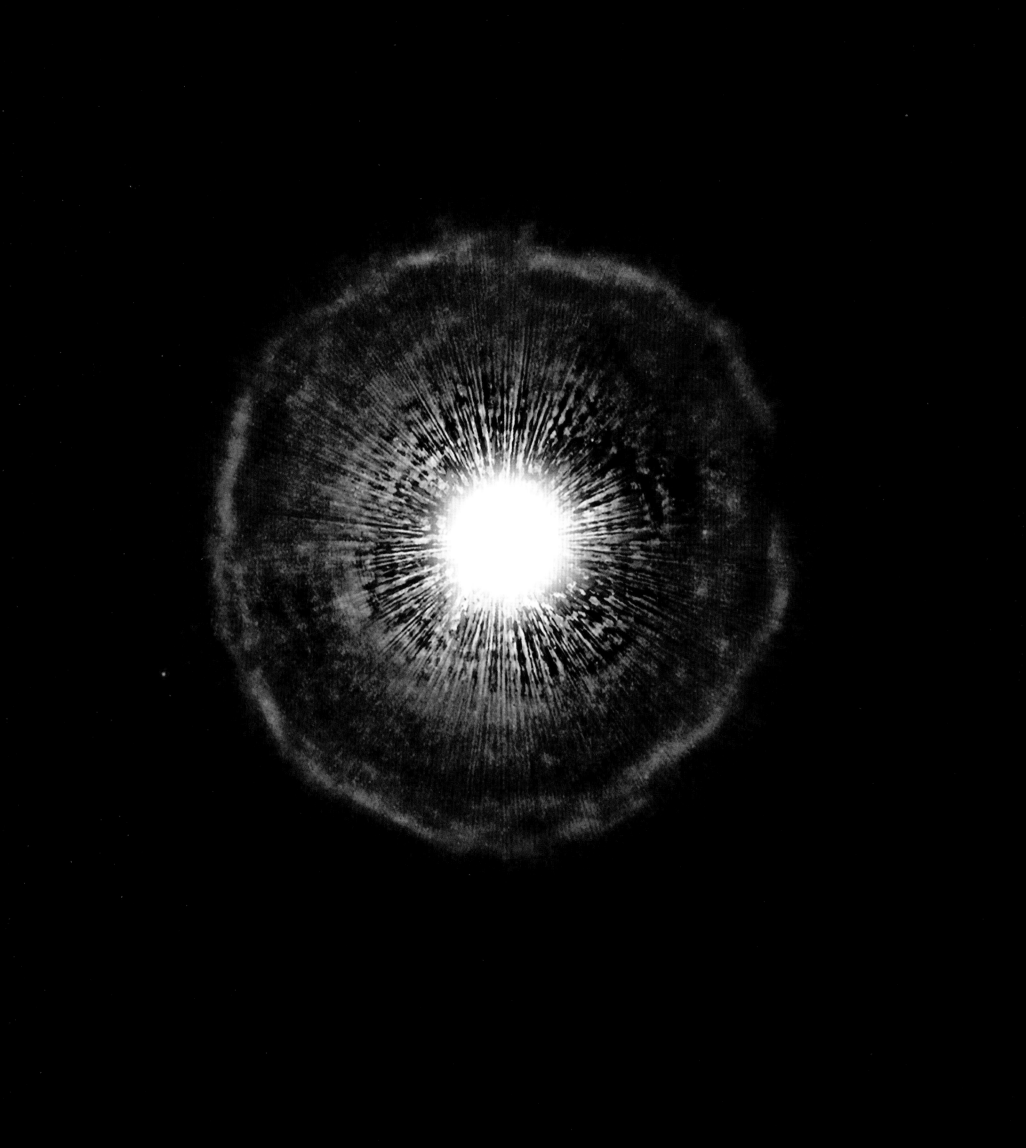

诞生。图像背后的每一点数据都与宇宙起源的可能性一样令人意想不到。鹰状星云是由瑞士天文学家让-菲利普·洛依·德·切索（Jean-Phillipe Loys de Chésaux）于1745年发现的，位于距离地球6500光年的巨蛇座。每根创生之柱都有四五光年高，整个星云延伸了大约70光年的距离。虽然给观者的第一印象是高耸的塔顶被明亮的山峰所覆盖的景观，但星云的实质当然是气态的。根据颜色编码，蓝色表示氧气，红色表示硫，而氢气和氮气都显示为绿色。这些塔上投射出的明亮光线，是画面外的年轻恒星发出的紫外线。来自这些恒星的辐射力如一阵"风"般正在侵蚀这些创生之柱，通过"光致蒸发"将它们吹散。通过穿透分子气态云的红外光，我们可以在一个单独的图像中看到，背景上布满了许多原本看不见的恒星。红外线使处于实际形成过程中的年轻恒星变得更加清晰，成为光点。2010年拍摄的星云内气态塔的图像显示，气体形态高度达到9.5光年，相当于92万亿千米。

1995年11月2日的新闻稿特别关注了从气态云中，特别是在塔顶出现的高密度球状物的性质。它们被描述为密集的星际气体袋或蒸发气体球（EGGS）。周围的紫外线对气体的破坏正揭示了里面有更密集的蒸发气体球。随着星际气体的密度越来越大，它在自身重量的作用下坍塌，并从周围的环境中积累更多的质量。我们了解了蒸发气体球形成的不同阶段，这一阶段最终导致新的恒星诞生。有些蒸发气体球已经完全破裂。海斯特将他观察到的过程与考古挖掘类比，紫外线相当于在通过剥离气态表面进行挖掘工作。海斯特的发现以确凿的视觉证据拉开了恒星诞生的序幕。这幅图像本身就具有标志性。人们的目光从气态的低地和山谷被向上吸引到塔顶，塔顶被最强烈的光芒所照亮。塔顶之外是幽蓝的空间，点缀着光点。这些立视图放大了比兹塔特的美学巨制。画面规模所陈述的事实，以及对这一景象是前所未有的认知，进一步加深了我们对它的敬畏之情。每一个方面都扩展了我们对崇高的事物的认知。同时，这一图像与中国人对天与地的交接点的看法完全吻合，它隐匿在云中，暗示着超乎人类估量的空间。

蓝色的基调与文艺复兴时期天花板上的壁画中的许多天体描述相吻合。提埃坡罗的蓝色和他的粉红色一样，被嵌入18世纪初威尼斯的色调中，并且在哈勃图像中反复出现。鹰状星云的塔楼之外的天空加强了我们对天穹的现有视觉参考。这个场景的光线被赋予了大教堂内部那样的光辉。经过大教堂大师们的计算，通过大玫瑰窗的玻璃过滤的光线放大了壮丽的光环，也让观者因其光芒而深感谦卑。如果仅仅将星云的塔楼和其外的天空看作是数据的来源，通过这些数据可以将一个过程合理化，那就等于否认了整个图像的重要性。当你思考鹰状星云时，会在不知不觉中被带入山中。

深入哈勃图像库，就是将望远镜的启示和潜伏在我们集体想象中的视觉参照流。《索拉里斯星》中的隐喻依然存在——我们向太空望去，看到的是我们潜意识的一面镜子。当视觉语言发光时，我们就会更接近超越文化参数的原型形式。星系结构的圆盘中心的光点（9000万光年之外的双鱼座的NGC 524）没有文化地理。它是照明的通用符号，可以根据我们的需要升高。距离我们仅有3100万光年的相对较近的涡状星系是位于猎犬座的M51，又称NGC 5194，它提供了一个螺旋状的发光轴。恒星从这个涡状星系中诞生。我们可以参考罗伯特·史密森（Robert Smithson）的螺旋形防波堤（Spiral Jetty）作为明显的对比，这是他从1970年开始在犹他州大盐湖岸边的陆地制作的作品。但尽管如此，他的螺旋形防波堤作为20世纪美国伟大的作品之一，在陆地上是一种不可避免的纽带，具有一定的规模。我们无法逃避这个参照物，就像我们无法忽视螺旋形的生物形态关联一样。通过哈勃，我们可以看到大量的这种联想可能性。

哈勃作为一个图像库，其不断增加的数据量可能会使我们感到疲劳，与此相反，哈勃望远镜揭示了更多我们熟悉的领域，让我们仿佛更加靠近它们。威廉·赫歇尔在18世纪发现的遥远星系曾经被认为仅仅是光源，现在却有了可见的形态，例如NG C5559。我们可以详尽地观察到土星和火星，仿佛它们和月球一样近。

1997年发射的卡西尼-惠更斯号探测器进入土星轨道，并将惠更斯号大气层探测器降落在土卫六上，在2017年在土星大气层中"脱轨"之前，它还飞过了金星和木星。卡西尼图像的特点是超高的清晰度。太阳系现在已经成为我们的后花园，而土

第321页图：NGC 5559的哈勃图像，它是威廉·赫歇尔在1785年发现的一个涡状星系，位于北天的牧夫座，距离地球2.52亿光年

第322—323页图：M51A的哈勃图像，右上方是M51B，又称涡状星系，位于猎犬座，距离地球约2000万光年。M51A是由查尔斯·梅西耶（Charles Messier）于1773年发现的，距离地球约60000光年，约为银河系的三分之一

第325页图：2006年9月15日，卡西尼-惠更斯号（Cassini-Huygens）飞行任务的全景图的一部分，显示土星正对着太阳的路径，该全景图由卡西尼广角相机在三个小时内记录的165张图像拼接而成。颜色是由紫外线和红外线过滤后的图像以及清晰的图像组成，接近自然色

第326页图：木星极光的哈勃图像，由高能粒子进入木星磁极附近的大气层，并与气体原子碰撞时产生。2016年，在哈勃影像摄谱仪进行的一系列远紫外线观测中记录了极光，并与哈勃外行星大气遗产计划（OPAL）记录的木星全盘独立图像拼接

第327页图：火星在55759617千米外的哈勃图像，2003年8月27日。在几分钟内，这颗行星就到达了6万年来最接近地球的位置

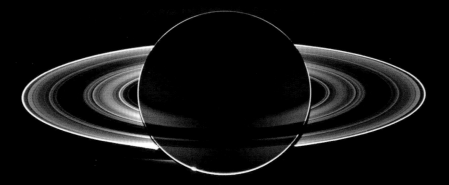

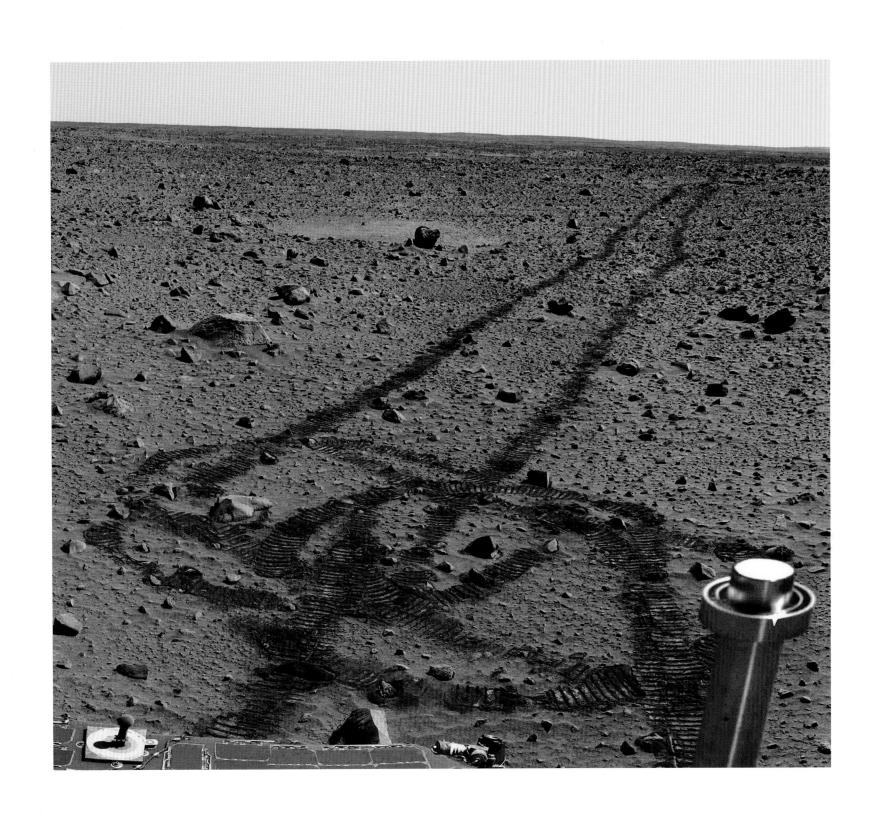

第328页图：美国国家航空航天局火星探测漫游者勇气号的甲板，2007年

上图： 美国国家航空航天局火星探测漫游者勇气号拍摄的部分全景图，2004年

第330—331页图：火星探测漫游者好奇号拍摄的部分全景图，2014年1月30日。该图像结合了漫游者的桅杆相机（Mastcam）拍摄的几个画面。前景中的沙丘中心高约1米，向南北两侧渐渐变成低矮的陡坡。右边最大的深色岩石直径约60厘米

星是我们的邻居。在19世纪，日食发生的时刻，早期摄影是天文学家的宝贵媒介。沃伦·德拉鲁加入了大规模的西班牙探险之旅，想要亲自看见1860年的日食，以便用照相的方式记录下这一事件。现在，卡西尼号已经记录到了土星而非月球日食的时刻。2006年9月15日，卡西尼号在太阳的阴影下漂移了12个小时，记录了太阳正好在行星后面的场景，由此产生了一张单一的日食马赛克图像，其中土星球体变暗，而土星环则被完全照亮。在最亮的星环的左上方，我们能在屏幕上，甚至是纸面上看到一个代表地球的蓝点。

如果说哈勃图像不仅继承了"崇高"的传统，还将其发扬光大，那么与之对应的勘测工作同样被美国国家航空航天局的火星探测计划所呼应和放大，两台火星探测漫游者"勇气号"和"机遇号"在2003年发射，于2004年抵达火星，并对火星的表面和地质进行探索，特别强调寻找可能显示以前存在水的证据的矿物。截至2018年7月，机遇号仍在运行中。崇高的视野主要是以视觉上升的方式向上凝视，而勘测视角则是循着水平面，寻找远方的地平线。2014年的夏天，从机遇号上拍摄的视角指向被命名为奋斗撞击坑的边缘。火星的橙色尘埃蔓延到天际线上，漫游者的足迹是这片沙漠中唯一的印记。令人类可以在最遥远的沙漠航行，忍受最为荒芜的自然环境，这究竟是人类心灵的失败，还是人类超越自我的力量？我们派遣观景车在几个月的时间里到达一个荒凉的星球，却发现目的地让我们想起了一个我们已经看过的地方。然后，我们在地图的空地上标记这些陨石坑和山丘，并为它们命名，就像曾经的那些测量师先锋用他们那个时代的精致制图法所做的那样。我们凝视着屏幕上的火星，想象着1868年的一个早晨，蒂莫西·奥沙利文是从他的营地向外眺望，思考在他所看到的犹他州盐湖沙漠的视野中，地平线应该置于何处，因为盐湖沙漠已经无情地蔓延到了所有目光所及之处。

上图： 美国国家航空航天局火星探测漫游者机遇号上的全景摄像头向奋斗撞击坑西侧回望的场景，2014年

VII

前沿

在整个20世纪20年代，作为一位物理学家，阿尔伯特·爱因斯坦在遥远的牛顿时代建立的原则之外推进了科学理论的发展，并以此掌握了现代社会的话语权，在全世界享有盛誉。他曾在哥伦比亚大学、普林斯顿大学和白宫受到接待。1921年，爱因斯坦获得诺贝尔物理学奖，部分原因是他发现了光电效应的理论解释，推动了马克斯·普朗克（Max Planck）量子理论的发展，而普朗克本人在三年前正是因此获得诺贝尔物理学奖。尽管爱因斯坦在相对论方面的工作影响巨大，但仍未得到诺贝尔委员会的充分肯定。[1]在日本，他受到了皇室的正式欢迎。爱因斯坦没有回到欧洲去斯德哥尔摩领奖，而是特意留在日本继续旅行。在巴勒斯坦，他受到了公众的崇拜。爱因斯坦参与日内瓦国际智力合作委员会的工作使他上升到全球大使的级别。

1921年，爱因斯坦应沃德姆学院物理学家弗雷德里克·林德曼（Frederick Lindemann）的邀请首次访问牛津。林德曼坚持不懈地试图说服爱因斯坦回国，[2]后者最终同意在1931年5月在罗德奖学金的赞助下举办三次讲座。这些讲座安排的时机意义重大。爱因斯坦的理论发展过程与埃德温·哈勃通过加利福尼亚州威尔逊山的254厘米胡克望远镜观测得出的戏剧性结论相吻合。纯数学思想的抽象性正在与从前所未有的光学能力中获得的显著证据相一致。

相对论不是一个单一的概念，而是一系列思想的转变，最终得出时间本身就是一个变量，光的速度在真空中是无法超越的，它可以在引力的作用下沿途弯曲和扭曲。在爱因斯坦之后，我们不得不考虑空间-时间的概念。光的扭曲或时空的扭曲成为该理论的必然结果之一。到20世纪20年代末，有证据表明，宇宙在恒星物质的出生和死亡的周期内处于平衡和和谐的静止状态的观点，已经转变为宇宙处于加速膨胀状态的概念。爱因斯坦的研究路线可以说是从1905年他发表的狭义相对论开始的，这一理论适用于除引力以外的粒子和物理现象。他的广义相对论于1915年发表。两年后，他在他的论文《根据广义相对论对宇宙学所做的考察》（Kosmologische Betrachtungen zur allgemeinen Relativitatstheorie）中仍然坚持一个不变的、有限的宇宙理论。他只能通过引入一个假设的宇宙学常数来做到这一点，他称之为"拉姆达"（λ），作为引力的反作用力。[3]尽管他的思想具有激进

的意义，但宇宙平衡的观念却根深蒂固，这仿佛是人类不可避免的需求。通过保留平衡模式，他将自己的思想与根植于古代世界预测所建议的和谐的持续传统联系在一起。

20世纪以潜意识的概念开启，随着1900年西格蒙德·弗洛伊德（Sigmund Freud）《梦的解析》（The Interpretation of Dreams）的出版，潜意识的概念从人类心灵的黑暗深处浮现，打开了丰富联想思维和未被利用的性内涵的大门。政治和社会秩序（在某些情况下是可以追溯到几个世纪前的君主制和国家的等级制度）受到了围攻。旧的帝国地图正待重新绘制。工业时代的产物已经被应用到战争的概念中，在西方战线造成了灾难性的人为后果。就在圣彼得堡的冬宫被袭击的那一年，在饱受战争蹂躏的欧洲掀起了进一步动荡的涟漪之时，爱因斯坦正在维持宇宙的平衡。我们仍然可以正确地预测周期和行星轨道，这种方式曾经被18世纪仪器的精确机械运动所复制。宇宙仍然处于一种静止状态，当时的动荡不安可能使宇宙稳定的概念更有吸引力。

早在1911年，爱因斯坦就在他的论文《引力对光的传播的影响》（On the Influence of Gravitation on the Propagation of Light）中提出，太阳的引力场如此之强，以至于可以引起光的弯曲。测量这种偏差（几分之一的度数）的最佳时刻是在日食的时候，那时靠近太阳的星星的能见度会提高。在日食发生时，人类曾试图在克里米亚进行这样的观测，但因战争而停止。然后在1919年5月29日，在一条狭窄的路径上能够看到持续近7分钟的日全食，这条路径包括西非海岸外的普林西比岛，亚瑟·爱丁顿爵士（Sir Arthur Eddington）在那里观测到了日全食。金牛座恒星观测的照片证实了爱因斯坦的理论。爱丁顿在1月和2月测量了恒星的位置。如果爱因斯坦是正确的，太阳的引力场会使它们的光线在飞往地球的途中发生弯曲；在日食期间，它们在5月出现的位置会与1月的位置略有不同。的确如此：观测的现象与理论是一致的，爱因斯坦自此成名。诺贝尔委员会显然很固执，他们仍然倾向于承认爱因斯坦在电子领域的工作，而不是认可他的相对论，无论其意义多么深远。

1931年1月，在牛津大学演讲的四个月前，当时是加州理工学院研究员的爱因斯坦与哈勃和其他天文学家一起在威尔逊山合影。

早在1923年，哈勃就提出仙女座星云位于银河系之外。自1929年以来，哈勃的观测不仅表明，在我们的星系之外存在着其

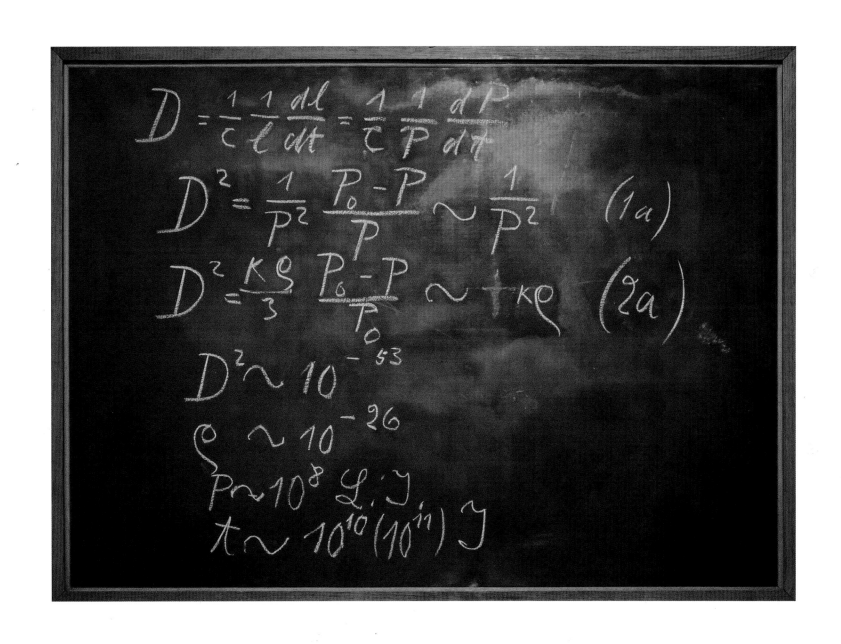

他星系，或当时所说的星云，而且这些星云正在加速远离我们。它们的距离越远，衰退的速度就越大。宇宙常数拉姆达的存在支持了爱因斯坦关于宇宙处于平衡状态的观点，而现在受到了证据的挑战。当年2月，在威尔逊山图书馆举行的一次研讨会上，爱因斯坦当着媒体的面向哈勃的论点低头，承认了自己的错误。[4]这是一个与从地心说到日心说的哥白尼式的转变一样深刻的时刻，甚至与其相比更加深刻。理想状态下的平衡时代已经因不可思议的宇宙知识而不可逆转地发生了变化。由于具有不可控的加速特性的不确定性以及理论上的可能性，即光速在不断膨胀的宇宙的更远处甚至有可能被超越的情况下，暗示恒定性的旧模型现在被放弃了。爱因斯坦5月抵达牛津大学的时候引起了人们的注意，这一点不足为奇。

爱因斯坦在访问期间被分配到基督教堂学院的房间。穿过汤姆方庭，也许有人听到小提琴从窗户飘出的声音。爱因斯坦一边拉琴一边思考，用他自己的话来说，他经常"在音乐中思考"，他曾说"音乐就是我的白日梦""我用音乐来看待我的生活"。他可以一会儿工作，一会儿又拿起乐器。可想而知，他认为巴赫已经达到了一个不可逾越的顶峰，虽然他自幼就喜欢演奏莫扎特的奏鸣曲。[5]爱因斯坦享受着伟大音乐家的陪伴，并被认为巴赫是一位出色的演奏家。巴赫对音乐秩序的抽象化，与数学思想的纯粹性有相似之处。

爱因斯坦的德语讲座连续三个星期六在罗德楼举行。第一场讲座的内容是广义相对论；第二场讲座涉及宇宙学，并探索了宇宙平均密度与其膨胀之间的关系；第三场讲座讲到了统一场论的方法。第二场讲座的出席人数虽然没有第一场那么多（毫无疑问是因为语言障碍造成了困难），但还是令人印象深刻。《纽约时报》的一位伦敦记者将整场演讲翻译并整理成文件。第二天，即1931年5月17日星期日，这一文件以几个标题刊登在报纸上，包括"教授说哈勃的常数出现在他的方程中——人头攒动的罗德楼"。哈勃通过摄谱仪校准的光谱中红光端的变化，即"红移"，确定了从光源离开地球的速度，而"蓝移"意味着向地球靠近。接下来，哈勃能够确定，远离地球的星系的速度与它与地球的距离成正比。速度是距离和哈勃常数的乘积。两个星系之间的距离越大，它们的分离速度就越大。星云的视

向速度和它们的距离之间的关系让我们能够估计已知宇宙的年龄和尺寸。《纽约时报》小心翼翼地指出了爱因斯坦对哈勃的论断的支持。

在第二场讲座中，爱因斯坦指出，广义相对论所提出的结论在大多数方面与牛顿的理论一致，但也有一些明显的差异。众所周知，水星围绕太阳的椭圆轨道不符合牛顿的方程。水星的近日点，也就是它最接近太阳的那一点，并没有像牛顿预期的那样保持不变。如果爱因斯坦的相对论是正确的，人们就可以准确地预测轨道。他发表评论的第二个领域是关于"红移"，即在光源是比地球引力更强的地方的情况下，光谱光向红光的位移。第三个讨论的领域关于光线通过密集引力场时的弯曲，这在1919年的日食中已得到明确证明。

随后，爱因斯坦用数学形式表达了宇宙平均密度与其膨胀之间的关系时，并引入了物质密度。在提到球体内物质的密度时，他强调，得出计算结果的前提是物质是均匀分布的。尽管宇宙显然不是真空的，但在巨大的空间中，物质的分布确实可能是均匀的。如果假设空间的范围有限，并且拥有球面曲率，那么就可以计算出一个恒定的密度。爱因斯坦解释说，在埃德温·哈勃的工作之前，人类已经观测到相对较小的太空的区域。哈勃观测的意义之一是，考虑的太空区域越大，物质的分布就显得越均匀。随着哈勃让我们了解到远在我们自己的银河系之外的星云的存在，这种遥远的物质在各个方向上的分布是均匀的这一点就越发明显。爱因斯坦提到了俄国理论家亚历山大·弗里德曼（Alexander Friedmann）的开创性工作，他在1922年提出了时间因素，认为均匀分布在球面上的质量会随着时间的推移而变化。弗里德曼研究出他自己的方程来解释一个不断膨胀的宇宙，比利时天文学家和天主教牧师乔治·勒梅特（Georges Lemaître）也是如此，他在1927年（比哈勃早两年）发表了对膨胀宇宙中的宇宙学常数的估计。爱因斯坦放弃了空间是虚空的任何概念，转而关注星际物质，后者的存在已由光谱学证实。

如果这对星期六到牛津听他的演讲的听众来说还不够的话，他给他们留下了一个值得思考的可能性，即很可能存在着负质量以及与它对应的正质量。从负质量中产生了负质量，它介于假说和实验现实之间。

在爱因斯坦牛津演讲数十年后，天文学家们现在正努力应对暗物质的范围所带来的额外挑战，而暗物质的存在绝非假设，需要一种新的制图方法。与近一个世纪前哈勃在当时可见世界的外围进行的观测相比，当代人探索这种宇宙物质的本质时，遇到的是一个由其不可见性所定义的实体。摄影可以从存在的事物中构建证据，但暗物质是以不存在来衡量的。探险家或制图家现在试图揭示那些相机永远无法捕捉的点。人们首次达到了从人类受孕到恒星诞生的区域这一可拍摄世界的不可侵犯的边界。理论家爱因斯坦正确地提出，每一个正面都有可能出现一个负面。在光学革命中，从伽利略将望远镜指向月球开始，此后数百年的启示完全依赖于光的传递。随后必将来到我们面前的是一片黑暗的帝国，是暗物质的绘制，以及认识到暗物质的范围就像一个与我们相邻但我们却看不见的领域一样在星际空间中延伸，这片黑暗的帝国现在成了一个可以映射的事实。

爱因斯坦的第二场演讲一定充满了明显的时刻感。两块黑板上布满了他用白色粉笔写下的数学证明过程，它们都是直接从罗德楼带到谢尔登剧院附近的科学史博物馆的。其中一块消失了或是上面的字被擦掉了，但第二块还挂在博物馆的墙上。黑板底部的粉笔字LJ指的是德国的Licht-jahr，光年。字母D表示宇宙膨胀系数，希腊字母ρ表示宇宙中物质的密度，P表示半径，t表示宇宙的年龄。爱因斯坦的结论是宇宙有100亿年的历史，而根据目前的估计大约是150亿年。这块黑板是科学史上最伟大的遗迹之一，站在它面前的观者可能会为黑板上的内容表现出的天才智慧所折服，而这些天才智慧对我们大多数人来说是不可挑战的权威。和都灵裹尸布一样，它有一个无法解读的特点。这块黑板从来没有为了防止粉笔字掉落成灰而进行固定过，但直到今天，它仍在原处一动不动，自被挂起后就没有发生过改变。黑板上的粉笔字似乎被冻结在原地，仿佛是被写下这些数学论证的思想力量镌刻在那里。

1933年，爱因斯坦被说服回到牛津大学讲学，这一年，德国对犹太学者的攻击和焚书运动将使他无法在德国居住。爱因斯坦放弃了德国国籍，他在牛津大学的演讲"关于理论物理学的方法"（On the Method of Theoretical Physics）是用英语发表的。爱因斯坦宣布，他相信存在一个似乎超越理性思维的过程。"就现实

而言，纯理性过程所得到的结论是完全空洞的，"他说："正是由于伽利略认识到了这一点，特别是由于他把这一点深深地印在了科学界，他才成为现代物理学之父，实际上也是整个现代科学之父，"爱因斯坦继续说道。然而，在谈到对自然的理解时，爱因斯坦声称"真正的创造性原则在于数学。因此，在一定意义上，我认为，纯粹的思想是能够理解真相的，就像古人的梦想一样。"[6]

哈勃的结论源自使用简单的照相底片作为一种宝贵的天文辅助工具。在胶片发明之后，玻璃版底片继续与望远镜结合使用。在哈佛大学天文台，台长爱德华·皮克林（Edward Pickering）在1906年发起了一项调查，测量每一颗当时可见的恒星的亮度和特征，这需要记录5000万个不同的光点。[7]天文台收集了大约20万张照片，为天文学家提供了一个数据库，可以在未来几年内进行分析。天文照片的策展人米娜·弗莱明（Mina Fleming）带领一个由12名女性组成的团队，负责照片的编目和保管工作。

亨利埃塔·勒维特（Henrietta Leavitt）来到天文台后，改变了天文学的发展方向，她采用了一种巧妙的星体测量方法。从一张正片开始，我们在周围深灰色太空中看到的星体是白色的，后来又叠加了更多的负片。固定不变的恒星会相互抵消，但变星的星等或亮度会有波动，可以被识别。[8]很快，勒维特就发现了上百颗这样的恒星。到了1912年，她的专业技术已经可以应用到一张照相底片上，其感光度足以记录1000多颗恒星。皮克林的女性团队，也就是制作和记录这些校准信息的"人类计算机"成为被埋没的天文学巨大进步的推动者，直到最近才获得认可。如今，人们才承认勒维特的重大作用，她的作用在于建立了在照相底片上测量的恒星光度或亮度与某些恒星的变化周期之间的关系。

要根据光源的亮度来估算天文距离，需要参考标准化的可比光源。

勒维特意识到，某些名为造父变星的变星的变化周期是可预测和可测量的。它们的光度根据确定的周期变化，并且造父变星的亮度越高，其变化周期就越长。时间与光度的关系被称为勒维特定律。如果一系列造父变星存在于同一星团或星云中，那么它们与地球的距离大约相同。因此，光度的任何变化都是由于它们的亮度不同造成的，而不是由于它们与地球的距离不同。这样一来，我们就可以计算出它们的本征光度，进而估算出任意两颗本

征光度相同的造父变星的距离。恒星的亮度与它与地球的距离成正比，亮度随距离的平方而减小。[9]造父变星充当了"标准光源"的角色，我们可以由此计算出与更远星系的距离。勒维特定律的影响是巨大的。勒维特在53岁时死于癌症。她的收入微薄，每周只有十几美元，与她的成就之伟大相比更加相形见绌。正如那个时代的巨人，哈勃本人所承认的那样，在讲述任何内容的时候都必须要正视这一被疏忽的事实。她一生中大部分时间都在遭受耳聋的折磨，尽管环境恶劣，但她还是获得了成就，这就使她的过早去世显得更加悲惨。月球远方的勒维特环形山赋予了她的名字某种不朽的意义。

哈勃的研究进程与时代的发展势头形成了再完美不过的同步。他在芝加哥的天文学研究随着他的博士论文《暗淡星云的摄影研究》(*Photographic Investigations of Faint Nebulae*) 发表而完成。1919年，哈勃来到威尔逊山，正值254厘米望远镜即将投入使用。凭借其强大的功能，他将注意力转向造父变星和勒维特计算星云距离的方法的应用。1923年的一个夜晚，哈勃在仙女座星云中辨认出了造父变星M31。哈勃的M31的照相底片上刻有10月6日的日期，还有字母*N*，说明这恒星是一颗新星，一颗突然变得十分明亮，可能在几周内消失的恒星。字母*N*被划掉了，取而代之的是用红色墨水写的字母*VAR !*。这是他发现造父变星M31并不是另一颗新星，而是一颗变星，也就是他夜间搜寻的真正对象时的兴奋标志。哈勃能够计算出这颗恒星的距离是90万光年，远远超出了银河系的范围。这张照相底片获得了一种预兆的光环，很像爱因斯坦的黑板。这块镀膜玻璃成为我们对天文学的认知正式超越我们所熟悉的银河系的那个夜晚的遗迹。

美国天文学家维斯托·斯里弗（Vesto Slipher）在亚利桑那州弗拉格斯塔夫的洛厄尔天文台工作，开创了对星系"红移"的分析，这是哈勃得出最终结论的前提。斯里弗在1912年使用弗拉格斯塔夫的61厘米望远镜，计算了星系的速度，甚至测量了仙女座大星云的视向速度。[10]根据明显的"蓝移"，他计算出大星云正以300千米/秒的速度接近地球。为了提供一些比较数字，他测量了处女座NGC 4594中一个侧向螺旋星系的速度。他在那里得到的"偏移"远远地朝向光谱仪的红色端，表明它远离地球的速度为1000千米/秒。星云正以惊人的速度远离太阳系。

到1914年，斯里弗已经计算出15个螺旋星云的远离速度。在斯里弗之前，人们对这些星云知之甚少。在18世纪中叶，德国哲学家伊曼努尔·康德（Immanuel Kant）曾认为它们构成了独立的、巨大的"宇宙岛"，而另一些人则认为星云是处于进化初期的独立行星系统。[11]斯里弗没有像威尔逊山的100英寸望远镜那样的能力，无法将其观测的准确性扩大到与哈勃后来宣布的结论一样明确。但他实际上已经建立了关于一个系统正处于膨胀状态下的想法，其中不包括仙女座。哈勃利用自己的观测结果和斯里弗的数据，在1929年证实了星云的距离与该星云远离地球的速度之间的直接关系，具有一定的权威性。有了这些资料，爱因斯坦放弃了对其宇宙处于静态平衡的信念，他来到牛津，准备在黑板上用他优雅而细致的手估算宇宙的日期。

哈勃和爱因斯坦的结论中所隐含的革命的巨大影响被欧洲纳粹和法西斯主义的兴起所掩盖，而爱因斯坦本人也在逃离欧洲。到1945年，全球敌对行动停止，广岛和长崎事件预示着地球上的一个新时代。原子科学的破坏性应用成为战后西方国家和苏联之间分裂的背景。在欧洲政治重组的背后，隐藏着一个不可避免的事实，那就是600万人在集中营中死亡。欧洲大陆已经成为一片废墟，毁灭的可能性永远存在，在这样的情况下，艺术家如何能够创作艺术，作曲家如何能够创作音乐，作家如何能够创作文学作品，科学家又如何能够接受新的宇宙观？德国哲学家西奥多·阿多诺（Theodor Adorno）在1949年有句名言："奥斯维辛之后写诗是野蛮的。"对日本人来说，除了两个城市的人口被消灭，他们的民族神话也被瓦解了。既然日本提供了一种技术上的巧夺天工和以视觉文化为主的文化，那么现在日本人除了把相机对准他们破碎的世界的伤痕组织和烧焦的碎片，还会把镜头对准什么呢？

日本人要花二十多年的时间才能找到答案。在欧洲，艺术何时才能超越其存在主义的呐喊？答案来自加利福尼亚州，这里是阿多尔诺的避风港，陪伴着他的有托马斯·曼（Thomas Mann）、阿诺德·勋伯格（Arnold Schoenberg）和贝托尔特·布莱希特（Bertolt Brecht）。查尔斯·伊姆斯（Charles Eames）和他的妻子雷从他在圣莫尼卡的家——第8号案例住宅（Case Study House #8）出发，从太平洋上眺望亚洲，他们从建筑转向

上图：亨利埃塔·斯旺·勒维特

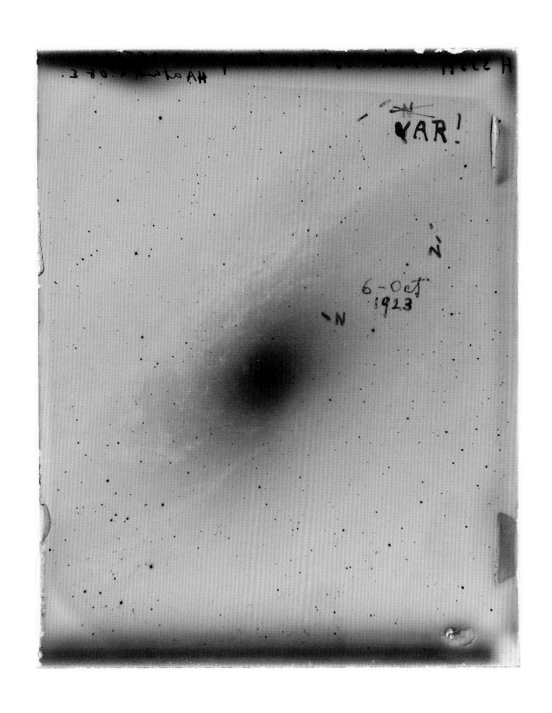

第342页图：玛格丽特·伯克-怀特（Margaret Bourke-White），埃德温·哈勃和254厘米胡克望远镜的照片，威尔逊山天文台，帕萨迪纳附近，加利福尼亚州，1937年

上图：仙女座星云中的造父变星M31的玻璃负片，带有埃德温·哈勃在1923年10月6日的注释，卡耐基天文台，帕萨迪纳，加利福尼亚州

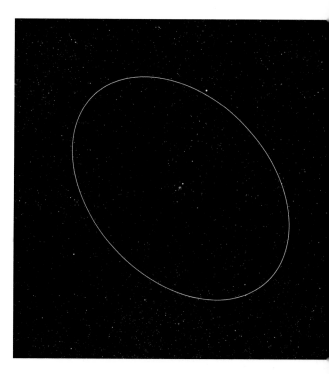

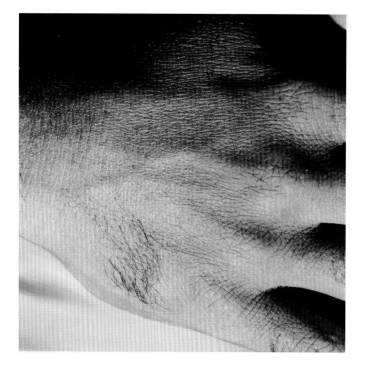

第344—345页图：查尔斯·伊姆斯（Charles Eames）和雷·伊姆斯（Ray Eames）的素描（1968年）和电影剧照（1977年），《十的次方》（Powers of Ten），《科学美国人》（Scientifc American）出版，纽约，1990年

设计的方方面面，利用展览装置、多屏幕演示和电影作为手段，拥抱一种完全一体化的意识，其特点是乐观，而不是忧虑。伊姆斯创造了一件艺术作品，它在几分钟的时间里将宇宙和微观连接在一个共同的连续体上。

查尔斯·伊姆斯的本意是投射观念和抽象思维，然而他的流通方式，也就是他传递信息的手段，主要是视觉。导演兼影评人保罗·施拉德（Paul Schrader）与伊姆斯相识，并深受其影响，他用经典的电影式的追逐桥段来描述这个项目："伊姆斯的电影呈现了一种新的追逐，一种在一组信息中寻找一个理念的追逐。"[12] 伊姆斯夫妇转变为美国和美国公司（尤其是国际商业机器公司）的文化大使，这一结果虽然没有公开的意识形态暗示，但不可避免地给他们的映射出来的内容染上了有益社会和公司结构的色彩。伊姆斯夫妇满足了国际商业机器公司通过公众理解建立科学进步的需要。他们的视觉语言使原本脑洞大开的内容变得非常容易理解。1961年，国际商业机器公司资助伊姆斯的展览"数学"（Mathematica），为洛杉矶加州科学和产业博物馆（现加州科学中心）的新馆揭幕。在展览中，视觉叙事与悬挂在天花板上的一条条箴言相结合，将复杂的数学思想戏剧化。1972年，伊姆斯夫妇关于哥白尼的展览在国际商业机器公司的纽约企业展览中心举行。国际商业机器公司原本在1957年委托查尔斯·伊姆斯拍摄了电影《信息机器：创造性的人和数据处理器》（*The Information Machine: Creative Man and the Data Processor*），这是一部向计算机致敬的影片，介绍了一项良性发明；或者正如他在《信息机器》的剧本结尾中所写的那样，"这是一个技术为人类服务的故事"。[13] 在伊姆斯写这一剧本的12年前，J. 罗伯特·奥本海默在广岛事件前一个月观看了新墨西哥州沙漠中的第一次核爆炸，他引用了《薄伽梵歌》（*Bhagavad Gita*）中的一句话，指的是"一千个太阳的光辉"，后来他承认自己当时还想到了这本书中的另一句话，"我现在成了死神，世界的毁灭者"。

伊姆斯夫妇的电影《十的次方》在原子结构内的粒子世界与银河系之外的最远端建立了联系，使银河系能够以螺旋形的形式完整呈现。思想的容纳范围从粒子物理学领域延伸到爱因斯坦的狭义相对论，再到我们银河系以外的空间，哈勃在1923年已经用M31揭示了这一点，并且得到爱因斯坦的思想的再次

确认。影片第一次以"素描"的形式出现在1968年，改编自荷兰教育改革家基斯·波克（Kees Boeke）的黑白画册《宇宙观》（*Cosmic View*，1957年）。第一个版本以其在迈阿密的中心人物展开，而1977年的最终版本将这对人类夫妇置于芝加哥公园的草地上。影片以每十秒十次方的速度放大，从公园上方100米（10^2）到城市上方1000米（10^3），最后到达可观测宇宙的极限1亿光年（10^{24}）。它以每两秒一个十次方的速度加速放大回到公园，然后恢复原来的速度，达到负十次方，直到它通过人的肉体，以10^{-16}的速度到达夸克，即碳原子内质子的粒子。菲利普·莫里森（Philip Morrison）担任1977年的版本的旁白，他曾帮助编写剧本。莫里森是一名科学家，曾受雇于曼哈顿计划，并曾参与组装第一颗原子弹。他与妻子菲利斯一起，与伊姆斯办公室合作，撰写并制作了后来的《十的次方》一书。[14]

阿波罗计划的宇航员一再评论说，看到地球的体验与看到月球本身得到的启示同样强烈。尽管有卫星拍摄地球的先例，他们还是从一个不同的角度见证了地球。查尔斯和雷·伊姆斯的电影提供了一个与哈勃和爱因斯坦所计算的广阔步幅相当的视觉效果。影片以惊人的速度将我们带出地球大气层，然后以精确的数学增量超出太阳系，在太阳系中，行星轨道是用图形表示的，并经过银河系的边缘到达宇宙之外。我们已经脱离了自己。这是与一种文化背道而驰的时刻，这种文化将我们的"自我"置于枢轴上。位于过去的理想化的身体的头部的眼睛被包裹在文艺复兴时期完美的方形和圆形的几何学中，它向外望去，发现的不仅仅是一个天体空间，更是一个无边无界的领域。当然，影片在尊重数学构造的纯粹性的同时，也将我们的观点一直延伸到了前沿领域。这种简洁的方式使影片更有力量。

在重大的概念转变之后，人类完成了阿波罗计划，迈出了真正的地外第一步。从六个地点带回的约2000个月球样品，总重量达381千克，这些有形的证据为我们与月球之间建立了一条新的前线。1979年在休斯敦的美国国家航空航天局约翰逊航天中心开设的月球样本实验室所收集的证据，使人们对月球的起源及其与地球的关系有了深入的了解。

引力和磁场的地球物理学证据、轨道航天器和望远镜的观测结果、苏联探测器获得的进一步样品以及对月球陨石的分析，都

第348页图：正射投影显示了月球远端的地形图，该投影图是由美国国家航空航天局月球勘测轨道飞行器和激光测高仪（2011年）创建的。白色、红色、绿色和紫色表示海拔逐渐降低

确定了月球的物质成分，然后由美国国家航空航天局的地质调查部门在壮观的制图中将其愈发详细地表现出来。

在阿波罗计划之前提出并随后得到加强的主要理论是，月球的形成可以用大碰撞说来解释，即45亿年前，一个像火星一样大的物体与地球相撞，碎片凝聚成了月球。最明确的佐证是月球岩石与地球地质样本具有共同的同位素特征。人们认为，月球样本只取自六个地点具有局限性；目前这一工作仍在进行，而分析工作正在发生变化。2001年，人们认为，月球岩石的同位素特征与地球岩石的同位素特征相同，与可能从太阳系任何其他天体上发现的岩石同位素特征不同。到2014年，人们发现月球岩石的同位素特征与地球岩石的同位素特征相似，但不完全相同。对于这种变化存在几种可能的解释。分析表明，月球岩石中的锌含量较少，这与碰撞后锌的蒸发是一致的，而其他详细信息则显示出不一致的地方。大碰撞的概念有其神话性，因此，碰撞体被称为忒伊亚（Theia）。神话具有超越发明、反映物理真相的特质，据此，月球从忒伊亚撞击地球的力量中诞生。对古希腊人来说，忒伊亚是泰坦族的一员。忒伊亚与她的太阳神兄弟许珀里翁（Hyperion）结合生下了太阳神赫利俄斯和月亮女神塞勒涅。尽管令众神走下神坛非常困难，但地质数据仍可能推翻大碰撞说的可能性。

宇航员应用各种技术收集月球土壤和岩石样品。他们将管子打入土壤中、挖掘沟渠并获取表面之下的月球核心部分的材料。在1971年阿波罗15号运行的时候，航天工程师已经研制出了一种类似筛子的铲子。那时，宇航员们第一次拥有了月球车这种有利的工具，让他们可以从着陆点进一步探索。我们将目光转移回休斯敦，人们建立了月球物质回收实验所，在真空室中对样品进行编号和称重，并对宇航员进行隔离。岩石的表面方向被拍照记录下来，供太阳专家确定太阳光的穿透力。通过对同位素的研究，人们发现了岩石在其所在位置的时间长度。岩石可能在30亿或40亿年前就已经结晶，但它们在月球表面沉积的时间只有几百万年，这表明无论月球表面看起来多么有不活跃，它实际上一直处于动荡之中。这种混乱的沉积的来源是持续的陨石轰炸。由于月球上没有空气，所以没有大气层来减缓撞击的速度。粒子可能以每秒120至30千米的速度撞击月球。自月球最初形成以来，其表面就一直受到攻击。[15]

阿波罗15号任务，也就是第四次登月，为期12天，对地质学家来说非常重要。接着是超过18个小时的舱外活动。着陆地点计划在雨海盆地的边缘，该盆地绵延1600千米，靠近海拔约3350米的哈德利山。该地点位于玄武岩火山岩上。舱外活动的主要目的是寻找从火山口喷出的原始月壳样本。从地质学角度来说，月壳应该是一块富含钙铝长石的斜长岩。指挥官大卫·R. 斯科特（David R. Scott）很快就从一块长石中认识到，他在任务初期就完成了自己的目的。[16]收集到的样品被称为"起源石"，它被认为是衡量这次任务成功与否的一个标准。2013年，这块岩石和其他月球样本一起接受了先进的红外光谱分析。在起源石内部深处，分析发现了羟基的踪迹，其中含有生成水所必需的氢气和氧气。[17]水的存在将反驳岩石在碰撞时弹射的理论，或许还能推翻忒伊亚的假说。

除了样品，美国国家航空航天局还拥有为地质学目的建立的摄影和影像档案，这些档案来自在月球上用哈苏相机拍摄的照片（记录任何现场样品的必要步骤），及月球表面的录像、宇航员的汇报记录，还有在实验室里从岩石各个角度的大量记录，包括看似不合时宜的黑白立体影像的使用。约翰逊航天中心的月球实验室负责人加里·E. 洛夫格伦（Gary E Lofgren）曾提到，他们将对4万张样品照片进行高清数字化处理，目的在于创建在线档案。[18]同时还要创建软件，使谷歌月球能够被开发成相当于谷歌地球的互动源。在谷歌地图上，阿波罗任务的单一着陆地点可以作为该任务数据的门户。美国国家航空航天局的任务，与许多领域的策展管理人员所做的工作一样，都是为了应对数据的大量积累而进行档案整理工作，尤其是对这些从传统的物理归档系统转变为数字时代的主动访问的照片库进行编目。档案的数字化是一种生存策略，旨在赶在我们被自己的档案系统压垮之前重建秩序。

地质学家洛夫格伦对阿波罗计划的宇航员进行了培训，并直接参与了其中地质方面的工作。他很清楚，对月球的研究远不止于月球本身。他的评论在2009年被美国国家航空航天局录制成历史资料，具有启示意义。[19]他解释说，虽然月球与地球相比很小，但它的形成与地球很像，是由于炽热的内核和火山活动，但驱动这一过程的热能很快就消散了。而地球则通过一系列持续的

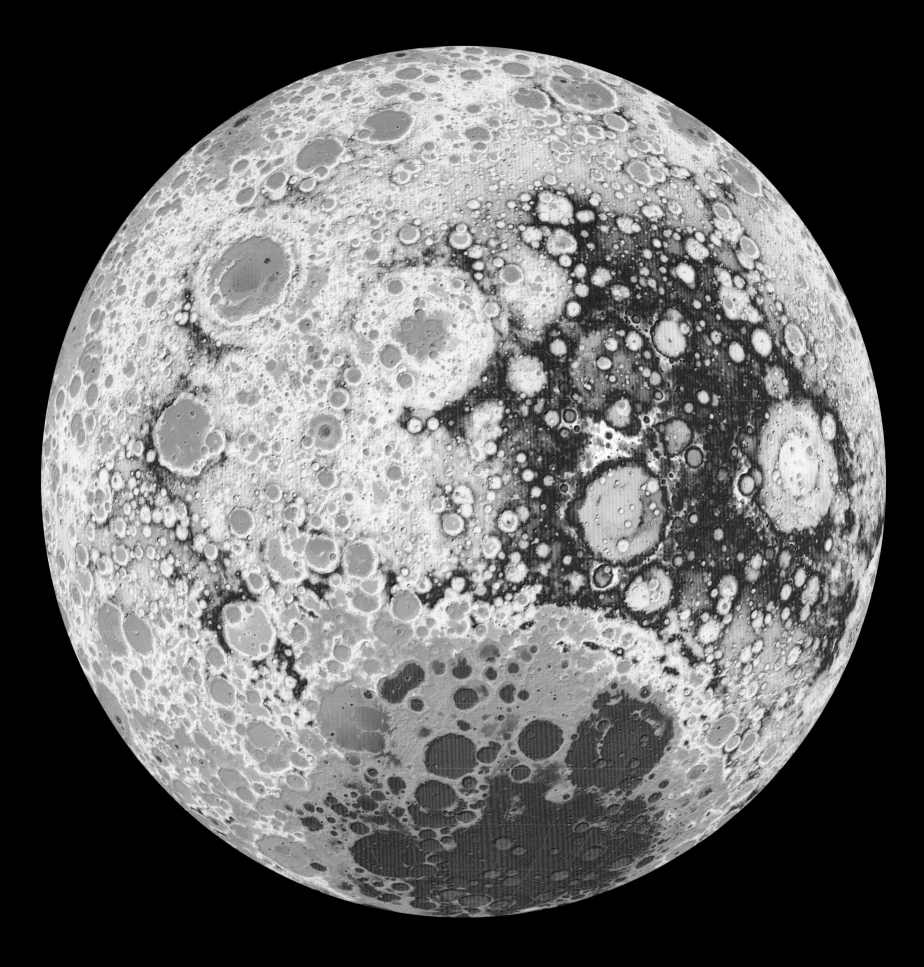

PREPARED ON BEHALF OF THE
NATIONAL AERONAUTICS AND SPACE ADMINISTRATION
AND IN COOPERATION WITH THE
DEFENSE MAPPING AGENCY, AEROSPACE CENTER

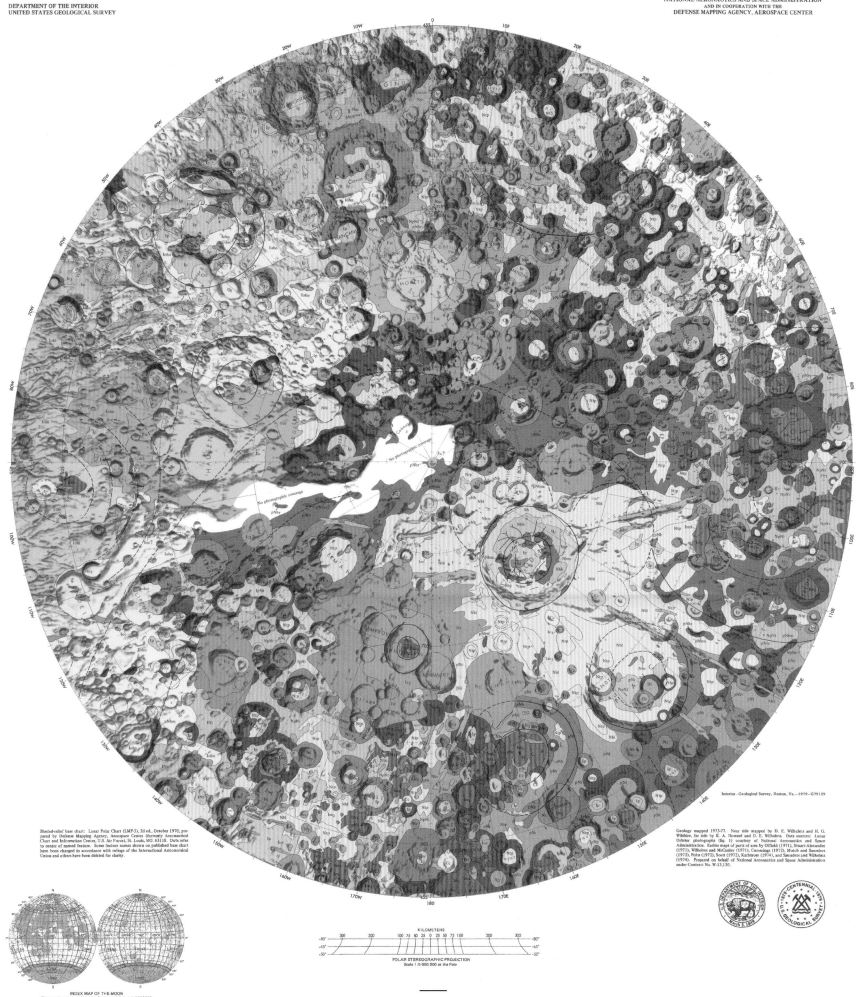

上图和第351页图：美国地质调查局制作的月球南侧地图，1979年

CORRELATION OF MAP UNITS

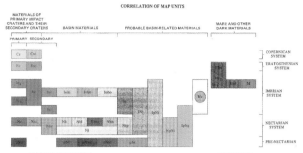

MATERIALS OF PRIMARY IMPACT CRATERS AND THEIR SECONDARY CRATERS

BASIN MATERIALS

PROBABLE BASIN-RELATED MATERIALS

MARE AND OTHER DARK MATERIALS

PRIMARY — SECONDARY

COPERNICAN SYSTEM

ERATOSTHENIAN SYSTEM

IMBRIAN SYSTEM

NECTARIAN SYSTEM

PRE-NECTARIAN

DESCRIPTION OF MAP UNITS

MATERIALS OF PRIMARY IMPACT CRATERS AND THEIR SECONDARY CRATERS

YOUNGEST CRATER MATERIAL—Sharply textured and bright, mostly surrounded by bright rays

SECONDARY-CRATER MATERIAL

CRATER MATERIAL YOUNGER THAN MOST MARE MATERIAL

UPPER IMBRIAN CRATER MATERIAL

LOWER IMBRIAN CRATER MATERIAL

SECONDARY-CRATER MATERIAL

CRATER MATERIAL YOUNGER THAN NECTARIS BASIN BUT OLDER THAN IMBRIUM BASIN

SECONDARY-CRATER MATERIAL

CRATER MATERIAL OLDER THAN NECTARIS BASIN

BASIN MATERIALS

ORIENTALE GROUP
MATERIAL OF ORIENTALE-BASIN SATELLITIC CRATERS
HEVELIUS FORMATION
MATERIAL OF IMBRIUM-BASIN SECONDARY-IMPACT CRATERS
MATERIAL OF NECTARIAN-BASIN SATELLITIC CRATERS
BASIN MATERIAL
BASIN MATERIAL, LINEATED
BASIN-MASSIF MATERIAL
HUMMOCKY BASIN MATERIAL
JANSSEN FORMATION
BASIN MATERIAL, UNDIVIDED
BASIN MATERIAL, MASSIF
BASIN MATERIAL, RUGGED

PROBABLE BASIN-RELATED MATERIALS

PLAINS MATERIAL
TERRA-MANTLING AND PLAINS MATERIAL
TERRA MATERIAL
TERRA MATERIAL
TERRA MATERIAL
TERRA MATERIAL
GROOVED MATERIAL
FRACTURED CRATER FLOOR MATERIAL

MARE AND OTHER DARK MATERIALS

YOUNGEST MARE MATERIAL
INTERMEDIATE MARE MATERIAL
OLDEST MARE MATERIAL
MARE DOME MATERIAL
DARK MANTLING MATERIAL

INTRODUCTION

BASIN MATERIALS

RING IDENTIFICATION AND DATING OF BASINS

INTERPRETATION OF CIRCUM-BASIN DEPOSITS AND SATELLITIC CRATERS

PROBABLE BASIN-RELATED MATERIALS

Nectarian, and Imbrian and pre-Nectarian terra (map symbol IpNt)...

CRATER MATERIALS

MARE AND OTHER DARK MATERIALS

GEOLOGIC HISTORY

REFERENCES CITED

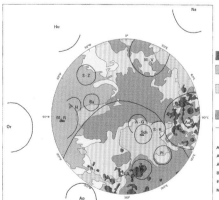

FIGURE 2.—Generalized geologic map showing major geologic units grouped by age and inferred origin into provinces. Basin rings outside mapped area also shown.

EXPLANATION

MARIA
Upper, younger
Lower, older

ORIENTALE BASIN
Dark, well-defined basin materials including Hevelius Formation and secondary craters
Light, probable additional Orientale deposits overlying older terrain

NECTARIAN BASINS
Dark, well-defined basin materials including Janssen Formation, material of Schrödinger, Apollo, Mendel-Rydberg, and Bailly basins, and large secondary craters
Light, probable additional Nectarian deposits overlying older terrain

PRE-NECTARIAN BASINS AND LARGE CRATERS

A–G   Province boundary
Main topographic rims of basins and near region covered by geologic map; basin abbreviations

A–G Amundsen-Ganswindt
Ap   Apollo
Au   Australe
Ba   Bailly
Hu   Humorum
M–R Mendel-Rydberg
M–V Metius-Vlacq
Ne   Nectaris
Or   Orientale
P–H Pingré-Hausen
Pl   Planck
Po   Poincaré
S–R Sikorsky-Rittenhouse
S–A South Pole-Aitken
Sch Schrödinger
S–Z Schiller-Zucchius

FIGURE 1.—Index map showing photographic coverage.

EXPLANATION

IV   Lunar Orbiter mission

H   High resolution
M   Moderate resolution
35   Frame number
     Frame boundary

Terminator or other approximate limit of useful coverage within frame

Common limit of two or more frames

No photographic coverage

For sale by Branch of Distribution, U.S. Geological Survey, 1200 South Eads Street, Arlington, VA 22202, and Branch of Distribution, U.S. Geological Survey, Box 25286, Federal Center, Denver, CO 80225

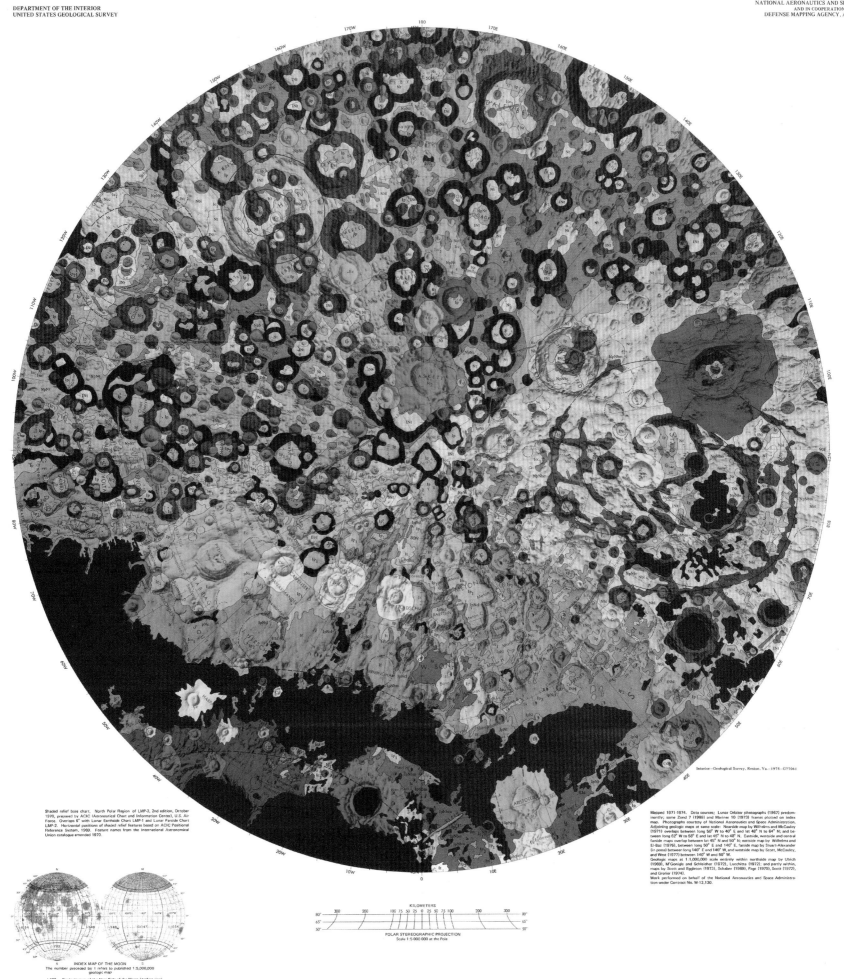

PREPARED ON BEHALF OF THE
NATIONAL AERONAUTICS AND SPACE ADMINISTRATION
AND IN COOPERATION WITH THE
DEFENSE MAPPING AGENCY, AEROSPACE CENTER

Shaded relief base chart, North Polar Region of LMP-3, 2nd edition, October 1970, prepared by ACIC (Aeronautical Chart and Information Center), U.S. Air Force. Overlaps 6° with Lunar Earthside Chart LMP-1 and Lunar Farside Chart LMP-2. Horizontal positions of shaded relief features based on ACIC Positional Reference System, 1969. Feature names from the International Astronomical Union catalogue emended 1970.

Mapped 1971-1974. Data sources: Lunar Orbiter photographs (1967) predominantly; some Zond 7 (1969) and Mariner 10 (1973) frames plotted on index map. Photographs courtesy of National Aeronautics and Space Administration. Adjoining geologic maps at same scale: Nearside map by Wilhelms and McCauley (1971) overlaps between long 50° W to 40° E and lat 48° N to 64° N; and between long 62° W to 58° E and lat 45° N to 48° N. Eastside, westside and central farside maps overlap between lat 45° N and 50° N; eastside map by Wilhelms and El-Baz (1976), between long 50° E and 140° E, farside map by Stuart-Alexander (in press) between long 140° E and 140° W, and westside map by Scott, McCauley, and West (1977) between 140° W and 50° W.

Geologic maps at 1:1,000,000 scale entirely within northside map by Ulrich (1969), M'Gonigle and Schleicher (1972), Lucchitta (1972); and partly within, maps by Scott and Eggleton (1973), Schaber (1969), Page (1970), Scott (1972), and Grolier (1974).

Work performed on behalf of the National Aeronautics and Space Administration under Contract No. W-13,130.

Interior—Geological Survey, Reston, Va.—1978—G77061

KILOMETERS

POLAR STEREOGRAPHIC PROJECTION
Scale 1:5 000 000 at the Pole

INDEX MAP OF THE MOON
The number preceded by I refers to published 1:5,000,000 geologic map

I-703 Geologic map of the Near Side of the Moon (dashed line)
I-948 Geologic map of the East Side of the Moon
I-1034 Geologic map of the West Side of the Moon
I-1047 Geologic map of the Central Far Side of the Moon
I-1062 Geologic map of the North Side of the Moon

上图和第353页图：美国地质调查局制作的月球北侧地图，1979年

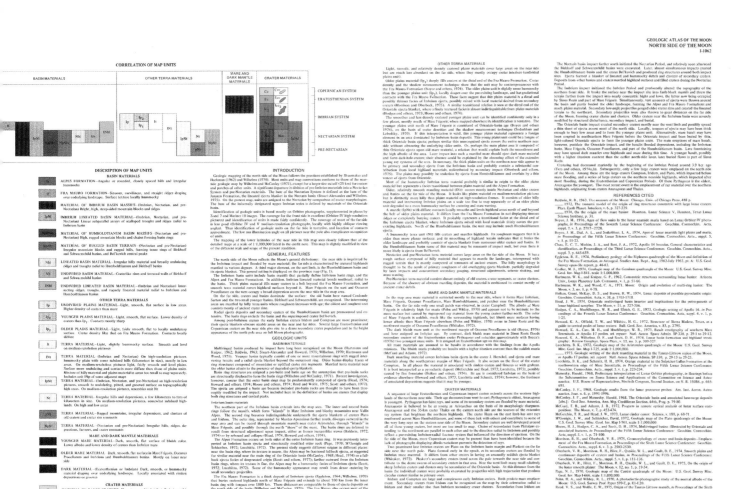
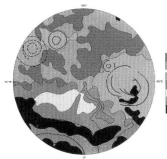

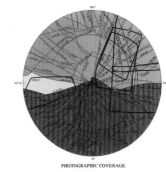

第354页图：美国国家航空航天局月球南极地区的月球勘测轨道飞行器拼接图，直径600千米，2010年。阴影的陨石坑可能包含冰层，其中包含有关太阳系起源的证据

第355页图：美国国家航空航天局月球北极的月球勘测轨道飞行器交互拼接图，2017年。由轨道器的两个窄角相机拍摄的10581张照片构成，每个像素代表2米。在线观看可以放大和缩小以及在某个区域中平移

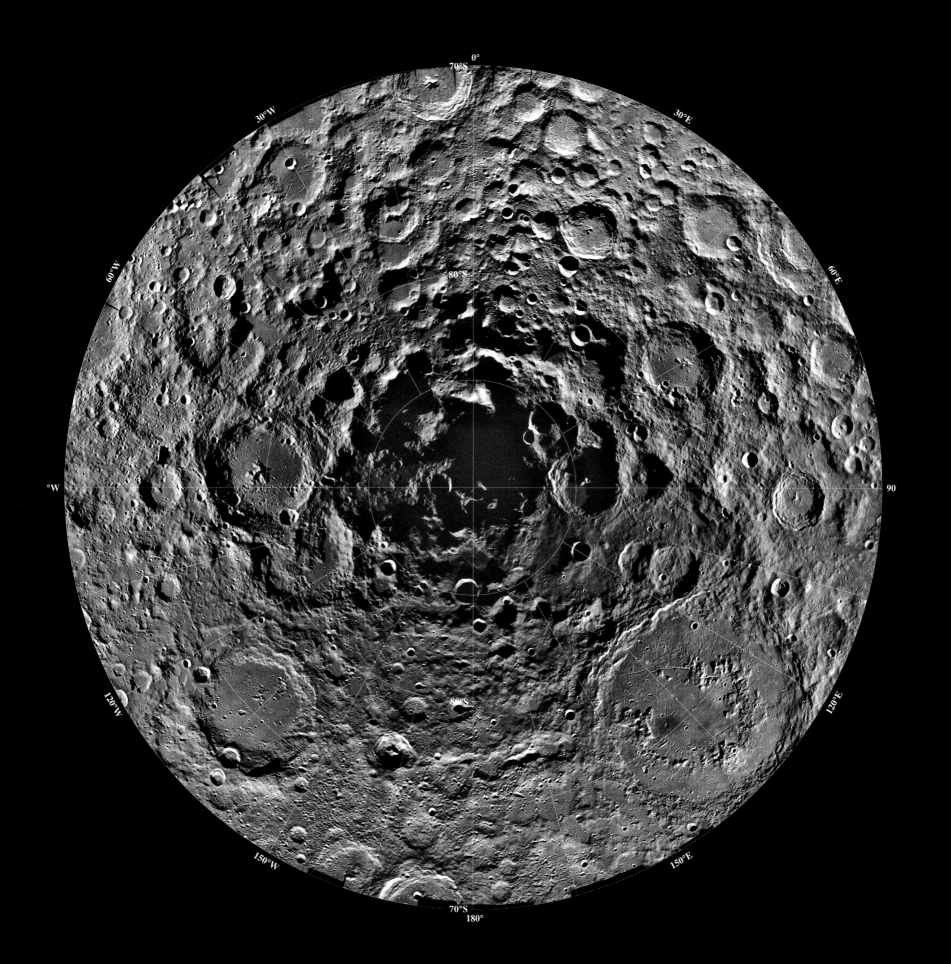

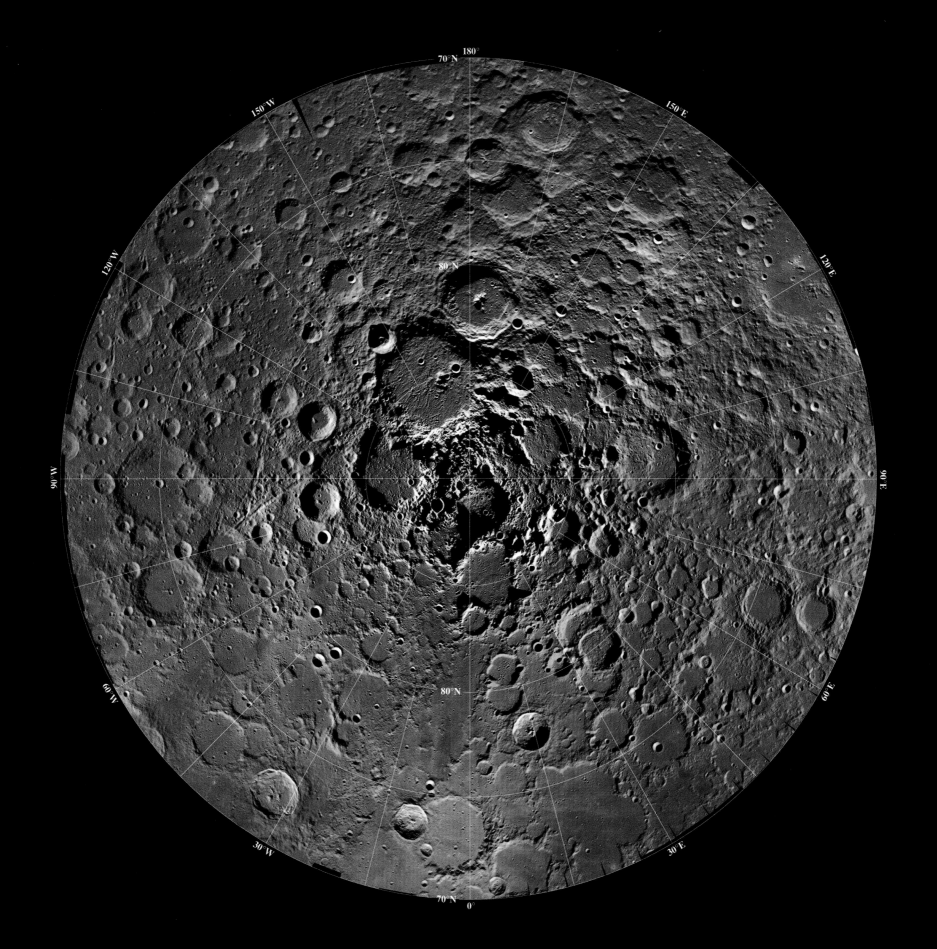

上图：东海盆地，位于月球西南边缘，直径930千米，周围环绕着三个由引力坍塌形成的同心环，其历史可追溯到38亿年前。这张2016年的图像来自美国国家航空航天局引力恢复与内部实验室任务的测量结果，红色表示质量盈余，蓝色表示质量亏损

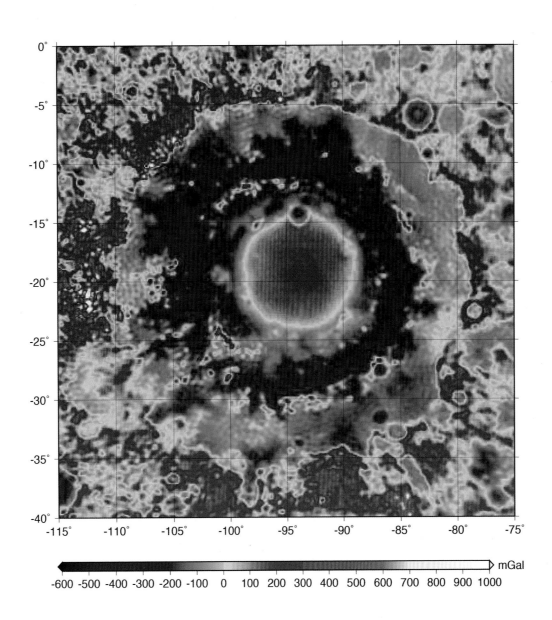

上图：根据美国国家航空航天局引力恢复与内部实验室任务获得的数据制作的月球东海盆地引力图。色标以“加尔斯”（Gals）为单位绘制引力加速度的变化。1加尔斯等于地球表面引力加速度的千分之一。地图上的轴线代表经度和纬度

地质条件，处于表面持续更新的状态。地表的年龄基本上小于30亿年，而月球表面的年龄基本上大于30亿年。由于月球上没有保护性的大气层，太阳的粒子、宇宙射线和太阳风就会被困在月球表面的元素中。来自月球的样本为了解太阳提供了钥匙。洛夫格伦认为，"太阳的历史就记录在月球的表面"。从他的角度来看，除了所有隐含的工程进展，重返月球显然能够帮助我们更好地了解太阳系。重返月球不仅是我们通往太阳系更远处的一个阶段，而且成为我们了解地球的一个必要步骤。[20]月球会成为天空中的一面巨大的镜子，它曾经被认为是银色的球，我们在其中捕捉到了自己的倒影。通过这个倒影，我们甚至可以拯救自己。

同时，在没有进一步载人飞行的情况下，机器人的进步带来了越来越丰富的信息和数字图片。2007年，日本宇宙航空研究开发机构（JAXA）发射了辉夜号卫星，这是一个由一个主轨道器和两个较小的极地轨道器三部分组成的航天器。主飞行器最终在月球上方96千米的环形轨道上运行，然后于2009年按计划撞击月球，结束任务。它的任务是调查地质演变、记录月球表面和测量引力。辉夜号的轨道高度和地质数据使谷歌能够利用空前清晰的图像，为谷歌月球绘制三维地图。

美国国家航空航天局2009年发射的月球勘测轨道飞行器（LRO）采用了两台窄角相机和一台广角相机。月球的高分辨率图像流得到了持续不断的下载。这次勘测从月球上方80—193千米的轨道上生成了清晰度极高的图像。反射光是根据地质构成而变化的，火山地貌中较深的区域表明玄武岩中存在钛铁矿，或仅仅表示火山灰。根据月球勘测轨道飞行器图像和测高仪的读数，我们得出了一幅完整的月球远端彩色正射投影地形图。2014年，超过10500张月球勘测轨道飞行器图片组成了一张巨大的月球北极地区拼接图，比例尺为数字地图的每个像素代表月球上的2米。这个交互式项目由亚利桑那州立大学牵头，允许观众放大并探索地形。该地图有超过8600亿个像素，历时四年制成。如果以每英寸300个点的标准水平打印出来，该地图将覆盖一个橄榄球场。

该项目得到了引力恢复与内部实验室提供的新信息的帮助，该实验室于2011年9月用两个航天器串联发射，并于2012年12月人为终止。两架航天器"退潮"和"涨潮"运行了9个月，它们一起在两极附近48千米的高度上运行，通过测量彼此之间的推力和拉力，绘制了月球引力的变化。当它们在月球远端与地球失去联系时，还能够保持读数。引力场图以最高的分辨率披露了地质结构、盆地环和火山特征的细节。这些数据揭示了月球的月壳较轻，月幔密度较高。引力恢复与内部实验室展现了月球表面上看不到的东西，也就是照相机照不到的地方。被称为"质量瘤"的质量密集区域产生了更大的引力。引力恢复与内部实验室确定，这些"质量瘤"是巨大的小行星撞击的结果。撞击导致的地质后果和对原始起源的研究适用于地球，也适用于太阳系的其他行星。这些任务一再显示出它们具有双重目的。第一个目的是积累纯粹意义上的知识，确定事实；第二个是找到如何将这些事实应用于我们脚下的土地，应用于这一特定陆地的历史的方法，从而在揭示了当前动荡的气候中，我们所处景观的瞬息万变。

假设我们地球周围的空间是一片虚空，和假设互联网存在于以太中一样是错误的。网络的制图是按照电缆的路线进行的。头发状的网络纤维从一个大陆传播到另一个大陆，汇聚在信息区域的中心。我们都被困住了。周围的空间是网络的延伸。卫星在轨道上运行，数据被下载，信息被传送。卫星之眼以如此敏锐的视力勘察月球，读取照相机永远无法捕捉的信息，现在它也在观察我们。谷歌地球有一个实时的应用程序，每30秒更新一次，它显示了13000颗卫星在轨道上的位置。据悉，美国战略司令部（USSTRATCOM）正在追踪约2.4万个目标，其中1.87万个是通过空间追踪公开列出的，剩下5000多个未列出。[21]

虽然西方的军方宣布其公开的卫星活动，但秘密行动的规模只能通过观察者的活动来估计，这些观察者通过追踪夜空中移动的光线来回应从太空中俯视的目光。[22]测绘人员和他们的工具也转而身处观察之中。市民们也会做观察，然后记录下来。另一种制图方式出现了。网络电缆的线路现在就像路线图上的公路一样清晰。如果我们要认识到基本的历史格局，那么人类扩张的方向便总是出于各种动机而服务于帝国的渴望。太空的殖民化是不可避免的结果，就像在荒野上升起国旗或通过从海洋中填海造地的行为建立自己的陆上殖民地一样可以预见。随着卫星活动的增加，太空被填满，轨道刻画出另一种意义上的地形，最终太空拥有了形状。

卫星视角可以到达地表下原本看不见的区域，而指向太空的望远镜视角则通过渐进式的变化发展到新的水平。两种视角都

第360—361页图：阿塔卡马大型毫米波/亚毫米波阵列望远镜天线上方银河系的全景图，智利，2014年

有增强的放大作用，最小的信号变得越来越可测量。自一个多世纪前哈佛大学天文台开创性地对天空进行编目和勒维特对变星的测量以来，银河系的编目工作已经发展到了比星等为20时更亮、比肉眼可见的恒星暗淡100万倍的恒星已经被列入目录的程度。在加那利群岛的拉帕尔玛岛，利用艾萨克·牛顿望远镜实施了一项为期十年的方案（对北银河平面进行艾萨克·牛顿望远镜光度H-α勘测，即IPHAS），该方案产生了一个包括2.19亿颗恒星的北银河地区的目录。银河系的恒星密度图根据这些数据绘制了出来。这些测量结果提供了来自可见光谱的红端、来自H-α（捕获氢发射的狭窄信号）的信息。新出现的图像揭示了漩涡状的气体结构以及构成该星系部分的众多恒星。在这一尺度上的数据转换的累积效果，包括在一张图像中的600×2400个独立数据点，会带来一种压倒性的视觉效果。[23]

伊姆斯夫妇对宇宙尺度感增强的回应是用数学规则构建的艺术作品，分成几个简单的阶段来实现。前往月球的旅程引起了不同的感知变化。外星表面的第一个脚印显著地改变了我们对景观的认识。月球车在月球尘埃中的痕迹与货车向西穿越犹他州和亚利桑那州广阔地区的痕迹之间对比鲜明。1969年，阿波罗11号在静海着陆一年后，罗伯特·史密森在犹他州大盐湖的螺旋形防波堤标志着一种雕塑形式的引入，这种形式是如此宏大，以至于作品塑造了景观。作品的规模与改变了的视角相一致。史密森可以从飞行中的直升机上向下看，而不是从犹他州的大平原上看过去。19世纪60年代，在蒂莫西·奥沙利文在他的"国王调查"中拍出的最简单的照片，这种稀疏的环境为史密森提供了一个与普桑的阿卡迪亚田园相映成趣的地方。除了湖泊本身，该地点没有其他特征，湖泊有些地方变成了属于耐盐藻类的血红色。玄武岩、盐晶和泥土组成的螺旋状结构与银河系的形态相呼应，这种形状正是生物形态的原型，从DNA的双螺旋结构或鹦鹉螺外壳的螺旋状，再到星系结构——湖泊、原始海洋。这种形态在巨石文化的石刻作品和美洲土著岩刻中展示了出来。

史密森之后，美国艺术的潜在规模发生了转变。美国最著名的，也是目前尚未完成的陆地艺术作品是詹姆斯·特瑞尔（James Turrell）的《罗登火山口》（Roden Crater），它建在亚利桑那州佩恩蒂德沙漠中一个上升到约1675米高度的火山渣锥中。特瑞尔

的这个一直在进行中的项目构想于20世纪70年代，与史密森的防波堤不大相同。从空中俯瞰或穿过沙漠时，《罗登火山口》是一个壮观的地标，尽管它是根据地形和景观而创造的，作品的动机并不在于它所定义的形状。《罗登火山口》的语言是一种光的语言。特瑞尔以不朽的规模制作了一个用于观察的仪器。这个偏远的地方是一个天文台，把他的关于错视和天文对准的知识与诺斯的巨石碑和斋浦尔的18世纪的石器联系了起来。

特瑞尔的观点深深扎根于飞行中的观察。他是一名经验丰富的高空飞行员，也是一名滑翔机飞行员。他的父亲是一位航空工程师，曾为霍华德·休斯（Howard Hughes）设计飞机。特瑞尔在罗登的项目选址是在对西部各州进行了广泛的空中勘察后确定的。他也是一位经验丰富的制图师，其选址图本身就是非凡的作品。特瑞尔寻找的是一个有一定高度的地点，从那里可以体验到一种错觉，也就是天穹现象，通常只有在低空，且当周围平原的表面出现凹形曲线，而不是球状星球的自然凸形曲线时才能看到。从佩恩蒂德沙漠望去，罗登陨石坑的边缘正是这样一个地点，上面天空的弧度会与下面地面的弧度相反。

特瑞尔之前的作品《天窗》（skyspaces）将有限的天空带入内部，并以一个孔洞为界。罗登使陨石坑的凹处框住了天空。在该遗址的天文规划中，有一条贯穿300多米的隧道，直通最南端的月没处，在对准点可以看到月没，就像一个完整的月盘一样清晰。从沙漠平原进入开阔的盆地，就能到达进入火山口和上方广阔天空的房间。

特瑞尔的媒介是他操纵或隔离出来的光。他根据气象学的锢囚锋创造了先前的作品，关于这里所谓的"锢囚"，他说："我想创造一个可以进行与光有关的天体活动的房间，从而使这些空间在光中演奏着'球体音乐'。"[24]沙漠和北面不到160千米的大峡谷的曝光，让特瑞尔来到了一个他能感受到自己所描述的"地质时间"的地方。这里已经成为观众体验一种（用特瑞尔的话来说）站在地球上的感觉。对天体的观察带来了陆地上的产物。

这本书的开篇讲到了在三个半世纪前的光学发现时代，在山顶上建造了天文台。从格林尼治雷恩的八角室开始，我们跟踪了月球的运动，并对星星进行了分类。泰晤士河在河岸间流淌，越过了伊尼戈·琼斯（Inigo Jones）的建筑瑰宝——皇后宫，这是

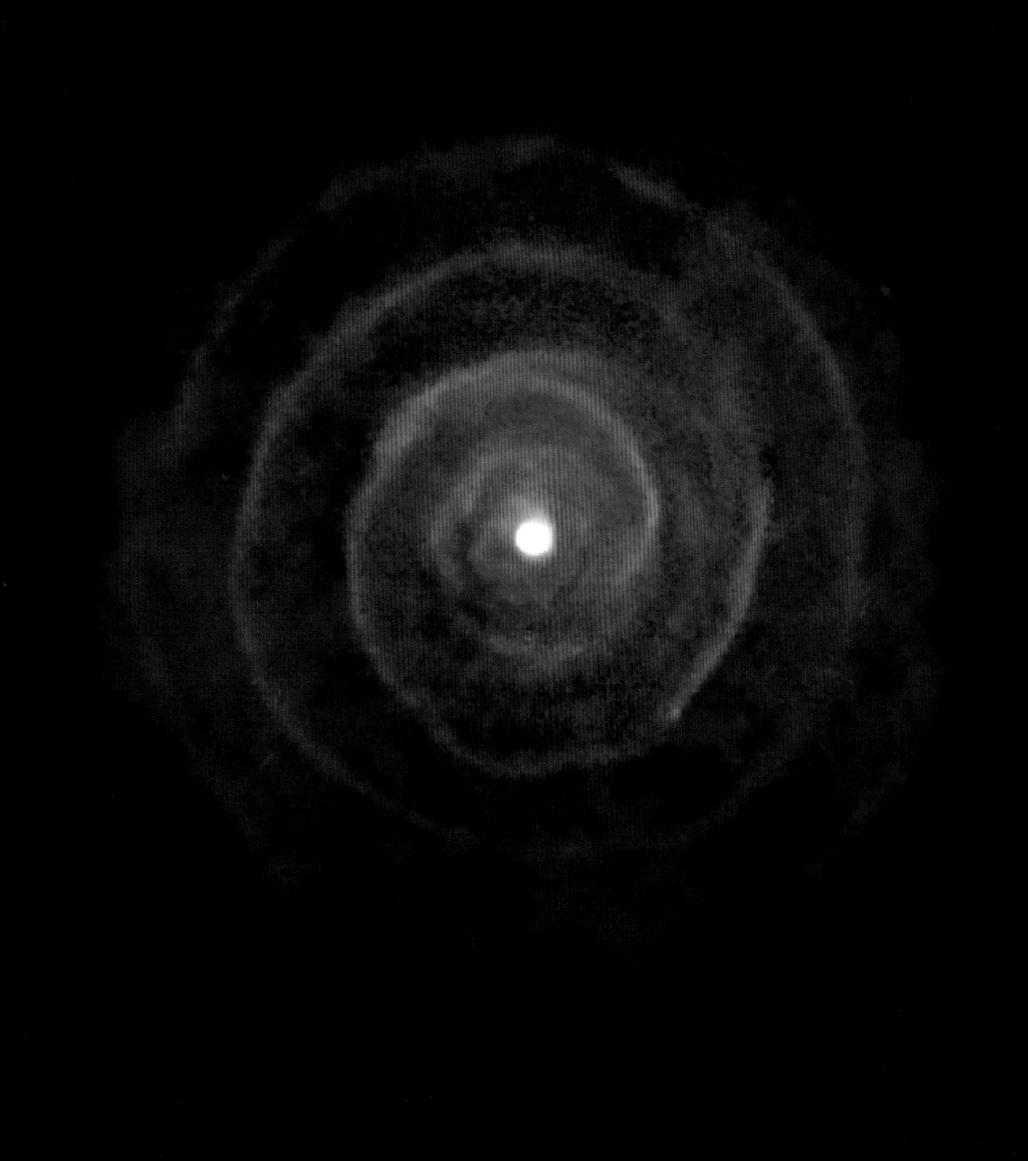

第一座完全古典风格的英式房屋，位于天文台山脚下。这个地方周围出现了一整个建筑群，至今仍然能够体现出一种民族感。它是英国航海传统的所在地，这种传统依赖于对太阳、月亮与星星的了解和六分仪的使用。随着格林尼治时间的建立，整个世界的时间都在这座山的山顶上进行校准。

现在可以通过对无线电频率的研究来代替光学感知，由此建立起信息的前沿——这项技术始于20世纪30年代。抛物面天线已经发展到巨大的规模。中国最新的仪器【500米口径球面射电望远镜（FAST），位于中国西南部的贵州】的天线直径为500米。使用单独的天线也可以配置出抛物面天线的效果，这些天线在场地周围移动，以改变接收效果，就像调整变焦来跟踪信号一样。与格林尼治的草地相对应的是阿塔卡马沙漠，这是一片沿着智利北部海岸线的高原，位于智利海岸山脉和安第斯山脉之间，是地球上极度干旱的地方之一，已经有300万年的历史了。阿塔卡马沙漠的海拔超过4875米，远离云层、光污染和无线电干扰，日本、欧洲和美国合作的阿塔卡马大型毫米波阵列望远镜于2011年启用，最初由66根移动天线组成。阿塔卡马大型毫米波阵列望远镜所处的偏远地貌，在视觉上可与佩恩蒂德沙漠的地平线相媲美，为科学家们提供了同样的地质穿越感，也就是特瑞尔所说的身处地球之感。如果你理解不了穿越的地形性质，你就无法使用阿塔卡马大型毫米波阵列望远镜的远程平台去思考宇宙。

2010年，哈勃望远镜的先进巡天照相机（ACS）记录了一个非常标准的螺旋体的形成，它被描述为飞马座LL（AFGL 3068）周围的一个原行星云，位于飞马座。这一螺旋星云以每小时50000千米的速度远离我们。当这颗恒星在其生命的末期脱落了气体层时，新的结构便出现了。2017年，阿塔卡马大型毫米波阵列望远镜得以记录下同一螺旋体的三维几何形状，让我们对科学家所说的椭圆联星系统的本质有所了解，其核心是分叉。这种从一个实体的死亡到另一个实体的诞生的过渡，遵循的是无处不在的原型——螺旋壳。哈勃照片中微妙地勾勒出的这一形态，通过阿塔卡马大型毫米波阵列望远镜获得了巨大的深度。

对人类胎儿从受孕开始的发育进行摄影记录，使我们能够以一种与莱昂纳多的子宫图一样的启示性方式来看待自己。阿塔卡马大型毫米波阵列望远镜拍摄的图像提供了宇宙的等价物。现在，我们可以从阿塔卡马大型毫米波阵列望远镜看到的年轻恒星周围的原行星盘，2010年观测到的金牛座HL和2016年观测到的长蛇座TW，被描述为包含一个气体等离子体的包层，包裹着一个更深的区域，仿佛圆盘创造了保护膜。我们可以像之前看待在胚胎状态下的自己一样思考行星形成的图像。

宇宙的膨胀对爱因斯坦来说是一个数学概念，对哈勃来说是可以在照相底片上观测到的，而现在，斯隆数字化巡天的主题是通过在新墨西哥州阿帕契点天文台用其2.5米宽的光学望远镜测量"红移"，并通过记录重子声学振荡（BAOs）来绘制宇宙结构图。这种观察形式将我们引向暗物质和暗能量，即看不见的领域。新的地图学已经转向三维模型。我们曾经把图表铺在桌子上，利用扁平化的墨卡托投影或旋转我们的地球仪。而现在，我们只是仔仔细细地盯着屏幕。斯隆数字化巡天为我们提供了一张以图形的形式再现的三维进程图。地球位于中心，被一条长度为20亿光年的线所包围。地图上有100多万个点，每一个点都代表一个星系。仅银河系就有1亿颗恒星。再往下就没办法继续叙述了。

我们已经来到了一个岔路口，面前有两条可能的路线。我们可以像对着镜子一样凝视太空，抬头看看自己在月球上的倒影，从太空舱的窗口凝视我们脚下的外星景观或海洋，仿佛在非常清楚地思考我们的原始潜意识或我们的本土地形，并这样一直思考下去。我们都不可避免地与我们的起源结下了不解之缘。对日月的沉思给我们提供了另一条路线，我们终于可以甩掉包袱，到远超自我的地方去旅行。

第365页图：斯隆数字化巡天是以地球为中心的星系分布的三维地图，每个点代表一个星系，通常包含约1000亿颗恒星。红色的星系团是含有老恒星的星系。外圈是离地球20亿光年的距离。未绘制的楔形部分被我们自己星系中的尘埃所掩盖

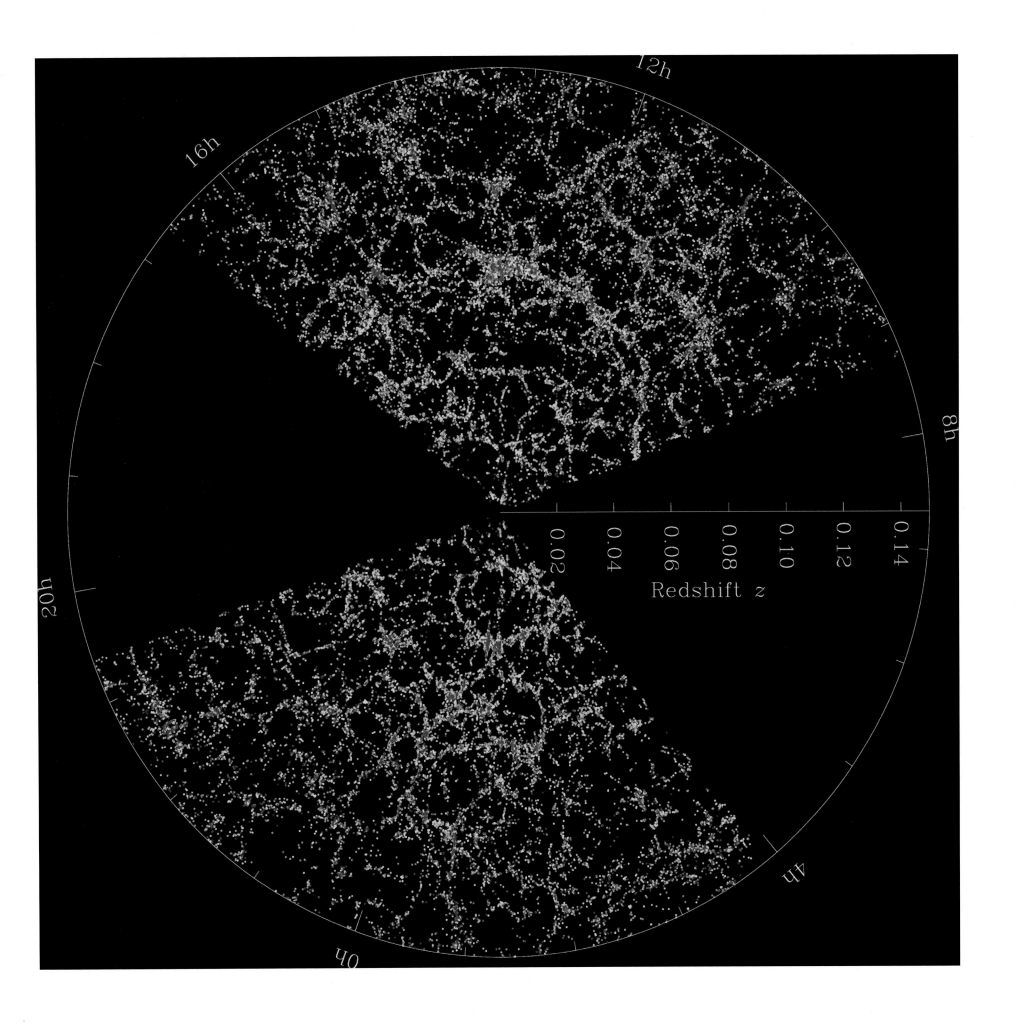

Redshift z

12h

16h

8h

0.02
0.04
0.06
0.08
0.10
0.12
0.14

20h

4h

0h

0h

第374—375页图：1971年8月，阿波罗15号航天器拍摄的月球南半球，当时宇航员开始返回地球。
这张照片包括了从地球上看不到的月球远方的一部分。《满月》，迈克尔·莱特，1999年

参考文献

序章
无透镜

1. Martin Brennan, *The Stars and the Stones: Ancient Art and Astronomy in Ireland*, Thames and Hudson, London, 1983
2. Frank Prendergast and Tom Ray, 'Alignment of the Western and Eastern Passage Tombs', Appendix 2 in George Eogan and Kerri Cleary, *Excavations at Knowth, 6: The Passage Tomb – Archaeology of the Great Mound at Knowth*, Royal Irish Academy, Dublin, 2017
3. Philip J. Stooke, 'Neolithic Lunar Maps at Knowth and Baltinglass, Ireland', *Journal for the History of Astronomy* xxv, 1994, pp.39–55
4. Peter F. Dorman, *The Tombs of Senenmut: The Architecture and Decoration of Tombs 71 and 353*, Metropolitan Museum of Art, New York, 1991
5. Jean-Marc Bonnet-Bidaud, Francoise Praderie and Susan Whitfield, 'The Dunhuang Chinese Sky: A Comprehensive Study of the Oldest Known Star Atlas', *Journal of Astronomical History and Heritage*, June 2009
6. Derek de Solla Price, 'Gears from the Greeks. The Antikythera Mechanism: A Calendar Computer from ca. 80 BC, *Transactions of the American Philosophical Society*, New Series. 64 (7), 1974, pp.1–70; see also http://www.antikythera-mechanism.gr/system/files/0608_Nature.pdf
7. Bradley E. Schaefer to the American Astronomical Society, San Diego, CA, 2005
8. Frances Wood, *The Silk Road: Two Thousand Years in the Heart of Asia*, Folio Society, London, 2002
9. Aurel Stein, *Ruins of Desert Cathay*, vol. 2, p.168, Macmillan, London, 1912; see Frances Wood, *The Silk Road*, p.199
10. Bonnet-Bidaud et al., 'The Dunhuang Chinese Sky: A Comprehensive Study of the Oldest Known Star Atlas', note 5 above
11. Marika Sardar, 'Astronomy and Astrology in the Medieval Islamic World', Metropolitan Museum of Art, New York, www.metmuseum.org/toah/hd/astr/hd_astr.htm, August 2011
12. 'The Observatory at Jaipur', BBC Radio 4, 9 February 2009, Melvyn Bragg with Chandrika Kaul, David Arnold and Chris Minkowski, www.bbc.co.uk/programmes/b00hmpdd
13. Barry Perkus, 'Architecture in the Service of Science: The Astronomical Observations of Jai Singh II', www.jantarmantar.org

I
透镜

1. Arnold Houbraken, 1718; see Ludwig Goldscheider, *Rembrandt*, Phaidon Press, London, 1960, p.30
2. *Ibid.*, pp.28 and 29
3. *Ibid.*, p.30
4. Walter A. Liedtke, 'Delft Painting "in Perspective"', in Walter A. Liedtke, Michiel C. Plomp and Axel Rüger, *Vermeer and the Delft School*, Metropolitan Museum of Art, New York, 2001, p.119
5. Walter A. Liedtke, 'Catalogue of Paintings', in Liedtke et al., *Vermeer and the Delft School*, pp.250–4
6. Walter A. Liedtke, 'Delft Painting "in Perspective"', in Liedtke et al., *Vermeer and the Delft School*, p.126
7. Christopher Brown, *Rembrandt: The Master and His Workshop*, Yale University Press, New Haven and London, 1991, pp.262–6
8. Walter A. Liedtke, 'Genre Painting in Delft After 1650: De Hooch and Vermeer', in Liedtke et al., *Vermeer and the Delft School*, p.149
9. Arthur K. Wheelock, Jr. and Ben Broos, *Johannes Vermeer*, National Gallery of Art, Washington, Yale University Press, New Haven and London, 1996, p.175, n.16
10. Extract of a letter from Sir Robert Moray and Sir Paul Neile to Dr Wren, Savilian Professor of Astronomy at Oxford, Whitehall, 17 May 1661, in Christopher Wren, *Parentalia*, London, 1750, p.210
11. Adrian Tinniswood, *His Invention So Fertile: A Life of Christopher Wren*, Jonathan Cape, London, 2001, p.51
12. Lisa Jardine, *On a Grander Scale: The Outstanding Career of Christopher Wren*, HarperCollins, London, 2002, p.182
13. Wren, *Parentalia*, p.198
14. Tinniswood, *His Invention So Fertile*, pp.48–50
15. Samuel Pepys, *Diary*, 1 February 1664
16. Mark Denny, *The Science of Navigation: From Dead Reckoning to GPS*, Johns Hopkins University Press, Baltimore, MD, 2012, p.105

II
时间和空间

1. Richard Dunn and Rebekah Higgitt, *Ships, Clocks and Stars: The Quest for Longitude*, Harper Design, 2014, p.22
2. Dava Sobel, *Longitude*, Walker Publishing Company, New York, 1995
3. *Ibid.*, p.13
4. *Ibid.*, p.5
5. *Ibid.*, p.34
6. *Ibid.*, p.88
7. Dunn and Higgitt, *Ships, Clocks and Stars*, p.77
8. Sobel, *Longitude*, pp.104 and 105
9. Dunn and Higgitt, *Ships, Clocks and Stars*, p.92
10. Sobel, *Longitude*, p.148

III
《月图》

1. Graham Dolan, 'The Astronomical Basis of Timekeeping', Royal Observatory Greenwich, www.royalobservatorygreenwich.org/articles.php?article=1087, 2014–18
2. Derek Howse, 'The Astronomical Clocks at Greenwich', chap. 11 of *The Buildings and Instruments*, vol. 3 of *Greenwich Observatory: The Royal Observatory at Greenwich and Herstmonceux, 1675–1975*, Taylor & Francis, London, 1975
3. Jennifer Sherwood and Nikolaus Pevsner, *The Buildings of England: Oxfordshire*, Penguin Books, Harmondsworth, 1974
4. There are numerous versions of the *Travels of Jean Chardin. Voyages de monsieur le chevalier Chardin en Perse, et autres lieux de l'Orient* was published in ten volumes by Jean Louis de Lorme, Amsterdam, 1711. An edition published by Le Normant in Paris, 1811, is often referred to as the standard edition.
5. Eastern Islamic spherical astrolabe, 1480, Museum of the History of Science, Oxford. This is the only surviving example.
6. *The Music of the Spheres*, BBC Radio 4, Melvyn Bragg with Peter Forshaw, Jim Bennett and Angela Voss, 19 June 2008, www.bbc.co.uk/programmes/b00c1fct
7. Tony Buick, *Orrery: A Story of Mechanical Solar Systems, Clocks and English Nobility*, Springer Verlag, New York, 2014
8. Both globes and orrery (dated 1758–73, by Heath & Wing, London) are now in the Museum of the History of Science, Oxford.
9. Richard Holmes, *The Age of Wonder: How the Romantic Generation Discovered the Wonder and Terror of Science*, Harper Press, London, 2008, chapters 2 and 4
10. *Ibid.*, p.177
11. The original letter is at the Museum of the History of Science, Oxford. It was reprinted in an article on the large pastel drawing of the Moon, now at Oxford, in the *Monthly Notices of the Royal Astronomical Society*, LVI, no.3, January 1896.

IV
相机和望远镜

1. For information on the Herschel notebooks, see Larry J. Schaaf, *Out of the Shadows: Herschel, Talbot and the Invention of Photography*, Yale University Press, New Haven, 1992, p.49
2. John F. W. Herschel, 'On the Chemical Action of the Rays of the Solar Spectrum on Preparations of Silver and other Substances, Both Metallic and Non-Metallic, and on Some Photographic Processes, *Philosophical Transactions of the Royal Society*, 1 January 1840
3. Malcolm Daniel, 'Daguerre (1787–1851) and the Invention of Photography', Metropolitan Museum of Art, New York, 2004, www.metmuseum.org/toah/hd/dagu/hd_dagu.htm
4. Larry J. Schaaf, *The Photographic Art of William Henry Fox Talbot*, Princeton University Press, Princeton, NJ, 2000, p.12
5. John F. W. Herschel, 'On the Action of Light in Determining the Precipitation of Muriate of Platinum by Lime-water', *London and Edinburgh Philosophical Magazine and Journal of Science* 1, July 1832
6. Larry J. Schaaf, *The Photographic Art of William Henry Fox Talbot*, p.15
7. *Ibid.*, pp.15 and 16
8. William Henry Fox Talbot, *The Pencil of Nature*, 6 instalments, Longman, Brown, Green & Longmans, London, 1844–6
9. George F. Barker, 'John William Draper, 1811–1882', read before the National Academy, Washington, DC, 21 April 1886
10. Stefan Hughes, *Catchers of Light: A History of Astrophotography*, ArtdeCiel Publishing, 2013
11. François Arago, *Astronomie Populaire*, 4 vols, Gide et J. Baudry, Paris, and T. O. Weigel, Leipzig, 1854–7
12. James Nasmyth and James Carpenter, *The Moon: Considered as a Planet, a World, and a Satellite*, John Murray, London, 1874
13. Obituary of Walter De La Rue, Report of the Council to the Seventieth Annual General Meeting of the Royal Astronomical Society, February 1890, p.154
14. *Ibid.*
15. Charles Wheatstone, 'Contributions to the Physiology of Vision – Part the First. On Some Remarkable, and Hitherto Unobserved, Phenomena

12. W. F. Ryan, *John Russell, R.A., and Early Lunar Mapping, Smithsonian Journal of History*, I, 1966, p.41
13. *Ibid.*, p.42

of Binocular Vision, *Philosophical Transactions of the Royal Society*, 1838, vol.128, pp.371–94

15. Obituary of Walter De La Rue, *ibid.* note 13, p.159

16. An equatorially mounted telescope compensates for the rotation of the Earth by means of a single rotational axis in parallel, as opposed to an altazimuth mount, which has two axes, a vertical and a horizontal. Movement along the vertical axis alters the azimuth or compass bearing of such an instrument.

17. Biman B. Nath, *The Story of Helium and the Birth of Astrophysics*, Springer Velag, New York, 2012, p.70

18. David Le Conte, 'Warren De La Rue – Pioneer Astronomical Photographer', *Antiquarian Astronomer* 5, February 2011, pp.25–6

19. *Ibid.*, pp.17–18

20. John K. Rees, 'Obituary of Lewis Morris Rutherfurd', Columbia College Observatory, New York, 1892

21. *Ibid.*

22. 'Lewis Morris Rutherfurd', *New York Times*, 1 June 1892

23. J. Janssen, *L'Atlas de Photographies Solaires De l'Observatoire de Meudon*, Société Astronomique de France, Paris, March 1904

V
太空人

1. *Time Magazine*, vol. LXXI, no. 7, 17 February 1958

2. Hermann Oberth, *Die Rakete zu den Planetenräumen*, R. Oldenbourg Verlag, Munich, 1923. The manuscript was written when the author was only twenty-eight years old as a thesis that Heidelberg University could not accept because there was no professor competent to assess it. The first publication was in a very small edition subsidized by the author and went out of print immediately. A further edition appeared in 1925. The book became the first Western reference point for subsequent rocket and space-flight theory

3. Elena Timoshenkova, 'Rocket Man', chap. 2 of *Cosmonauts, Birth of the Space Age*, Scala Arts and Heritage Publishers, London, 2014

4. Konstantin Tsiolkovsky, 'Exploration of the Universe with Reactive Machines', *Nauchnoye Obrozreniye*, St Petersburg, May 1903. A second version was published in 1911–12.

5. 'Life of Konstantin Eduardovich Tsiolkovsky' (1996), Konstantin E. Tsiolkovsky State Museum of the History of Cosmonautics, Kaluga, Russia, 2003, www.informatics.org/museum/tsiol.html

6. Vasili Rakitin, 'The Optimism of a Non-Objectivist', in *Kazimir Malevich: Suprematism*, Solomon R. Guggenheim Museum, New York, 2003, p.66

7. Yevgenia Petrova, 'Malevich's Suprematism and Religion', in *Kazimir Malevich: Suprematism*, p.91

8. Yevgeny Yevtushenko, 'Monologue of the Bratsk Station', in *Bratsk Station and Other Poems*, Garden City Books, New York, 1964, pp.xxiii–xxv

9. Anna Akhmatova's series of poems, *Requiem,* was written in Leningrad in 1940, published without authorization in Munich in 1963, and eventually published in Russia in 1987. Leningrad was under siege from September 1941 until January 1944. Her poem 'Without a Hero' was dedicated to those who perished there. The first three movements of Dimitri Shostakovich's Seventh Symphony were written in Leningrad, and the symphony was premiered in the city while it was under siege.

10. 'Composite Air-to-Ground and Onboard Voice Tape Transcription of the GT-4 Mission', NASA Program Gemini Working Paper No. 5035, National Aeronautics and Space Administration Manned Spacecraft Center, Houston, Texas, 31 August 1965

11. Andrew Chaikin, 'The Farthest Place', in Michael Light, *Full Moon*, Jonathan Cape, London, 1999

12. David E. Bowker and J. Kenrick Hughes, *Lunar Orbiter Photographic Atlas of the Moon*, National Aeronautics and Space Administration, Washington, DC, 1971

13. Gerard J. De Groot, *Dark Side of the Moon: The Magnificent Madness of the American Lunar Quest*, New York University Press, New York, 2006, p.229

14. Michael Light, 'The Skin of the Moon', in Light, *Full Moon*

15. Carl Sagan, *Pale Blue Dot: A View of the Human Future in Space*, Random House, New York, 1994

VI
太空之眼

1. Sandra C. Phillips, 'To Subdue the Continent: Photographs of the Developing West', in *Crossing the Frontier: Photographs of the Developing West, 1849 to the Present*, Chronicle Books, San Francisco, 1997, p.17

2. Andrew Wilton, 'The Sublime in the Old World and New', in Andrew Wilton and Tim Barringer, eds, *American Sublime: Landscape Painting in the United States 1820–1880*, Princeton University Press, Princeton, NJ, 2002, p.32

3. Peter Palmquist, 'Carleton E. Watkins: Notes from the Historical Record', in Jeffrey Fraenkel, ed., *Carleton E. Watkins: Photographs 1861–1874*, Fraenkel Gallery, San Francisco, 1991

4. Wilton and Barringer, eds, *American Sublime,* pp.236–9

5. Keith F. Davis, 'Timothy H. O'Sullivan: Photographer', in Keith Davis and Jane Aspinwall, eds, *Timothy H. O'Sullivan: The King Survey Photographs*, Yale University Press, New Haven, CT, 2011, p.89

6. *Lyman Spitzer Jr.: About Spitzer*, www.spitzer.caltech.edu/mission/241-Lyman-Spitzer-Jr

7. Hermann Oberth, *Menschen im Weltraum: Neue Projekte für Raketen-und Raumfahrt*, Econ-Verlag, Dusseldorf, 1954, translated as *Man in Space: New Projects for Rocket and Space Travel*, Weidenfeld and Nicolson, London, 1957, p.215

8. Zoltan Levy interviewed by Owen Edwards, in Owen Edwards, *Expanding Universe: Photographs from the Hubble Space Telescope*, Taschen, Cologne, 2015, p.199

9. Elizabeth A. Kessler, *Picturing the Cosmos: Hubble Space Telescope Images and the Astronomical Sublime*, University of Minnesota Press, Minneapolis, 2012

10. Levy and Edwards, *Expanding Universe*, note 8, p.201

11. Kessler, *Picturing the Cosmos,* chap. 3

VII
前沿

1. Stuart Clark, *The Guardian*, 8 October 2012

2. Andrew Robinson, 'Einstein at Oxford', blog. press.princeton.edu/2015/12/01/Andrew-robinson-to-talk-on-einstein-in-oxford-at-christ-church/. See also Andrew Robinson, *Einstein: A Hundred Years of Relativity*, Palazzo Editions, Bath, 2005, pp.96 and 97, and revised edition, Princeton University Press, Princeton, NJ, 2015

3. Priyamvada Natarajan, *Mapping the Heavens: The Radical Scientific Ideas that Reveal the Cosmos*, Yale University Press, New Haven, CT, 2016, pp.34–6

4. *Ibid.*, p.30

5. Brian Foster, 'When Music Gets Physical', *Oxford Today*, www.oxfordtoday.ox.ac.uk/when-music-gts-physical/, 19 March 2009. See also 'Einstein and His Love of Music', *Physics World* 18, January 2005

6. Andrew Robinson, 'Einstein at Oxford', note 2

7. Dava Sobel, *The Glass Universe: The Hidden History of the Women Who Took the Measure of the Stars*, Viking Books, New York and 4th Estate, London, 2016, p.119

8. *Ibid.*, p.144

9. Natarajan, *Mapping the Heavens,* pp.45–8

10. John A. Peacock, 'Slipher, Galaxies, and Cosmological Velocity Fields', in M. J. Way and D. Hunter, eds, *Origins of the Expanding Universe: 1912–1932*, ASP Conference Ser., 471, in press (a meeting held in September 2012 to mark the centenary of Slipher's first measurement of the radial velocity of M31)

11. William Graves Hoyt, *Vesto Melvin Slipher, 1875–1969: A Biographical Memoir*, National Academy of Sciences, Washington, DC, 1980

12. Paul Schrader, 'Poetry of Ideas: The Films of Charles Eames', in Kevin Jackson, ed., *Schrader on Schrader*, Faber and Faber, London, 1990, p.100

13. Donald Albrecht, 'Design is a Method of Action', in Donald Albrecht, ed., *The Work of Charles and Ray Eames: A Legacy of Invention*, Harry N. Abrams, Inc., New York, 1997, p.29

14. Philip and Phylis Morrison, *Powers of Ten: A Book about the Relative Size of Things in the Universe and the Effect of Adding Another Zero*, Scientific American Books, Inc., New York, 1982

15. Gary E. Lofgren, oral history transcript from an interview with Jennifer Ross-Nazzai, Johnson Space Center Oral History Project, NASA, Houston, Texas, 22 April 2009

16. *Ibid.*

17. Hejiu Hui et al., 'Water in Lunar Anarthosites and Evidence for a Wet Early Moon', *Nature Geoscience* 6, 17 February 2013, www.nature.com/articles/ngeo1735

18. Lofgren, *ibid.,* note 15 above

19. *Ibid.*

20. The Committee on the Scientific Context for Exploration of the Moon published its final report for the National Research Council in the US in 2007.

21. Sarah Scoles, 'The Space Junk Problem Is About To Get A Whole Lot Gnarlier', *Wired*, 31 July 2017, www.wired.com/the-space-junk-problem-is-about -to-get-a-whole-lot-gnarlier/

22. From personal conversations between the author and the artist Trevor Paglen, Berlin, summer 2015

23. Press release, Royal Astronomical Society, 16 September 2014, and Geert Barentsen et al., 'The Second Data Release of the INT Photometric Hα Survey of the Northern Galactic Plane (IPHAS DR2), *Monthly Notices of the Royal Astronomical Society*, 444, 2014, pp.3230–57

24. James Turrell, *Air Mass*, edited by Mark Holborn with text derived from interviews with the artist by Holborn in Flagstaff, Arizona, January 1993, The South Bank Centre, London, 1993, p.58

索引

图片版权

致谢

尽管前进的道路上有重重障碍，来自格林尼治皇家天文台的公共天文学家马雷克·库库拉（Marek Kukula）和格林尼治皇家博物馆艺术馆馆长梅拉妮·范登布洛克（Melanie Vandenbrouck）的最初支持还是使这项事业成为可能。对于他们一直以来的鼓励，我深表感谢。英国皇家天文学会的图书管理员和档案管理员西安·普罗瑟（Sian Prosser）慷慨地提供了她最宝贵的财富，我对此深表感激。皇家天文台台长，天文仪器历史专家路易丝·德沃伊（Louise Devoy）毫不吝惜自己的时间，为我展示了天文台非凡的收藏品中最重要的部分。格林尼治皇家博物馆高级商务经理伊丽莎白·鲍尔斯（Elizabeth Bowers）安排这本书在格林尼治进行审读，以保证其天文信息的准确性。伦敦大学伯贝克学院摄影历史与理论教授史蒂夫·爱德华兹（Steve Edwards）为我阐明了一些关于早期摄影技术的观点。我对这两个领域的权威监督感激不尽。

这个项目的种子可能是在二十多年前种下的，当时我在加利福尼亚州与迈克尔·莱特合作，根据从美国国家航空航天局阿波罗计划中获得的照片编缉了他的《满月》一书，我向迈克表示深深的谢意。在阿姆斯特丹和代尔夫特，我很幸运地收到了扬·克里斯蒂安·布劳恩（Jan Christiaan Braun）的亲切指导。

我特别感谢威利事务所的安德鲁·威利（Andrew Wylie）和杰夫·波斯特纳克（Jeff Posternak）多年来对我的一贯支持。我也要对Phaidon的出版商黛博拉·亚伦森（Deborah Aaronson）和负责制作本书的阿德拉·科里（Adela Cory）表示感谢，很高兴能从你们的专业知识中获益。黛安·福滕贝里（Diane Fortenberry）是我在Phaidon的编辑，她对这一主题的热情远远超出了她的专业学科的要求，并且非常彻底地将这份热情付诸实践。我对她的感谢难以言尽。最后，我还要感谢杰西·霍尔本（Jesse Holborn），他再次表明，设计的质量体现在它为书的叙事的服务上，而对这种叙述的理解，无论多么迂回曲折，都是使其复杂的叙述变得容易理解和可读的关键。

MH

对于编辑服务，出版商要感谢珍妮弗·韦尔（Jennifer Veall）和凡妮莎·伯德（Vanessa Bird）。我们还要特别感谢盖·廷代尔（Guy Tindale）的精心阅读和专业知识。

图书在版编目（CIP）数据

太阳与月亮：人类天文探索简史/（英）马克·霍尔本（Mark Holborn）著；
韩凝译.—武汉：华中科技大学出版社，2022.6
ISBN 978-7-5680-7379-0

I.①太… II.①马… ②韩… III.①空间探索-历史-普及读物 IV.①V11-49

中国版本图书馆CIP数据核字（2022）第062912号

简体中文版由Phaidon Press Limited授权华中科技大学出版社有限责任公司在
中华人民共和国境内（但不含香港特别行政区、澳门特别行政区和台湾地区）
出版、发行。

湖北省版权局著作权合同登记　图字：17-2021-136号

太阳与月亮：人类天文探索简史

［英］马克·霍尔本（Mark Holborn）著
Taiyang yu Yueliang: Renlei Tianwen Tansuo Jianshi
韩凝 译

出版发行：华中科技大学出版社（中国·武汉）　　电话：（027）81321913
　　　　　华中科技大学出版社有限责任公司艺术分公司　（010）67326910-6023
出 版 人：阮海洪

责任编辑：莽　昱　康　晨
责任监印：赵　月　郑红红　　　　封面设计：邱　宏

制　　作：北京博逸文化传播有限公司
印　　刷：广东省博罗县园洲勤达印务有限公司
开　　本：720mm×1020mm　　1/8
印　　张：47
字　　数：120千字
版　　次：2022年6月第1版第1次印刷
定　　价：398.00元

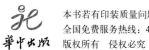

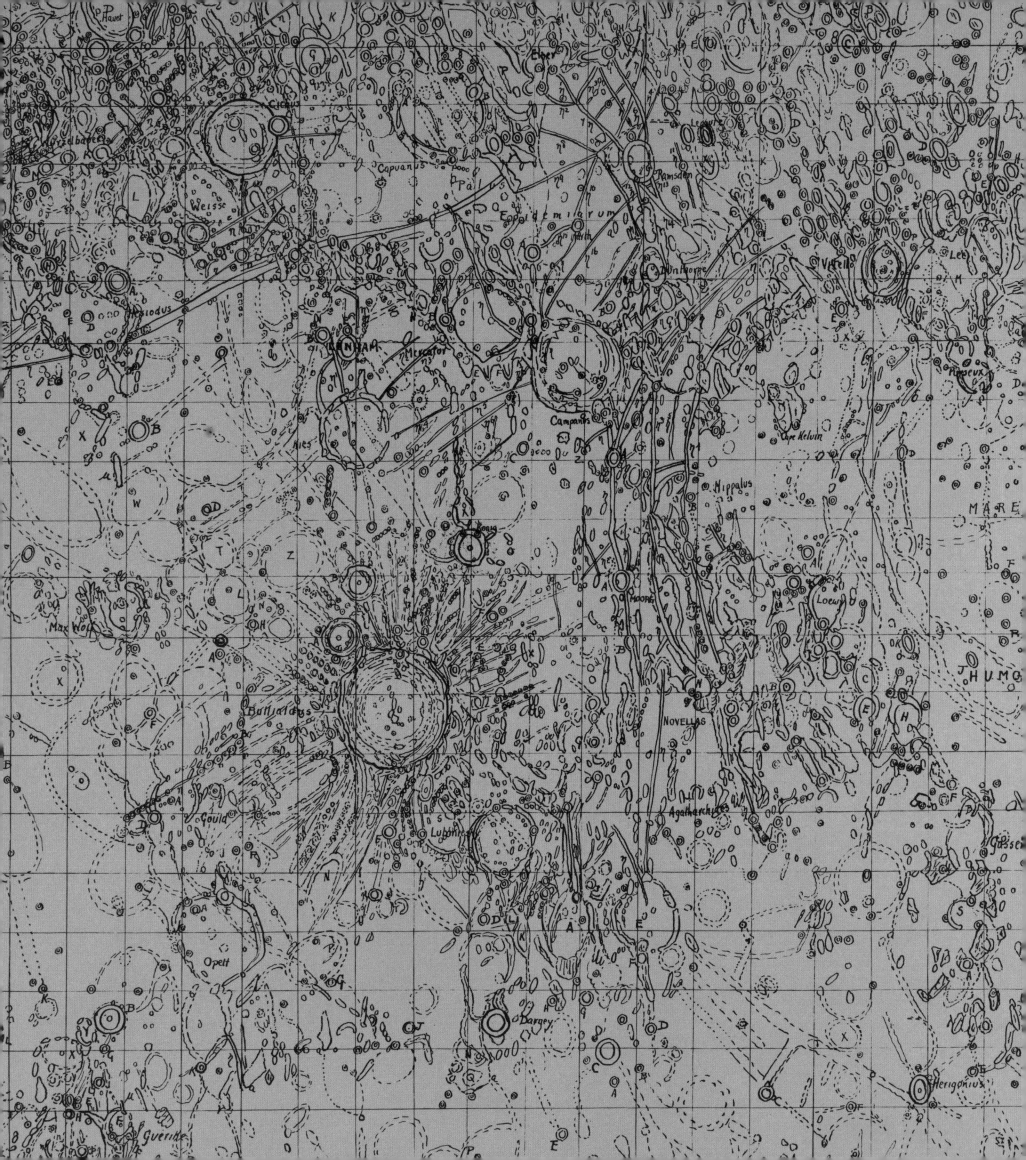